2021
室内设计论文集

中国建筑学会室内设计分会　编

2021

INSTITUTE OF

INTERIOR

DESIGN

JOURNAL

U0173207

中国水利水电出版社
www.waterpub.com.cn
·北京·

内 容 提 要

本书为中国建筑学会室内设计分会 2021 年年会论文集，共收录论文 39 篇，内容包括建筑设计、景观设计和室内设计的设计理论探讨、设计方法总结、设计案例分析、项目实践经验分享等，涉及中国优秀传统设计文化传承、设计教育改革、历史建筑室内空间环境解析、艺术与技术融合、空间设计创新、新型材料应用等论题。

全书内容丰富，图文并茂，可供建筑设计师、室内设计师阅读使用，还可供室内设计、环境设计、建筑设计、景观设计等相关专业的高校师生参考借鉴。

图书在版编目（ＣＩＰ）数据

2021室内设计论文集 / 中国建筑学会室内设计分会
编. -- 北京 ： 中国水利水电出版社，2021.10
ISBN 978-7-5226-0040-6

Ⅰ. ①2… Ⅱ. ①中… Ⅲ. ①室内装饰设计－文集
Ⅳ. ①TU238.2-53

中国版本图书馆CIP数据核字(2021)第202153号

书　　名	**2021 室内设计论文集** 2021 SHINEI SHEJI LUNWENJI
作　　者	中国建筑学会室内设计分会　编
出版发行	中国水利水电出版社 （北京市海淀区玉渊潭南路 1 号 D 座　100038） 网址：www. waterpub. com. cn E - mail：sales@waterpub. com. cn 电话：(010) 68367658（营销中心）
经　　售	北京科水图书销售中心（零售） 电话：(010) 88383994、63202643、68545874 全国各地新华书店和相关出版物销售网点
排　　版	中国水利水电出版社微机排版中心
印　　刷	天津嘉恒印务有限公司
规　　格	210mm×285mm　16 开本　12 印张　480 千字
版　　次	2021 年 10 月第 1 版　2021 年 10 月第 1 次印刷
定　　价	**88.00 元**

目 录

村落保护发展中设计师与村民矛盾分析及其对策

■ 陶怡锦　周浩明（通讯作者）　张　耀
■ 清华大学美术学院

摘要　本文就清华大学建筑学院罗德胤副教授在其一篇评审随想中记录的有关浙江富阳东梓关村村民对村落设计前后态度转变而引发的思考进行分析，分析了当下村落保护与发展中设计师与村民之间所存在的矛盾以及矛盾产生的原因，其中既有村民与设计师的矛盾，又有设计委托方与设计师之间的矛盾。通过分析，文章归纳了设计师与村民的主要矛盾，即设计价值取向矛盾、利益矛盾。本文也分析了当今设计师的行业现状及其对村落建设设计的影响，即村民需要设计，但却不欢迎设计师，这是当今大的时代背景下催生出的必然矛盾。矛盾虽是必然的，但却是可以弱化或彻底化解的。笔者在文章最后提出了相应的化解策略，为设计师在进行村落建设设计时提供思路。只有弱化或化解矛盾，使村民与设计师积极配合，村落保护与发展的工作才能顺利进行。

关键词　村落保护与发展　设计师　村民　矛盾　对策

1　东梓关村改造设计引发的思考

清华大学建筑学院罗德胤副教授就第二届田园建筑奖书写过一篇评审随想，其中谈到，在获奖作品中，浙江富阳东梓关村回迁房设计项目中出现过一个十分有趣的现象。设计师孟凡浩希望通过设计尽可能恢复传统村落的原真性与多样化的场所感。于是他尝试用一种抽象、写意的符号，借鉴吴冠中先生充满传统韵味的抽象画，构造出一种在空间上有收有放，有院落也有巷弄，具备江南神韵的当代村落（图1）。

图1　东梓关村回迁房设计效果
（图片来源：张耀拍摄）

随想中提到："但是这一组房屋还是被部分传统文化爱好者视为过于现代，同时又一度被村民们视为不够'欧派'（杭州郊区的村民们普遍选择欧式小洋楼）。东梓关回迁房建成后的效果，可以说是基本上达到了设计师的预想，这一点可谓难能可贵。"从这段描述中可以看出，设计师对于东梓关村的改造项目还是较为满意的，也就是说从"设计师眼光"出发，他认为达到了自己最初的设计预想。然而村民却无法欣赏这种充满韵味与意

象的房子，甚至觉得它不够"欧派"（图2）。

图2　回迁房和小洋楼对比图
（图片来源：张耀拍摄）

更有趣的是文章中还描述的村民们的态度变化：原本是不接受的，只是因为政府部门力推和设计师反复说明才勉强同意，后来这组房子突然被网友发现，并且捧其为"最美回迁房"，成为"网红"项目，经常有游客到访，村民们的态度也开始转为积极。因此以"村民的眼光"来看，房子的设计不能令他们满意，但是后来村民对房子态度转为积极，笔者认为并不是他们认同和喜欢设计师的设计，而是因为村民发现这种他们不能理解的设计能够给他们带来切实的收益，因此而喜欢这些被设计过的房子。由此可见，村民与设计师之间常常会存在一定的矛盾与相互不理解。

2　设计师与村民矛盾的分析

中国传统村落的保护与发展是一个复杂问题，而设计师以一个外来者身份进行村落设计时，不可避免地会与当地村民在设计方面产生矛盾。通过上述现象的分析，

可以抓到两个关键词，即"设计师眼光"与"村民眼光"。作为两个不同的人群，他们接受的教育不同，致使他们对于事物——村落改造有着不同的判断；此外，设计师与村民的相关利益也不同，这和当今社会对于村落建设形成的社会结构有关。这些都是诱发设计师与村民产生矛盾的因素。

当今社会下，设计行业现状也让设计师这一职业变得危机重重。在这么一种复杂矛盾的现实下，设计师想要做出好设计本身就很困难，当其面对村落保护这一棘手问题时，与各方的矛盾也就应运而生。

2.1 价值取向不同

2.1.1 设计师眼光

设计师在高等院校接受系统的艺术设计教育时往往会被灌输"设计师中心主义"[1]的思想。这种理念的灌输，使设计师潜移默化地认同了这种可敬的职业地位，从而形成了"设计师中心主义"的"设计师眼光"，设计师往往会从创新性、艺术性方面来判断一个方案作品的优劣。在设计师眼中，自己的创作都是具有独特性的，传达了自己的思考与情感，而用户的眼光普遍都是非专业的、不具有艺术性。所以，在村落改造中，设计师认为在满足村民的生活需求的同时，应为村落增添一定的艺术特色与创意想法，这样才是一个好的村落设计方案。

2.1.2 村民眼光

村民，作为一个普遍受教育程度没有设计师高的群体，没有接受过艺术设计专业教育，自然无法理解设计师所关注的"艺术性"。这也是为什么在东梓关村回迁房设计项目中，村民会认为设计师的设计"不好看"、不"欧派"了。村民的生活经历与教育背景使其理所当然地形成了与设计师不同的审美，如果设计师强硬地说"我的审美更好，你要听我的"，村民出现抵抗情绪也就理所应当了。村民基本不会关心设计的使用目的之外的价值，但十分关注设计在经济方面为他们带来的附加价值。

通过上述设计师、村民眼光的分析可以看出，产生矛盾的原因归根结底就是"价值取向"的不同。人的价值取向，包括了设计创作者（设计师）的价值取向、设计采用者（决策者）的价值取向，还有设计使用者（目标群体）的价值取向[2]。而这三方势力群体的价值取向都是不同的，这就可以解释为何村民与设计师对于村落设计会有不同的看法了：两者之间矛盾产生的根本原因来自于两者价值取向的不同。

2.2 利益矛盾：设计成果是利益团体协调的呈现

设计师与村民的价值取向不同，而设计成果应该是所有价值取向的统一，是联系受众和设计师最直接的纽带。

但设计师面临的实际问题是，设计师群体需要依靠自己的设计成果赚取设计费，甚至在社会上起到一定的影响，这是设计师的一种谋生手段。而设计成果成功与否的关键，并不是人们传统观念上的受控于设计师，而

是需要将设计成果与商业对接、与市场同轨。因此，设计师对于村落的设计一定要具有艺术性、创新性等，以此来实现市场话题热点，提升设计师自身价值。但设计师想要实现自己的设计成果，就必须协调多种影响因素。

我国对于文化遗产的保护基本上是自上而下的制度设计，通过法律法规和地方条例的颁布，组织编制传统村落保护与发展的规则，依靠中央政府的力量，得到地方政府的响应，最终通过中央和地方政府、村民、设计师的通力合作，达到更好地保护传统村落、保证村民的基本生活需要、全面发展的目标（图3）。

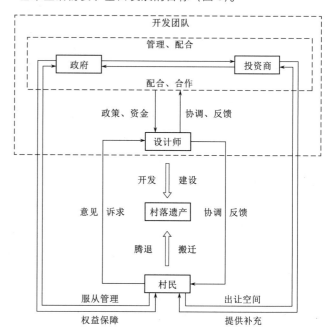

图 3 中国村落保护体制
（图片来源：作者自绘）

在村民眼中，设计师是一个决策者。村民认为设计师最能掌握村落设计改造的话语权，但实际上并不尽然。开发团队中，政府的决策权与开发商的资金辅助，实际上在整个村落设计中占主导作用，相应地，村民缺少设计话语权。实际上，政府和投资商团体与村民团体在某些方面的诉求是不完全统一的，甚至在利益方面可能存在冲突。设计师在这三个利益团体中起到调节、协调作用，但由于受雇于政府和投资商，为了实现自身利益，设计师会做出一定的妥协并失去其设计话语的权威性。尤其是当最终设计成果有损某一方利益，或者某一方对设计成果不满意，都会认为是设计师的失误。

自上而下的机制通常对保护和发展的主体——村民利益考虑较少，村民常常成为保护的被动体[3]。作为一个外来者，设计师对村民的需求的了解也并不可能全面，当设计师用"设计师中心主义"思想向村民阐述自己的价值取向时，矛盾自然就发生了。当村民利益得不到满足的时候，顶层的保护管理措施往往被村民忽视甚至反抗。因此会出现一种外界源源不断地投入但是效果却一般的现象。当这种投入不可持续时，传统村落的保护势必难以为继。

2.3 当今设计师的行业现状及其影响力分析

2.3.1 人人都是设计师

许多批评家解构了设计师的特殊性与神圣性，想要将设计回归人类普遍具有的"改变原有事物，使其变化、增益、更新、发展"的基本能力[4]。同时，随着数字技术的发展和人工智能时代的到来，以往由少数人掌握设计话语权的状况被打破，形成一种"人人都是设计师"的风气和现象。

在这种情势下，村民可以自行设计自己的村落、住宅，不需要设计师来干预的想法愈加强烈。村民需要通过设计来改善村庄、改善生活，但是他们认为自己就可以成为设计师，可以设计符合自己审美价值取向的房子。所以出现了村民需要设计但不欢迎设计师的现象。但事实上，如果每个村民都按照自己的想法进行设计改造，我国村落的发展与保护进程将会更加缓慢。村民缺少对村落整体规划的意识，并且可能过多从自身出发，仅设计自己满意的房屋，这会在无形中对村落遗产造成破坏。

2.3.2 设计师商业身份强化

设计师在逐渐丧失其先锋精神的同时，其商业身份却不断得到强化。设计师正在日益脱离他对自己所参与的事业的控制。随着设计师商业属性和政府的阶级属性的不断加强，设计师在进行大胆创新设计时，政府与投资者往往持不同意见，在这种情况下，设计师的话语权有限。但是设计师需要自己的设计商品化，只有这样，他们才能赚取设计费。然而，这也恰恰切断了设计师本应具有的批判性思想文化之路。这已经不仅仅是设计师与村民的矛盾了，更是设计与设计师身份之间的一种矛盾。

3 策略与建议：村落保护与发展建议

通过以上的论述分析，可以发现村民不是不需要设计，恰恰相反，村民是很需要设计的，他们需要通过设计来为自己创造一个更便利、舒适的生活环境。虽然村民需要设计，但是村民却对设计师有着一种不欢迎的态度，两者矛盾的产生也是多方面的。但是作为一个有责任感的设计师，应在理解村民的基础上进行村落设计，引导村民提升审美水平。

3.1 村民信任感的建立：可从村落公共空间入手

设计的开展可在获取村民信任的基础上，从村落公共空间入手。村民是村落建设的主人，只有村民信任并且接受设计师，村落建设才能稳步推进，否则就会出现设计师自说自话的现象。

以浙江省湖州市安吉县鄣吴村的设计改造为例，设计师选择从村落公共空间和公共设施出发，引导村落的保护发展。村落整体邻里布局保留得较好，整个村落形成一种独特的文化氛围。

在该村落设计中，设计师认为政府买单的农居风貌整治不可为（因为民居发展与建设的自身规律与属性）；表面工程化的景观建设不宜为；公共空间与设施的建设却应大有可为[5]。设计师尝试从村落公共空间与设施角度出发，逐步推进，以此来引导产业的转型和民居的建设。设计团队在初期就确定要先改善村落公共空间，构建良好村落布局关系。设计师自2010年以来，通过对鄣吴村公交站、小卖店（图4）等村落小型公共空间的改造，一步步加深与村民的默契度。这些公共空间的改造重建不是一蹴而就的，设计师逐个击破，耐心解决村落公共空间的问题。村民一开始对设计师持怀疑态度，后来村民切实体验到这些设计使他们的生活更加便利，便转而支持设计师，使设计师的后期村落宅院改造设计得以顺利推进。

图4 鄣吴村小卖店内部空间设计
（图片来源：贺勇团队拍摄）

公共空间具有"公共性"，所以从公共空间入手，村民首先就持有一个公正评判的心理，不同于村民民居的设计，因民居是其私有物，村民希望对其进行强烈干预，设计师的设计发挥有时也会受到局限。另外，由于时代的发展，许多公共建筑与公共设施的类型是原有村落中所没有的，是一种全新的东西，人们对其没有约定俗成的固有程式，因此具有较大的创新自由度。同时公共空间与公共设施的建设与完善，对于村民日常生活质量的提升有着关键性的作用，因为它是在结构性的层面提升村落居住与生活水平，当村民切实感受到了生活水平的提升，就会对设计师持有欢迎态度，那么在接下来的村落建设设计中，村民就不会将设计师放在对立面，而是有所信任与尊重，与之共同探讨村落的设计。

3.2 参与式设计：引导式的规划与设计

村民是村庄保护与发展的核心力量，设计师应站在村民的立场上，有必要研究村民的愿望与需求，并根据村民的主要需求制定保护政策和发展策略。设计师应当以一种引导的方式，而不是主导的方式，让村民参与村落的整体设计，包括选材、设计、建造等环节，使村民有一种参与感和主动权的掌握感。

这样做，可以充分融入村民的物质和精神需求。因为村民对村落保护发展的意愿很强烈。尽管在设计之初，设计师已经对村民进行了深入的调查研究，但设计师作为外来者，全然了解村民对村落的物质需求与精神需求也是不现实的。因此，设计师用引导方式让村民参与村落设计，不仅能让村民有对村落的主导感，也能让设计师作出更正确、更能满足村民需求的设计决策。村民对设计决策满意，才会与设计师建立相互信任的关系——这有利于设计师村落设计想法的实施。

3.3 整体性思维：村落建设需要整体设计策略

设计师在进行村落保护发展设计时，应该认识到村落建设是一个包含前期策划、规划、建筑及后期运营的整体设计策略，其中比较重要的有两点。

3.3.1 村落建设应该是一个由点及面的长期过程

在郡吴村的建设上，设计团队在10年间对村落完成了10多个建筑单体的建设，包括公厕、书画馆、游客接待中心、小卖店、博物馆等。10年间逐步推进，以引导产业转型和居民建设。设计师从一个个小建筑、小设施入手，一步步地对村落进行改造，与村民间形成了默契，感情也日益加深；利用10年的时间了解了一个村落，与村民的长期磨合是设计师解决与村民的矛盾和做出村民满意的设计的关键。

但是在当下的社会现实情况下，设计师能够潜心钻研，在同一个村庄花10年的时间进行研究、设计，实属个例。设计师没有这么多时间成本来消耗，此时设计师就更应该在村落设计中推行由点及面的方式，从一个个小的单体入手，一方面能为自己结合村落实际情况进行相关设计积累经验，另一方面也能在了解村民意愿方面得到相关经验积累。逐步推进建设，设计师的设计日渐满足村民和村落实

际情况，并且形成体系，以引导村落更好地发展。

3.3.2 在初期就应该对村落整体有规划，尤其是经济产业的规划

在当下，村民的关注重点远远不只是其生活环境的改善，同时还关注如何利用村落有限的资源来收获更大的利益。村民把建房当作投资，譬如在民居建筑设计中，村民会尽可能地空出房间出租或者做其他形式的经营，以增加自己的经济收入。有的村民会期望在房屋拆迁时获得更多的赔偿。有时，设计师会忽视村民对于经济利益获取的需求，而此类需求却是村民十分重视的。因此，设计师在设计初期就应该和村民探讨这一问题，了解村民的想法，并制定相应的规划。只有这样，村民才会积极配合设计师。

平田村位于浙江省松阳县四都乡北部。村落规划提升前，村落建筑、景观等原始风貌保存良好。但是村落原住居民多为老人和小孩，年轻人为了谋取更高的经济收入而外出打工，这种留不住人的村落，很难将其村落文化延续下去。因此，在该村落的发展规划中，设计师首先确定村落的整体发展定位为：以浓郁的民俗文化和山地聚落建筑文化为载体，发展文化旅游产业及特色农业的传统村落[6]。在"云上平田"民宿综合项目中，通过对村落空房、老旧房的改造，设计了四合院餐厅、精品民宿和爷爷家青年旅社，赋予传统民居新功能。人们可以在村落中享受咖啡（图5）、特色美食（图6），体验自然舒适的居住环境。改造后的平田村吸引了众多游客，为村落带来经济收入，同时也提升了村民对村落文化的认同感。

图5 平田村爷爷家咖啡店
（图片来源：张耀拍摄）

图6 平田村山家清供餐厅茶室
（图片来源：张耀拍摄）

结语

在传统村落的保护与发展背景下，设计师在村落建设中不可避免地会与村民发生冲突，这也是多种因素共同作用的产物。矛盾的产生虽是必然的，但却是可以弱化的。遇到这些矛盾时，设计师更应该清晰地认识到自己的身份，发挥自身职能与作用，在设计过程中弱化甚至彻底化解矛盾，调动村民积极性，作为一个引导者而非主导者，引导村民与自己一起努力，为村落保护与发展并肩奋战。

参考文献

[1] 周延伟. 设计的文化与设计师职业身份再思考 [J]. 山东工艺美术学院学报，2019 (4)：58-65.

[2] 崔千朋，应志红. 设计的妥协 [J]. 大众文艺，2011 (24)：94.

[3] 邱翔. 基于村民主体需求的传统村落保护与发展策略研究 [C] //中国城市规划学会. 持续发展 理性规划：2017 中国城市规划年会论文集. 北京：中国建筑工业出版社，2017.

[4] 贺勇. 基于公共设施建设与公共空间梳理的乡村更新探讨：浙江鄣吴村的实践 [J]. 建筑技艺，2017 (1)：68-71.

[5] 蓝昊慧. 浙江省松阳县平田村传统村落保护与发展研究 [D]. 湖北大学，2016.

[6] 维克多·帕帕奈克. 为真实的世界设计 [M]. 周博，译. 北京：中信出版社，2013.

敦煌壁画中建筑景观设计考

■ 任康丽　张梦舒
■ 华中科技大学建筑与城市规划学院

摘要　敦煌壁画反映了中国历代建筑和环境空间特色，具有较高的研究价值。文章对敦煌壁画中的建筑原型及其环境设计进行分类分析，总结建筑单体空间、群体布局空间及建筑周边环境的植物景观特点，挖掘壁画中蕴含的建筑设计理念与环境设计方法，研究其景观图像，对当下城市建设中的纪念性建筑空间、居住性景观环境设计具有启示、借鉴意义。
关键词　敦煌壁画　建筑　景观　设计

"敦，大也；煌，盛也。"[1] 敦煌历史悠久，文化灿烂，其壁画中所呈现的建筑类型众多，包括防御型、宗教型、居住型等类型的建筑。敦煌壁画中的景观空间独具特色，利用多样植物造型、象征性地塑造出丰富而富有寓意的图像，其建筑空间多层次、统一中有变化的图说形式，形成庄重、雅致的环境建筑景观。课题性的研究和考证敦煌壁画中的建筑和景观图像，能够深顾古代的设计思想、对视当下的设计观念，具有现实意义。

1 敦煌壁画中的建筑历史现象

1.1 敦煌壁画中的建筑画规模

十六国晚期至西夏末，敦煌壁画中建筑数量宏大。"莫高窟壁画中绘制有建筑画的石窟共有 216 座。"[2] 在 172 窟、217 窟、321 窟等洞窟内绘有大幅经变画，其中详细描绘的建筑约 4000 座。建筑壁画中防御建筑"阙"的图像大约有 40 多处，"城垣"有百座，建筑斗拱数以万计，较为全面地展现了中国古代建筑的形制和装饰构件。

1.2 敦煌壁画中的建筑形态发展特点

在敦煌壁画中，十六国时期 275 窟画出两座带有阙楼的城，它是敦煌壁画中最早出现的建筑形态之一。其城门、阙屋顶为悬山顶，下有斗拱支撑；北周敦煌壁画中有大量宅院建筑，通常由门楼、围墙、厅堂等建筑单体组合而成。如 296 窟宅院建筑为重檐歇山式，以高台基支撑，屋外有栏杆，屋顶为重檐歇山顶，建筑高大雄厚；唐代敦煌壁画中的建筑种类繁多，形式多样。盛唐 217 窟表现寺庙建筑呈中轴对称布局，主殿两座，两侧有楼阁、亭台、水榭等建筑类型，连接方式多样，建筑装饰丰富。

2 敦煌壁画中的建筑与环境空间关联体系

2.1 敦煌壁画中的防御环境

中国古代防御建筑类型众多，敦煌壁画中包括阙、城垣、城楼、城门这些防御性建筑。阙，"门观也"[3]"观也，于上观望也"[4]，"观望"即是观察敌情，"阙"由"观"发展而来，由此可知，阙能登高瞭敌，防御敌人入侵。《礼记·礼运》言"城郭沟池以为固"，诸侯天子修建城郭加强防守。敦煌第 9 窟、275 窟、397 窟等洞窟均有阙的形态出现，第 85 窟、138 窟、196 窟等洞窟有表现城垣的画面。这些皆表明阙、城垣瞭敌击贼的军事防御作用。

2.1.1 防御建筑主要形制

（1）阙。阙在十六国晚期和北朝的敦煌壁画中有重要表现。隋唐时期，阙的形式继承汉阙建筑遗风进一步发展。阙的物质性功能主要体现在防御性，具体形制是台或楼，以高耸为其特点，既可远望又易把守。敦煌北魏 257 窟《须摩提女》故事中绘有一坞壁阙，阙体紧临大门两侧，与围墙相连，可充分发挥其防御工事作用。

（2）城垣。城垣是典型的防御建筑，由城墙、城楼、角楼等多种建筑单体组成。敦煌壁画中大部分城墙为土筑，墙头上有城堞，开堞眼是观敌击贼之用。城楼兼具警戒、指挥、射击等军事防御作用。因城角两面受敌，出现了角台用以补充兵力，有利于从侧面保护城墙（表1）。"敦煌壁画里的城绝大多数都有角台，角台上几乎都有角楼，角台平面多数是长方形。"[5]

表 1　敦煌壁画中的防御建筑主要形制

防御建筑类型	作用	代表洞窟	形　制
阙	观敌	北魏 257 窟、西魏 127 窟、十六国 275 窟、隋 397 窟、晚唐 9 窟	 初唐 397 窟壁画中阙门

防御建筑类型	作 用	代 表 洞 窟	形 制
城墙	观敌、击贼	初唐 321 窟、盛唐 323 窟、晚唐 156 窟	晚唐 156 窟包砖城墙
城楼	警戒、指挥、射击	五代 53 窟、盛唐 172 窟、晚唐 196 窟	五代 53 窟二层城楼
角台	加固城墙、击贼	盛唐 148 窟、中唐 359、237 窟、晚唐 85 窟	唐 148 窟、359 窟角台

图片来源:《敦煌建筑研究》[5]。

2.1.2 景观环境增强防御建筑功能性

敦煌壁画防御体系中最重要的景观元素之一是护城河。护城河早期依附城墙而建,能降低敌人攻势,防止敌人靠近城墙。唐宋时期,护城河加宽修建,使城墙处于武器攻击的有效范围之外,安全性进一步升级。中唐 237 窟法华经变中绘有两城,曲折的护城河、连绵山地形成主要的保护屏障。

2.2 敦煌壁画中的民俗建筑与环境关联性分析

2.2.1 民俗建筑主要形制

(1) 住宅。院,本指围墙,后指墙以内,包括房屋在内的院落。[6] 壁画中的院落多为四合院,有一进院、二进院和二进院附建马厩三种形式。二进院落是壁画中所见较多的四合院住宅,廊庑环其四周,前院狭长,主院较为开阔。宋代 98 窟壁画《法华经变之信解品》绘有二进院落。院落以连廊围合且开方窗,前后两座建筑为歇山顶,中间厅堂是重檐歇山顶,斗拱和木柱支撑,下设台阶,并在住宅外不远处建一马厩(图 1)。

(2) 酒肆。宋代 108 窟东壁有一酒肆,屋顶为悬山顶,四周以立柱支撑在低矮的台基上,左面可出入,周围不见窗,后方有一花卉装饰的屏风。室内七人分坐长案两旁,整个酒肆室内空间分配合理,家具尺度舒适、协调(图 2)。

(3) 陵墓。在早期壁画故事中,陵墓多出现在佛经故事中,唐代以后,陵墓出现在《弥勒经变》中。榆林窟 25 窟中有一墓园,墓室呈穹窿形,拱形墓门,墓室内设床。墓室周围有夯土形式的墓园围墙,围墙转角处有角墩,墓道前端左右各一墓阙,形成较为私密的围合空间,增强领域感。

图 1 宋 108 窟中描绘的酒肆

图 2 宋 98 窟《法华经变之信解品》中宅院
(图片来源:《中国敦煌壁画全集》)

2.2.2 民俗建筑景观要素空间关系表达

敦煌壁画中住宅常配置有树木植被，符合中国传统院落景观设计需求，既有美化之用又有镇宅祈福之意。敦煌壁画中院落注重内外部空间联系，虽"隔"但"通"，"借景"设计思想蕴含其中。院外远山近水，草木花卉通过漏窗等"借"到院内，妙趣横生。晚唐9窟《阿难乞乳》故事中绘有宅院一角，院内外花竹并茂，以散植方式布置，自由错落，起点缀作用而不会致狭小院落空间显得拥挤，具有中国古典园林通透的空间视觉特点，又达到了借景的效果（图3）。

图3　晚唐9窟《阿难乞乳》中宅院
（图片来源：《中国敦煌壁画全集》）

除宅院景观外，敦煌壁画中对墓园景观设计也强调亦多植树木。松柏常作为陵墓绿化使用，同时搭配小乔木和灌木，丰富景观层次。榆林窟25窟《弥勒经变之老人入墓图》中，墓室旁的松树的松针簇簇向下，芭蕉叶脉络分明，与桂花、草本花卉搭配，丰富其空间层次，营造出墓园中特有的艺术氛围（图4）。

图4　榆林窟25窟《弥勒经变之老人入墓图》
（图片来源：《中国敦煌壁画全集》）

2.3 敦煌壁画中的寺院环境空间布局分析

2.3.1 敦煌壁画中的佛寺建筑空间布局分析

（1）"一主二辅"组合布局。"一主二辅"组合可以看作是敦煌壁画寺院布局中最基本的模式，具体表现形式大多为主殿两侧坐落配殿。主殿开间宽度一般大于配殿，主次关系明确。如隋代423窟佛寺的描绘中，中间大殿面阔五间，屋顶形式为单檐歇山或庑殿顶，两侧各一座三层配殿。初唐331窟南壁弥勒经变中的正殿两侧配殿增加到4座，均为二层配殿。

（2）廊连接建筑组合。"廊连接建筑组合布局即是通过连廊将全部或部分主要殿阁连接起来，形成更为封闭围合的院落空间。"[7] 初唐时期出现直线形连廊方式。主殿和配殿安排在一条水平直线上，从主殿山墙一侧伸出连廊连接两侧配殿。盛唐时期，廊庑形式呈多样化发展，以L形、倒U形、折线形廊庑连接主配殿均有，数量增加，寺院空间关系显复杂。如148窟观无量寿经变中，主殿为两座同向单层佛殿，两侧各有L形廊庑使后座主殿与配殿相连，形成三方围合空间形态。

（3）复合型建筑组合。盛唐时期壁画中出现嵌套式、包含式、并排式等多层组合的建筑群落。这种复合型布局方式体现出建筑体量更大，形式更多，空间关系更复杂。如208窟北壁弥勒经变中的空间布局可分为两部分，由廊连接的殿阁形成外部半围合空间，内部是"一主二辅"建筑组合，呈包含状。敦煌壁画中寺院布局复杂多变的建筑群体图像，设计巧妙绝伦，体现出古人对空间设计的智慧。

2.3.2 敦煌壁画中佛寺景观植物象征性分析

敦煌壁画中存在许多植物图像，包括传统地域性植物、外来植物等，它们在不同的绘画场景中具有象征性内涵，也起到点缀画面构图的作用。茶花是佛教的吉祥花，象征佛光普照、吉祥如意，因此在敦煌壁画中茶花常见于佛事插花。"蜀葵阳草也，一名戎葵，一名卫足葵。"[8] 蜀葵产自四川，多作为手持花、图案装饰等出现，体现出蜀地文化对敦煌壁画的影响。这些独特的植物图像绘制，使敦煌壁画中建筑、环境、人在一种地域性、独特性、情境性的场景中出现，具有特殊的景观设计思路。

敦煌壁画中也有很多佛教象征性植物点缀。菩提树寓意着觉悟、智慧、知识。壁画中菩提树常在佛像头顶华盖后作背景，造型生动，显出佛像的尊贵和肃穆。莲花有美好纯洁的寓意，常出现在佛寺水景中，且种类繁多，如天优钵罗花、钵昙摩花、拘牟头花、芬陀利花都在壁画中出现。莲花和荷叶浮在水面，与周边的雕栏形成雅致的景观画面，而落入池中的莲花、落叶也寓意吉祥，让佛法在净土中承载着迷途之意。

3　敦煌壁画建筑图像对当下设计的启示

3.1　对建筑空间布局设计的启示

敦煌建筑图像对现代建筑空间布局有借鉴作用，其壁画中的建筑群落空间层次丰富，主题性、氛围感都独树一帜，可为当下纪念性建筑和景观环境设计提供借鉴。如现代墓园设计大都千篇一律，空荡的园区中多以单栋建筑围合形态，缺乏层次。如能借鉴敦煌壁画中的群体建筑模式，组合利用不同的功能空间，分配半围合空间、私密性祈福空间及休闲空间等，其环境氛围更有利于人在特殊纪念性场所中的情感抒发，体现出关怀、融合、吉祥的设计内涵。

敦煌壁画中建筑单体众多，通过不同的构筑物如廊、虹桥等连接各主要建筑，形成有机整体的组合群落。其建筑类型多而不乱，秩序井然，并与周边环境和谐统一。这样的设计思路可运用到当下城市公共空间设计，如博物馆建筑一般体量较大，功能空间多，但目前很多组织方式单一，仅仅围绕展陈功能进行流线设计，而缺少满足参观者休息与人际互动等方面需求的设计。因此，以多种复合方式建立空间设计流线，在交叉式、环绕式组合串联中将室内外展陈内容和景观设计进行融合。设计中可借鉴敦煌壁画中建筑形态打破与环境生硬边界，更好融合于水景、山体、植被等一系列自然景观，为未来公共建筑空间组合设计提供一种思路。

3.2 对居住景观环境设计的启示

敦煌壁画中的景观元素丰富，植物配置合理，因地制宜，根据不同的空间采用合适的栽植方式，达到聚散有形，富有韵律变化的效果。水景的营造也是敦煌壁画中景观环境一大特色，亭台楼阁间流水潺潺，池中莲花随波荡漾，岸边水生植物郁郁葱葱。现代居住环境中可借鉴这些壁画中水景布局思路，栽植规模适宜、类型丰富的水生植物，既可增加空间层次，又能净化水体。同时，水景周边可采用地域性植物进行丛植、散植，强化文化景观和地方特色的塑造，水面若隐若现，形成诗情画意的景致。

敦煌壁画中景观还通过"对比""借景"等手法创造以小见大的景观设计效果。"对比"表现为尺度对比、明暗对比；"借景"表现为模糊建筑边界，体现内外空间延续性。当下居住环境可通过植物、构筑物等创造多层次空间，相互渗透，隔而不断，使视觉效果不再单调。缩小构筑物空间尺度感，突出旁边山石、植物等周边环境要素的高大，通过对比增加层次，以小见大。

结语

习总书记曾指出："敦煌文化展示了中华民族的文化自信。"[9] 研究敦煌壁画中的中国古代建筑及其环境设计是具有史料价值和现实意义的。"敦煌壁画从北魏至元有千年之久远。各型各类各式各样的建造图，为中国建筑史史料填补了空白的一章。"[10] 这些建筑图像细节对研究中国古代建筑空间层次、布局特色、景观植物配置等都提供出宝贵图像性设计理念。它对当下国内历史文化名城旧建筑风格复兴，旧城建筑改造，以及现代居住环境景观设计等都能给予灵感和思路，具有现实意义。

参考文献

[1] 班固. 汉书 [M]. 北京：中华书局，2016.

[2] 孙毅华，孙儒僩. 解读敦煌·中世纪建筑画 [M]. 上海：华东师范大学出版社，2016：20.

[3] 许慎. 说文解字 [M]. 上海：上海古籍出版社，2018.

[4] 刘熙. 释名 [M]. 北京：中华书局，2016.

[5] 萧默. 敦煌建筑研究 [M]. 北京：机械工业出版社，2003：134.

[6] 谢建防. 从《说文解字》透视古代居室的结构布局 [J]. 山东理工大学学报：社会科学版，2011，27 (1)：71 - 75.

[7] 赵娜冬，段智钧. 敦煌莫高窟与 6 至 11 世纪佛寺空间布局研究 [M]. 北京：中国建筑工业出版社，2020：123.

[8] 陈淏子. 花镜 [M]. 北京：农业出版社，1979.

[9] 习近平. 在敦煌研究院座谈时的讲话 [J]. 中国文物科学研究，2020 (1)：2 - 3.

[10] 梁思成. 敦煌壁画中所见的中国古代建筑 [J]. 文物参考资料，1951 (5)：1 - 48.

地域性、回馈、可持续
——伊冯·法雷尔与谢莉·麦克纳马拉的建筑创作观

■ 魏欣桐[1]　周浩明[1]　刘一丹[2]
■ 1　清华大学美术学院　2　天津大学建筑学院

摘要　2020 年普利兹克奖授予两位爱尔兰女性建筑师伊冯·法雷尔和谢莉·麦克纳马拉。她们自成立格拉夫顿建筑事务所以来，一直致力于地方性建筑的探讨，注重建筑对于城市、社区的责任与回馈；她们创造了自由灵动的建筑空间，内外渗透，光影变化；她们关注地球生态，将建筑转化为新的地理，并在建成环境中融入对气候生态的思考。本文以格拉夫顿建筑事务所的创作实践作为研究对象，从思想观念、空间创作、可持续理念三个方面，剖析他们触及环境、城市和居民的设计观。

关键词　伊冯·法雷尔　谢莉·麦克纳马拉　格拉夫顿建筑事务所　自由融合　建筑新地理　可持续

引言

2020 年 3 月，凯悦基金会主席汤姆士·普利兹克宣布，来自爱尔兰的两位女性建筑师伊冯·法雷尔（Ivonne Farrell）和谢莉·麦克纳马拉（Shelley McNamara）共同获得建筑界最高荣誉——普利兹克奖。这两位建筑师于 1978 年在都柏林建立了格拉夫顿建筑事务所（Grafton Architects），此后一直在那里从事建筑实践和教育工作。她们所创作的建筑空间充分展示对城市文化与周边环境的尊重与回应，在追求空间开放自由、融合变化的同时又保持了对街道和社区的回馈，在充满温情的建筑设计背后，还隐含着对可持续设计的思考。

1　地域　温情　回馈

汤姆士·普利兹克称："伊冯·法雷尔和谢莉·麦克纳马拉的建筑作品展现出令人难以置信的力量，在各个方面都与本地情境密切相关，对每项委托做出差异化响应的同时，保持了作品的真诚，并通过责任感和对社区的关注超预期满足了建筑所在地的要求。"[1]

1.1　地方性建筑

在两位女建筑师看来，建筑作为文化和遗产的一部分，建筑师有责任对其进行传承。对每个地方细节的关注，城市空间与建筑的融合，是两位建筑师实践的一贯主旨[2]。虽然她们长期在都柏林工作，但在她们看来："倾听一个城市有助于我们倾听另一个城市；感受一个城市的文化有助于我们感受另一个城市的文化；行走在一个城市有助于我们了解另一个城市的规模和性质。在文化方面，我们与当地文化融合创作。"[3] 她们非常看重项目实践的地方性。

在博科尼大学校园设计中，通过厚重石墙与轻盈玻璃板的对比，庄重的外观与内敛的细节兼而有之。整个建筑的设计灵感来源于米兰城内的采石场，当她们参观当地采石场时，她们发现挖掘石头留下的倾斜墙壁与她们为礼堂区提出的设计方案非常相似。法雷尔在描述这座建筑时说，它就像一只牡蛎，外表是坚韧的灰色甲壳，但里面是白色的、轻盈的、精致的。建筑巨大的整体式外墙与透明的玻璃外墙形成对比又相得益彰，它是建筑师对米兰城市性格的建筑语言转译，即在外在拘束，内里精致。[4] 最终，她们对这座对当地文化准确评估后设计的校园建筑受到了米兰民众的认可，甚至得到了"她们比米兰人更米兰"的高度评价。

1.2　融入文化

在全球化背景下，"保持"当地地域文化尤为重要，因此两位建筑师的作品总是以社会环境的需求为前提，在设计时注重建筑与周围的关系的协调，项目不仅很好地融入到环境中，并在一定程度上做出了对城市的回馈。

利马工程技术大学（UTEC）是法雷尔和麦克纳马拉的代表性项目之一。该建筑坐落在秘鲁利马的滨海地带，距离项目地段不远处的海岸地段有一处悬崖。该场地是一处具有挑战性的狭长地段，场地北侧是交通繁忙的主干道，每天有大量车辆由此经过，并伴随高差跌落，场地南侧则面对着大量以低矮体量建筑为主体的居住区（图 1）。

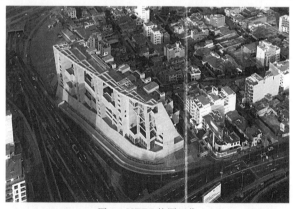

图 1　UTEC 校园区位

（图片来源：https://www.pritzkerprize.com/cn/laureates/2020）

两位建筑师以建筑基地不远处的海边悬崖为灵感，设计了一座以剖面为垂直伸展、形态宛如崖壁的校园建筑（图2）。大学的教学功能均容纳在这十层建筑中。建筑底层空间体量较大，主要作为较大体量的功能区域，面向公众；而教学、行政区域主要分布在较高楼层。从剖面看，建筑朝向主要街道一侧成倾斜的 A 字形，在这个繁忙街道上形成了一面"新悬崖"，阻断了主干道的不利影响。而朝向社区的南侧，则通过层层退台与开放空间形成了层叠花园和开放空间，自然景观穿插在建筑当中，并逐渐融入城市低谷（图3）。该项目呈现了建筑与城市的有机结合。

图 2　利马海边悬崖
（图片来源：Grafton Architects）

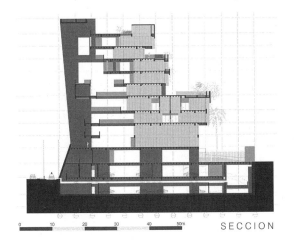

图 3　UTEC 建筑剖面
（图片来源：https：//www.archdaily.com/
792814/engineering – and – technology – university – utec –
grafton – architects – plus – shell – arquitectos）

1.3　开放与回馈

从都柏林的建筑实践开始，格拉夫顿建筑事务便遵循着通过将新结构整合到现有的城市环境中去，即"缝合和修复现有城市结构"的原则。两位建筑师尊重建造场所，致力于将建筑作品作为对场地的丰富和改进[5]。她们充分考虑"场所精神"，这意味着她们的作品更加深刻地考虑了建筑，更敏感地回应人的细微需求，通过建筑使城市的运转更加良好。

早在北国王街住宅（都柏林，2000）的创作当中，她们便考虑到突破建筑界限，对社区做出更好的回应。她们将公寓组群面向繁华街道的一侧打开，将人群引入住宅的内部街道，并在街道一侧做出退让，形成了一处休闲放松场所，使得住宅、街道、社区更加融洽（图4）。同样，开放与回馈的观念在博科尼大学校园设计（意大利米兰，2008）中也有所呈现。大学坐落在米兰的一处繁华城市街区，作为教育项目，格拉夫顿建筑师事务希望将其作为该处街区的交流、学习的公共开放场所（图5）。大礼堂作为学校与城市的过渡场地，其临街立面是向城市开放展示的"窗口"。大面积通透的玻璃，模糊了街道与室内的界限，让城市景观渗透进来（图6）。同时，建筑面对繁华街道退出了 18m×60m 的公共空间，以谦和的态度将空间还赠给城市。石材表面的肌理由外向内延伸，与坐落在首层的流动空间一同将城市街景延续到室内。

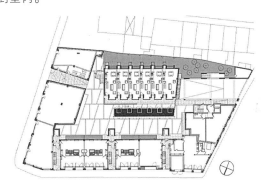

图 4　北国王街住宅平面
（图片来源：https：//www.graftonarchitects.ie/North –
King – St – Housing – Dublin）

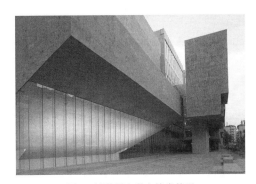

图 5　博科尼大学大礼堂外观
（图片来源：https：//www.pritzkerprize.com/
cn/laureates/2020）

图 6　博科尼大学一层的开放空间
（图片来源：https://www.pritzkerprize.com/
cn/laureates/2020）

2　融合 渗透 锚定

早在 2018 年的威尼斯建筑双年展上，法雷尔和麦克纳马拉便提出了"自由空间"（Free Space）的主题。"自由空间"鼓励以新视角和自由的想象，聚焦在三个方面：一是鼓励建筑的免费附加功能，给使用者以更多的体贴和温暖赠予；二是在建筑里多利用自然的馈赠，包括阳光、重力、地理等；三是提供空间的机遇性，随时间推移，产生建筑师意料之外的使用情境。总之要求建筑慷慨、细腻地回应人的需求，以更包容的态度接纳人的活动所带来的影响[6]。

2.1　空间融合

法雷尔和麦克纳马拉的空间塑造，充满了自由流动、融合与对话。对话主要有两种形式：一种是在建筑内部进行内外空间的对话与串联，赋予其流动性；另一种是建筑外部进行内外空间的交流，增加其公共性[7]。

在建筑的内部对话上，以 UTEC 创造的层层叠加的垂直空间为例。作为当地人造的"新悬崖"，格拉夫顿建筑事务所将面向公众的功能设置在"悬崖"的底层，并沿城市主要街区开放设置，促进了大学与城市民众的交流。而金斯顿大学学习中心，建筑师则在内部设置了大量的开放式空间。这些流动性空间彼此关联，在视觉和空间上交叠，城市居民、参观者及校园学生都能寻求各自空间，彼此交流、学习、工作，使整个建筑空间有机联系。

而建筑内部与外部环境的对话，则增强了建筑的社区融合感。在米兰博科尼大学的设计中，建筑师将建筑空间与城市的空间进行横向渗透式编织，延续了城市景观[8]。这种延续性体现在三个方面：①大礼堂的墙体向内倾斜，谦和地退出广场空间；②巨大的石材幕墙由外表皮延伸到建筑内部，增强视觉联系；③首层设置的流动性公共空间，更是在校园和城市之间建立起了互动。建筑师将教授研究室设置为一系列悬浮的空间置于上方，视觉上的联系消除了大学与城市居民的隔离感。这样的空间设计灵活且具有前瞻性，一部分固定，一部分可以变化，使得整个空间同时具备了确定和不确定性。这种

与时俱进的空间设计思维对于建筑师和使用者都具有启发性。

2.2　光线渗透

麦克纳马拉在童年时代就有了对于光影的感受，她曾谈及幼年时期去利默里克拜访姨母的经历，她清晰地记得，在用一排精致的桃花心木铺陈的药房里，空间和光线所带来的感觉，这对她以后的建筑光影运用起到了启蒙作用。如今谈及格拉夫顿建筑事务所的创作，离不开光线穿透建筑产生的迷离、灵动的光影氛围，以及由此产生的惊艳与震撼。

滑铁卢小巷住宅（爱尔兰都柏林，2008）是由马厩改建的项目，场地面窄、进深长。格拉夫顿事务所通过沿场地纵深布置彼此留有空隙的三间套房卧室，为生活区域引入柔和的自然光。混凝土结构将每栋房屋的两间卧室悬挂在砖墙上方，下层客厅和餐厅完全开放。光线一路穿过卧室延伸到一楼，从前院到后花园的长廊，不时地穿插在一起。每间卧室都有一个大的固定窗口，穿孔砖墙后面是滑动玻璃屏风。光线顺着天窗、高侧窗、庭院引入到每栋看似狭窄而又开放的空间（图7）。

在大体量的公共建筑里，两位建筑师对光线的运用更加丰富多变。在矿业与电信学院（法国巴黎，2019）项目里，玻璃幕墙结合了规律性的立面格栅，内部开放的悬挑空间形成了层次丰富的天花板，自然光透过格栅、天窗、走廊，射入建筑内部，光影交错（图8、图9）。在金斯顿大学学习中心，运用了有规律层次的窗户，阳光投射在格栅栏杆上，在地面形成了迷人的规律的阴影。在开放空间内，综合运用从玻璃、缝隙洒入的自然天光与人工照明进行结合，大量秩序、规律的格栅的运用，在墙面与地面形成了规律的秩序与迷人的自然光影（图10）。

图 7　滑铁卢小巷住宅内部空间
（图片来源：Grafton Architects）

图 8 矿业与电信学院立面格栅
（图片来源：https://www.pritzkerprize.com/
cn/laureates/2020）

图 9 矿业与电信学院内部空间
（图片来源：https://www.pritzkerprize.com/
cn/laureates/2020）

图 10 金斯顿大学学习中心的秩序光影
（图片来源：https://www.pritzkerprize.com/
cn/laureates/2020）

2.3 厚重与锚定感

强调重力作用以及由此带来的强烈的锚定感，是格拉夫顿建筑设计的一大特征。法雷尔和麦克纳马拉认为建筑是重力、重量和质量共同参与的结果，她们曾指出："重力让我们思考作为建筑师如何将建筑固定在地球上。你会得到那种由质量下降或质量被支撑产生的存在感。这是一种在重力的作用中移动的古老感觉。"[5] 与现代建筑墙体轻盈、纤薄、透明的特征不同，格拉夫顿建筑事务所认为建筑外墙是具有抵御风雨，并将外在不利环境转化为理想对立面的庇护角色，故而厚重敦实。随着她们建筑理念的发展，墙体的层次、深度、密度、厚度、重量、重力越来越大，像是坚实地压在地面上或锚定在地面上[5]。

在北国王街住宅设计中，街道的正面是厚重、密集的砖墙，牢固地坐落在地面上，给街道和城市提供了一种厚重感、永久感和锚定感。与此相反，庭院的立面是由薄而宽的多层砖墙和钢架透明磨砂玻璃构成的，这些墙比街道的立面更开放、轻薄、明亮。而在都柏林财政部办公大楼的设计中。当使用者沿着办公室厚墙周边的木地板行走时，墙壁从坚实变得虚空，又从虚空变得坚实。使用者与城市的关系通过坚实墙体或窗外都柏林的景色而变化。这种垂直的厚重石墙与轻盈玻璃带来的视野变化，为站在室内的使用者创造出在重力作用下移动的体验感。

3 新地理与可持续

在建筑实践中，法雷尔和麦克纳马拉将视野拓展到对地球环境和关注，并将可持续设计的视作建筑师的责任。随着越来越多的人工环境被创造出来，越来越多的自然世界随之消失。在她们看来，建筑师创造了人类生活的世界，在一定程度上可以将其视为地理。因而，两位建筑师使用"建筑：新地理学"（Architecture：The New Geography）概念，解释她们对于建筑在一个世界和时代的规模和影响。在她们看来，即使是很小的项目也会为地壳增加一些额外的东西，并可以改变人们的生活，因而可以将建筑视作新的地理[8]。此外，对于当代媒体逐渐将建筑简化为视觉形象的趋势，两位建筑师并不认可。在她们看来，建筑不仅仅是图像，更是生活发生的框架[3]。她们注重建筑居住者的体验评价，以及建筑促进社会互动和构建公共外观空间的能力，同时强调建筑对环境的持久影响。

3.1 建筑成为新的地理

法雷尔和麦克纳马拉出生在爱尔兰，那里海岸线绵长，分布着山脉、丘陵、悬崖，几十年生活与工作的环境培养了她们对场地、气候的敏锐观察力。尊重地区的独特性，但也强调其存在。近年来，两位建筑师的设计注重强烈的锚定感，并将地形剖面的开发作为主要的布局策略。这种策略的结果是，人工环境的建造不与自然景观或城市地形竞争，而是补充现有的环境。空间设计分成两部分：一部分是和地形剖面结合的锚定在地面的底层空间，即地面之景；另一部分是飘浮在空中轻盈的使用空间，即天空之景[5]。

在UTEC的校园设计中，建筑剖面呈A字形纵向延伸，建筑北侧宛如一面"新悬崖"，与建筑基础不远处的海岸悬崖呼应，静静地融合在周边环境中，成为了对地理环境的补充（图11）。考虑到利马宜人、干燥的气候，南侧垂直布局的退台式开放空间，除了融入当地环境，也与地形和气候的要求相呼应。设置大量灰空间、景观平台，开放的空间设计旨在将清凉的海风引入建筑中，并形成气流循环，以减少对空调的依赖。同时，她们充分考虑了建筑布局与空间形态之间的关系。底层设置大体量空间，如剧场、会展中心等面向公众的服务设施，促进校园与城市的交流，即为"地面之景"；而小体量、相对私密的教学办公等空间布置在高层，仿佛飘浮在空中，即为"天空之景"。

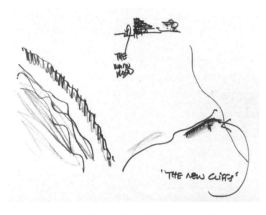

图11 UTEC项目"新地理"概念图
（图片来源：Grafton Architects）

3.2 回应气候的构造与材料

不论是空间形态还是施工细节，两位建筑师的建筑作品都反映了对气候环境的关注。不论是大型结构还是构造细节，她们总是以真诚的态度对待，打造出高效、可持续的建筑。

在博科尼大学项目的材料选择中，尽管有无数石材可供选择，两位女建筑师还是选择了附近山里采石场本地混凝土（geological concrete）材料。同时，当地采石场的斜向形态也给她们的大剧院创作带来了灵感。在两位建筑师看来，建筑师就应当从地面上获取材料和灵感进行创作。

此外，在都柏林财政部办公大楼（爱尔兰都柏林，2009）的设计中，建筑立面使用了爱尔兰当地石灰岩，优雅坚固又与环境融合（图12）。两位建筑师在入口处设计颇具匠心，采用了工艺精美的青铜栏杆和大门，并将楼梯间的体量突出于入口上方（图13）。这与都柏林建筑传统有关：传统建筑在从城市空间到室内空间的连接处都达成一种尺度上的戏剧性的转换[9]。而厚重石材表皮上开设的窗户，被视作建筑的"呼吸孔"。一方面增加了自然光的引入，减少人工照明能源消耗；另一方面，开启窗扇引入的空气流通到办公区域，当有需要时，这

些空气会被引入到建筑内部的六根烟道，进行加热储存，而后再利用设备输送到各室内空间。建筑内部采用了低碳混凝土材料，本身具有冬暖夏凉的特质，有助于夏季夜晚降温以及冬季热量储存[10]。

图12 财政部办公大楼立面石灰岩
（图片来源：https：//www.pritzkerprize.com/
cn/laureates/2020）

图13 财政部办公大楼青铜栏杆与大门
（图片来源：https：//www.pritzkerprize.com/
cn/laureates/2020）

结语

　　爱尔兰建筑师伊冯·法雷尔与谢莉·麦克纳马拉的建筑作品诠释了慷慨与馈赠的设计理念。她们用现代且具有地域性的设计手法将建筑与历史文脉紧密相连，展示了爱尔兰建筑独特的魅力。她们的作品以社会环境的需求为前提，注重建筑与周围关系的协调，并通过责任感和对社区的关注对周边环境形成积极的界面效应。她们的空间创造一方面呈现出自由与开放感，垂直变化、内外流动，并结合光影创造出迷离变幻的空间体验；另一方面从重力感出发，着重强调墙体的厚重与锚定感带来的庇护感与向下的重力感。此外，她们将建筑视作地球的新地理，把视野扩展到对生态气候的关注，对可持续设计的思考，从建筑空间设计到材料构造细节上时刻都保持对环境的敬畏——她们的建筑向外延展，触及城市，触动人心。

参考文献

[1] https：//www.pritzkerprize.com/cn/laureates/2020.
[2] Y Farrell，S Mcnamara，F Kenneth. Dialogue and Translation：Grafton Architects [M]. Columbia Gsapp Books on Architecture，2014：16.
[3] Y Farrell，S Mcnamara，F Serrazanetti，M Schubert. Grafton Architects：Inspiration and Process in Architecture [M]. Thames & Hudson，2014：9 - 18.
[4] C Slessor. Ground And Sky [J]. Architectural review，2009，225 (1345)：36 - 42.
[5] Robert McCarter. Grafton Architects [M]. Phaidon，2018.
[6] 支文军，杨暄冰. "自由空间" 2018 威尼斯建筑双年展观察 [J]. 时代建筑，2018 (5)：60 - 67.
[7] 黄元炤. 辨析伊冯·法雷尔和谢莉·麦克纳马拉 (2020 "普利兹克建筑奖" 得主)：慷慨、回馈、真诚、富有社区人文意识，以及从重而轻的建筑 [J]. 当代建筑. 2020 (4)：118 - 133.
[8] Architects，Grafton. Space for Time [J]. The Irish Review. 2015.
[9] 高静. 潘多拉魔盒　都柏林财政部办公楼设计及改建 [J]. 时代建筑，2013 (6)：110 - 117.
[10] 江滨，王飞扬. 伊冯·法雷尔和谢莉·麦克纳马拉：与环境 "对话" 的建筑师搭档 [J]. 中国勘察设计，2020 (5)：86 - 93.

从边缘到日常
——浅析西班牙卡塔赫纳海军陆战队军营改造设计策略

■ 蒋　叡[1]　周铁军[1,2]
■ 1　重庆大学建筑城规学院　2　山地城镇建设与新技术教育部重点实验室

摘要　历史遗产建筑改造再利用是城市更新的重要方式之一。保留原有历史记忆的同时，重塑场所精神，是建筑适应性改造的重要考量。本文以西班牙港口城市卡塔赫纳老城区内的 18 世纪历史遗产——卡塔赫纳建筑海军陆战队军营的改造再利用项目为例，从封闭边界到公共透明，从严肃静态到自由流动，探究监狱"边缘空间"转化为校园"日常空间"的空间特征重塑具体策略和方法，以期为我国历史遗产建筑保护与适应性改造提供借鉴，助力城市更新和城市高质量发展。

关键词　城市更新　历史建筑　空间特征　改造策略

引言

《中华人民共和国国民经济和社会发展第十四个五年规划和 2035 年远景目标纲要》（简称《纲要》）明确提出实施城市更新行动，要求对城市存量片区进行改造，以促进城市高质量发展。历史建筑改造是城市更新的重要举措之一。通过对历史遗产建筑进行适应性保护与再利用恢复其不朽的存在，同时赋予它在当代城市景观中的社会与文化主角角色。历史建筑在改造过程中被赋予新的功能，其建筑空间特征和场所精神也随之转变。因此，本文以西班牙卡塔赫纳海军陆战队军营（以下简称"军营"）被改造为卡塔赫纳理工大学学院大楼的项目为例，从建筑空间特征转变视角来探讨"留""改""舍"下的历史建筑改造策略与方法。

1　相关概念

1.1　边缘空间的定义及特征

建筑空间作为空间的一种具体形式，是权力争夺的场所也是权力实施的媒介[1]。事实上，此处边缘空间的"边缘"有两层含义：其一是在城市发展过程中废置建筑面临的城市公共角色缺失的问题；其二是福柯笔下从社会治理角度构建出来的规训权力媒介。在《规训与惩罚》中，福柯通过"全景敞视监狱"（Panopticon）模型来揭示社会规训制度的权力运作机制[2]。"中央塔楼""环形监狱"以及"监视者"和"被监视者"两者之间控制机制被视为"全景敞视监狱"权力模型的三个重要要素[3]。在具体的建筑空间体现上，这类型的建筑的具有典型特征，包括精确的路径、严肃的边界、清晰的路径、弱化的节点、扩大的区域、强化的元素等[4]。

1.2　从边缘空间到日常空间

尽管在不同权欲场，支配与控制的广度、深度、强度都有所区别，但是在福柯看来，除监狱外，学校、医院、警察机构等也是规训权力隐蔽的社会治理载体[5]。然而，在现代社会和大学教育的具体语境下，校园建筑的空间特征与福柯笔下的"边缘空间"存在很大区别。从过去用来拘留和征服人的严肃、封闭、静止、规范的"边缘空间"，到塑造和教育人，倡导自由交流和创新思考的灵活、流动、公共、透明的大学校园空间，满足其作为"日常空间"的使用，其空间特征和场所精神发生转化。

2　从卡塔赫纳城市复兴到军营改造

2.1　卡塔赫纳城市复兴

卡塔赫纳是位于西班牙东南部地中海沿岸穆尔西亚自治区的港口城市。这座城市于公元前 3 世纪由迦太基帝国建立和命名，先后被罗马帝国、拜占庭帝国、穆斯林占领，直到 13 世纪末才并入阿拉贡王国。悠久的历史和文明的更迭使得这座城市有着丰富的城市遗产景观。事实上，这座城市经历长达数世纪的衰落。直至《历史文化遗产法》（1985 年）出台和《卡塔赫纳城市管理总规划》（1987 年）起草，卡塔赫纳城镇复兴规划才取得里程碑式的发展。2005 年，卡塔赫纳几处建于 18—19 世纪的历史建筑被交托给卡塔赫纳理工大学用作教学楼，旨在结合"第三部门"的力量进行地区遗产保护与再利用[6]。而军营便是其中之一。

2.2　军营历史沿革

军营位于卡塔赫纳港口西侧（图1）。1756 年开始建设，至今已有 200 多年的历史（图2）。这座历史建筑于 1825 年开始作为监狱使用，一度是西班牙人满为患的大型监狱。西班牙内战后，建筑被收回作为海军陆战队的军营，又于 1991 年被废弃。2009，这座建筑的保护改造工作完成后，它被作为卡塔赫纳理工大学商业科学学院大楼使用，同时兼有卡塔赫纳海军博物馆的复合功能。

建筑最初是两层体量加斜坡屋顶（图3）。整体布局为矩形"回"字形制和较大的围合庭院，呈现高度对称

图 1　卡塔赫纳海军陆战队军营区位
（图片来源：作者改绘自谷歌地图）

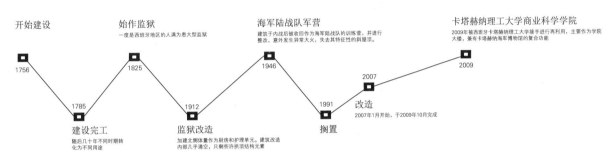

图 2　军营历史沿革
（图片来源：作者自绘）

性。建筑材质以石头、砖块、木头为主。窗户、门洞位于每个拱顶或房间的局部轴线上，在封闭、厚重的内外墙体上按照严格的节奏均匀分布。南侧设有小型孔洞补充通风和采光。窗户和一些孔洞设有密集格栅。此外，历史建筑东西两侧有两个小型建筑单元，承载排水排污等服务功能。

　　几次改造使得这座建筑饱经风霜，包括 1912 年加增建筑北侧的体量（北侧由两层变为三层，且一层入口处增设新的建筑体）、1946 年立面的现代建筑化（使用浅色涂层涂抹隐藏石材立面）、窗户格栅的拆除以及一场大火导致的特征性斜屋顶的消失等。尽管建筑功能的转变和所有权的更迭使得这座建筑或多或少地改变了原来的结构和形态，但整座历史建筑依旧呈现出典型的军营建筑的类型特征。作为"规训权力"实施的"边缘空间"载体，整座建筑尽显严肃、规范的建筑场所空间精神特征和氛围。

3　军营改造策略——从"边缘空间"到"日常空间"

3.1　从封闭边界到公共透明

3.1.1　新增体量的公共透明性
整栋建筑根据相关文献史料和修复过程中的考古挖掘，最终确定修复的建筑主要特征包括两层体量、斜屋顶、原始立面和门窗、拱门和拱顶，以及纹理和饰面。修复改造时，拆掉了 20 世纪初在历史建筑北侧建设的两栋严密建筑，并出于功能的补充目的，将历史建筑加盖至三层，而且在北侧新增了不超过历史建筑高度的平屋顶透明方盒子。

　　事实上，新插入的体量和元素需要考虑其与原有建筑、城市、历史的关系。在功能转换中，建筑面向城市街巷环境的公共空间生产是提升历史建筑活力的重要方式（图 4）。历史建筑一层北侧的行政、招生区域都是对外面向公众的功能。东西两侧设置大面积开放性空间，用作餐厅和图书馆。新增的三层体量使得坡屋顶的再现成为可能，功能上主要为大型会议室和开敞活动空间。作为城市的第五立面，屋顶体量提供了一个观景平台，海岸港口和周围环境可尽收眼底。新楼一层是展厅空间，也是历史建筑的前厅，具有高度的开放性与公共性，是城市街道环境与历史建筑的过渡空间。

　　不同的材料有不同的可视性，不同材料的材质的运用赋予空间不同的性格。新加体量立面上主要采用玻璃材质和穿孔板，通透的体量和冷酷的颜色，使之与厚重、严密的历史建筑区别开来。玻璃材质赋予新增体量极好的透明性，这种透明性不止是物理上的透明性，更是与城市历史环境、街巷空间和原有历史建筑的"交流"与"对话"。新楼底层的渗透性使得展览空间和行人之间的

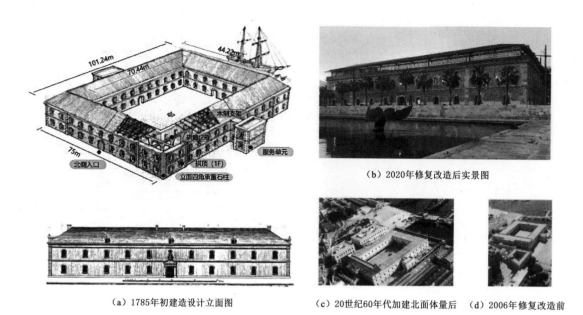

（a）1785年初建造设计立面图   （b）2020年修复改造后实景图

（c）20世纪60年代加建北面体量后   （d）2006年修复改造前

图3   各个时期的历史建筑

[图片来源：除图（b）自摄外，其余底图皆来自文献［7］，由作者改绘]

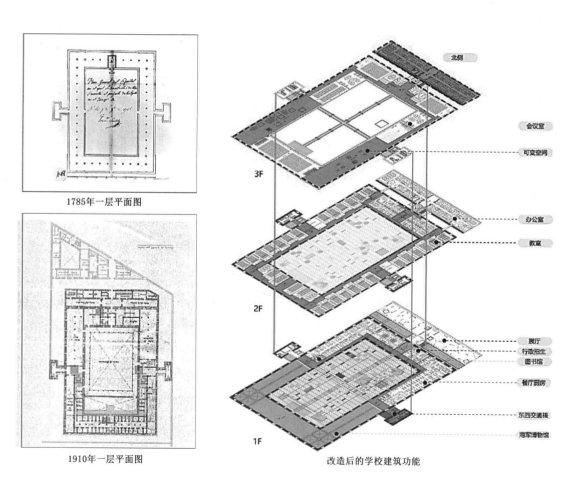

1785年一层平面图

1910年一层平面图

改造后的学校建筑功能

图4   建筑平面功能

（图片来源：底图来自文献［7］，由作者改绘）

直接关系成为可能，加强了城市和历史建筑之间的视觉和功能联系。历史建筑的原生石材北立面作为新楼的背景，依旧可被清楚地观察到。在不改变原来历史建筑立面的前提下，提升了建筑空间的感官层次。此外，屋顶透明的四壁有效地减弱了屋顶的体量感，避免影响历史建筑的宏伟气势；同时也增加了历史建筑的透气性，使得过去与现在的对话成为可能（图5）。

3.1.2 室内分隔的公共透明性

透明性还体现在室内空间的分隔上。历史建筑最初由两层高的立面承重石柱和一楼的拱顶支撑，由于保留下来的拱顶达不到结构强度要求，因此改造后的

历史建筑主体采用梁柱结构，屋顶为木架上搭屋面。然而，室内空间的塑造上依旧修复和沿用了拱顶、拱廊的形制，主要集中设置于历史建筑四角，以恢复曾经的内部空间界面特征。具体到室内分隔上，建筑采用大面积的玻璃来补充采光，增强光线的流通性和室内的透明性（图6）。玻璃材质主要用于室内分隔的两处：一处是设置于分隔墙板顶部的大面积的透明玻璃带；另一处是设置在大面积教室的面向走廊采光窗户的落地玻璃。此外，室内内墙多为白色，可以更好地利用地中海阳光，反射太阳光线，增加室内空间的洁净、通透、轻盈感。

图5　北侧新修体量（1、2）和屋顶层（3、4）

图6　一层（1、2）、二层（3）、三层（4）的室内分隔

（图片来源：作者自摄）

3.2 严肃静态到自由流动

3.2.1 走廊空间的自由变化

精确清晰的路径是监狱建筑的一大特征，这也可以从1910年的历史建筑的室内空间分隔可以看出（图4）。改造后的历史建筑二层用作教室空间。教室整体布局是围绕中庭的回廊式，这与军营和监狱类建筑的空间布局相一致。然而，原始轨迹的静态性质必须通过暗示和变化的空间来平衡[7]，通过教室的错落布置创造路径界面的进退变化，且南侧的教室更是将良好滨海景观面还给走廊。走廊空间因此由单一重复变为自由流动，其松弛变化更是为设置休息座椅和公共空间提供了可能。在监狱语境中，走廊属于"监视者"（狱警）施加监视窥探权力的空间。改造后，走廊空间被还给了所谓的"被监视者"——学生，从而实现了服务主体的转变和空间精神的转变。此外，历史建筑三层南向设有大面积开敞的活动空间和可变空间，既打破了原始空间沉闷、静态的氛围，也增强了顶层空间的轻盈、动感。

3.2.2 中庭空间的界面重塑

封闭高耸的外墙、消极的中庭空间是监狱空间的典型特征。在中庭空间的转变上，严格的军事和监狱纪律必须让位于空间的自发性和流动性[7]。历史建筑改造希望吸引更多人到达庭院空间休憩停留，实现从消极空间向积极空间的转化，具体进行了以下几处改造。

（1）增设新的构筑设施和交通体。改造首先在12米高度建立了两座垂直交叉的金属桥，同时依托金属桥挂钢丝网、搭遮阳棚来抵挡炎热阳光。金属桥为观察中庭不同景观和活动提供崭新视角，行人能以自由的姿态审视庄严的历史建筑的过去与现在。随着日照变化，中庭四壁和暖石地面的斑驳光影也随之自由流动（图7）。支撑金属桥的管状支架打破了原始、完整的中庭空间，构建轴向序列，对中庭进行干预与分割，引导人员行进。此外，根据消防要求建筑需增设交通设施。除了设置在历史建筑东西侧的服务单元外，建筑师还在距庭院南立面一定距离处设置了外挂的轻量钢架楼梯，使人们在各个楼层都能方便、快捷地直达中庭空间。

（2）赋予中庭空间多元功能，包括设置咖啡馆、城市休憩措施和绿植等。同时，遮阳棚还支持搭建扩音器、喷水器等，因此可以在庭院内开展各种活动[8]。监狱模型的典型特征包括设置在中庭的眺望塔楼。塔楼被"监视者"用来对"被监视者"进行全方位的监视。新的中庭空间通过植入交通体构件和功能的复杂化，成为回字形监狱的双向动态交流空间，扭转了"监视者"与"被监视者"两者的对立局面。

图 7　中庭构件和光影
（图片来源：作者自摄）

4　历史遗产到公众记忆

整栋建筑的修复基于文献史料和考古研究，坚守客观修复的原则，始终将建筑主体视为高于修复主体[7]。遗产建筑的历史性尤为重要，在对历史建筑的干预过程中，通过保留外立面来体现建筑风格，同时还保留了历史建筑的门、窗等集中设置于18世纪建筑空间风格可以识别的地方，尤其是历史建筑的北侧和四个角落。此外，拆除和干预的过程也被记录了下来，例如窗户栅栏拆除后的孔洞，窗台用新石材包裹原有部分（图8）。因此，过去的痕迹得以很好的保留，重新阅读和解释监狱的历史成为可能。新旧关系清晰明了。建筑似"自言自语"着其从孤立和压抑的监狱变为自由和开放的学校建筑的前世与今生。

图 8　立面修复和构件的再利用

结语

历史建筑改造是城市更新的重要手段，如何重塑空间特征和精神是其适应性改造面临的关键问题。西班牙卡塔赫纳海军陆战队军营改造从新增体量和室内分隔，从走廊空间到中庭空间，从严肃、封闭、静止、规范到灵活、流动、公众、透明，从而实现从"边缘"到"日常"的空间精神转换。在"留""改""舍"的博弈中，历史建筑自述其前世今生，实现其与城市历史文化环境、街巷空间、公众的对话关系，最终促进城市更新，实现城市空间再生产。

参考文献

［1］刘涛. 社会化媒体与空间的社会化生产：福柯"空间规训思想"的当代阐释［J］. 国际新闻界，2014，36（5）：48-63.

［2］福柯·米歇尔. 规训与惩罚［M］. 北京：生活·读书·新知三联书店，2003.

［3］杨青. 胡同生存空间中的权力实践：福柯圆形监狱模型的再解读［J］. 北方民族大学学报：哲学社会科学版，2016（3）：83-86.

［4］苗翠翠. "装置"概念：论"空间"的生命政治［J］. 浙江学刊，2019（6）：76-81.

［5］刘斌. 监狱建筑的场所性及类型特征初析［J］. 山西建筑，2010，36（36）：22-23.

［6］谢兴. 中国与西班牙世界遗产开发保护比较研究［D］. 广州：暨南大学，2011.

［7］CHACÓN BULNES J M. El cuartel de presidiarios y esclavos de Cartagena［D］. Cartagena Polytechnic University，2011.

［8］Bulnes J M C. Rehabilitacón y adaptación del antiguo cuartel de instrucción de marinería（CIM）de Cartagena para la Universidad Politécnica de Cartagena［C］//XVII Jornadas de Patrimonio Histórico：intervenciones en el patrimonio arquitectónico，arqueológico y etnográfico de la Región de Murcia，Servicio de Patrimonio Histórico，2006：341-356.

空间临时性、环境阶段性与人口流动性
——基于杭州蓝领公寓建设模式的城市外来务工人员租住环境研究

■ 陈冀峻　骆菁婧　徐千然
■ 杭州师范大学美术学院

摘要　解决外来务工人员的居住问题，尤其是中低收入流动人群合理的居住需求，是城市化高质量发展的一大重要保障。杭州市政府提出的"蓝领公寓"为都市新蓝领人群提供了一种可借鉴的"杭州模式"。文章对杭州市蓝领公寓人群的居住满意度及意愿需求进行走访与调研，以期根据蓝领人群的特征来指导蓝领公寓的后续建设，适应城市外来低收入流动人口租住环境的改善需求。同时从人口的流动性、空间临时性、环境阶段性、发展的可持续性，探讨了基于杭州"蓝领公寓"模式的城市中低收入流动人群居住环境改善的路径和发展策略。

关键词　蓝领公寓　低收入人群　流动人口　租住环境

改革开放以来，我国城镇居民的住房条件得到了持续的改善。尤其是在 1998 年结束传统的住房实物分配体系，改为培育和发展以住宅为主的房地产市场后，城市的住房矛盾更是得到了极大的缓解。全国城市居民人均住房面积已经从 1998 年的 18.7 平方米增长到 2019 年的 39.8 平方米。同时，几千万的城市低收入住房困难群众也依托政府的保障体系，改善了居住条件。浙江作为最早探索实施保障性住房政策的省份之一，早在 20 世纪末就已开始经济适用住房的建设，并于 2001 年率先拉开廉租住房建设的序幕，2004 年又启动了早期的公共租赁住房建设。围绕廉租住房、经济适用住房、公共租赁住房建设，浙江省出台了一系列政策法规，落实国家保障性住房政策并切实保障中低收入群体的基本居住权利。

但是，为城市化进程和经济发展做出了巨大贡献的外来务工人员群体在城市的居住问题，和教育、医疗等问题一样，受制于户籍制度改革的滞后，而处于政策惠及的边缘，难以得到社会充分的关注。他们中的一部分中高收入人群可以通过市场购买、租赁物业的方式获得较好的居住环境。但是，以大量农村劳动力组成的大部分城市外来务工人员，受制于收入条件，在城市难有固定且自有的住所，始终处于一种漂泊状态，更难言居住环境的舒适性，"蚁居"现象绝非个案。他们所从事的往往又是餐饮、环卫、快递、家政、保安、中介、司机等服务性工作，所在的企业通常也无力提供较为舒适的居住条件。而这一群体曾经赖以生存的大量城中村，在城市化的进程和城市综治管理的趋高要求下，也变得越来越稀缺。租住需求和市场供给端间的供需矛盾，进一步

挤压了这一群体在城市的生存空间。外来中低收入务工人员的居住问题，不仅成为阻隔在他们融入城市生活通道上的一堵墙，甚至成为地方政府保障城市正常运转的潜在风险，毕竟任何一座城市都不能只依靠金融业、数字产业、房地产业而正常运转。

1　因势而谋：领全国之先河，建设蓝领公寓

随着时代变迁，"蓝领"群体早已更新换代。蓝领工人已从以本土的产业工人为主体，逐渐转变为包括传统制造业和各种新兴服务业（快递、餐饮、家政、保安、出租车/网约车司机等）以外来务工人员为主体的新生代蓝领。这个群体更年轻，学历层次高于父辈，也更倾向于融入城市生活。不管是对工作方式、生活状态，还是收入构成，不仅有很明确的需求，也有更高的职业期待、更强的物质文化和精神需求。映射到居住产品上，新一代的蓝领工人的居住需求已经产生了巨大的差异和变化。

而根据浙江省公安厅微信公众号 2021 年 3 月公布的数据测算❶，杭州市流动人口有近 700 万人，而其中租房居住的，超过 400 万人！如何解决数量如此庞大的外来务工人员的居住问题？如何满足他们在住房问题上的新需求？如何增加外来务工人员的社会融入度？都是城市管理者、建设者、企业经营者乃至个体劳动者需共同面对的问题。

2016 年，习近平总书记在中央财经领导小组第十四次会议上指出："要准确把握住房的居住属性，以满足新市民住房需求为主要出发点，以建立购租并举的住房制度为主要方向，以市场为主满足多层次需求，以政府为

---

❶　根据浙江省公安厅微信公众号"快知人口"专栏发布的数据，2020 年年底浙江省的流动人口为 2888.5 万人，其中在杭州的占 23.5%，近 680 万人。该专栏中数据显示，全省流动人口中，租房居住的有 70%。

主提供基本保障"❶ 杭州市住房租赁试点工作小组紧紧围绕这一理念，于2017年年底颁布了《关于加快筹集建设临时租赁住房的工作意见》（杭房租赁〔2017〕1号），在全国率先提出了具有一定保障性质的"蓝领公寓"（临时租赁住房）的概念。杭州市政府确定3年4万套的总目标（表1），积极探索利用蓝领公寓解决中低收入外来务工人员租住问题的有效途径。到2020年年底，杭州已累计开工蓝领公寓项目92个。全市筹建蓝领公寓房源4.11万套（间），圆满完成计划总目标。其中1.64万套（间）房源已启动租赁受理，万余户外来务工人员入住❷。蓝领公寓发挥民生实效，与现有公租房、廉租房等一起，形成更加完善的住房保障体系。

表1　杭州市各区分年度目标任务表

城　区	累计完成筹集建设房源（套）			
	2018年3月底	2018年年底	2019年年底	2020年年底
上城区（原）	500	800	1300	1800
下城区（原）	500	1200	2200	3200
江干区（原）	500	2500	2600	3700
拱墅区（原）	500	1500	2600	3700
西湖区（含杭州之江度假区）	500	2500	4500	6500
杭州高新开发区（滨江）	500	2500	4500	6500
杭州经济开发区	500	800	1300	1800
萧山区	500	2000	3500	5000
余杭区（原）	500	2000	3500	5000
合计	4500	15800	27900	40000
备　注	因城市规划建设等原因需要拆除临时租赁住房的。应按照"拆一补一"的原则，及时补足，确保总量不变			

注　本表根据杭州市各区分年度目标任务表由作者制作。

2　因地制宜：激活城市待用区块的闲置期

杭州的蓝领公寓大部分处在城中村和工业厂房的征用范围内，也有一部分是利用短期内难以进行商业开发的闲置用地建设的。根据粗略的调查显示，目前已经启动租赁受理的29个蓝领公寓在杭州市域范围内的位置大多处于远离市区的Ⅴ、Ⅵ、Ⅶ类区块。"利用将拆未拆的农居房、企业厂房、集体宿舍、市场等建筑进行改造" "在无合适改建对象或者以改建方式尚不足以完成筹集目标任务的，在城中村改造范围内已拆平但项目短期内不实施的地块上，新建临时租赁住房"❸。由于获取渠道的特殊性，租金施行政府指导价，一般比周围市场价低20%～40%，因此受到承租单位的欢迎。同时，原有旧建筑大多不过二三十年的历史，通过这种方式，建筑在正常使用年限内也得到了更为高效的利用，不失为一种利用存量土地开发的时间差来激活城市闲置的待用区块的有效途径。

3　顺势而为：打造舒适宜居新家园

尽管因城市建设需要，蓝领公寓终将面临被拆除的命运。但是当时杭州各区政府依旧以较高的大局观，积极落实市政府的部署，从选址、建设标准、户型配比、设施配套等多方面，积极利用好既有建成环境，"八仙过海、各显神通"，打造了一批环境舒适、条件适宜的蓝领群体的新家园（图1，图2）。

例如，由原下城区华丰村12幢农居房和1幢六层小产权房改建而成的华丰悦居蓝领公寓（图3）。外部环境统一整治，设置有停车场、电瓶车充电区、公共食堂、厨房、浴室、生活超市、洗衣房、理发室，基本生活需求可以"一站式"搞定。还添加了党群活动室、健身房等设施。外观也被统一改造成徽派民居风格。总计16900平方米的建筑，基本按照原有建筑格局分别改造为10平方米、16平方米、20平方米等面积不等的865套公寓。房间内部，卫浴、空调、家具等设施比较完备。具备拎包入住的条件。类似建设模式的，还有原江干区的馨家公寓项目（图4）、拱墅区的春风驿·计家项目（图5）。

---

❶ 引自《学习习总书记重要论述：房子是用来住的不是用来炒的》，民生网——人民日报社《民生周刊》杂志官网，http://www.msweekly.com/show.html? id=106312。
❷ 数据来源于杭州市住房保障和房产管理局租赁管理中心。
❸ 《关于加快筹集建设临时租赁住房的工作意见》（杭房租赁〔2017〕1号）。

图1 王马里蓝领公寓
（图片来源：作者自摄）

图2 尚蓝公寓健身房
（图片来源：作者自摄）

图3 华丰悦居蓝领公寓
（图片来源：作者自摄）

图4 馨家公寓公共厨房
（图片来源：作者自摄）

图5 春风驿·计家蓝领公寓
（图片来源：作者自摄）

杭钢蓝领公寓轧钢小区是一个比较特殊并值得关注的项目，它是由杭钢集团利用原杭钢集团青年工人宿舍的筒子楼投资改造而成的。由于周边500米范围内有空余场地，便于停车，它被打造成为专门针对网约车司机租住的蓝领公寓。因此，除了常规的配套设施外，建设单位还专门设置了汽修、洗车以及充电桩等配套功能（图6）。

图6　杭钢蓝领公寓轧钢小区
（图片来源：作者自摄）

4　调研问卷分析

杭州首创的蓝领公寓，为蓝领群体提供了稳定、安全、舒适，且更具人性化和多元化的居住生活环境，是新形势下顺应现代社会的发展趋势，针对以往保障性住房的政策盲区，以满足无杭州户籍的、且从事服务性行业的外来务工人员群体现实生活需求的重要民生保障举措，也为突破户籍障碍，在全国范围内建立了一种可供借鉴的解决外来低收入务工群体租住问题的"杭州模式"。

但是，由于当时的建设主体多为各区建设主管部门和国有城投公司，且时间紧、任务重，不仅建设模式各有千秋，建设标准和建成成果更是参差不齐，尤其是缺乏对最终用户住房需求的针对性调研。未来蓝领公寓的建设是否可以在第一阶段建设经验的基础上，得到更好的改进？借助已有大量人员入住蓝领公寓的契机，研究小组在杭州市房管局租赁管理中心的支持下，对部分蓝领公寓进行了现场的问卷调研。尽管由于建设模式和外来务工人员群体从事行业的多样性，以及样本数量还不够充分，目前的问卷选项结果上存在一定的离散型，但还是多少能看出一些蓝领公寓建设标准和设施、功能匹配性上存在不少问题。❶

问卷针对蓝领人群租住满意度设有14个变量进行分析，得出KMO取样适切性量数为0.923，本次统计数据

非常适合进行因子分析。结果提取了2个公因子，根据旋转后的成分矩阵进行权重计算，结果见表2。

表2　现租住蓝领公寓人群体验满意度分析表

影响蓝领人群租住满意度的变化	各项指标的最终权重得分
采光	0.0685
朝向	0.0727
自然通风	0.0767
房间面积大小	0.0721
卫生间面积大小	0.0774
（合租情况下）室内个人空间私密性	0.0761
周边环境对房间内私密性的影响	0.0721
周边的交通设施	0.0777
周边的休闲娱乐设施	0.0653
周边的生活服务设施	0.0754
周边的绿化和环境美观	0.0708
居住环境的安全性	0.0743
居住环境的网络速度	0.0686
居住环境的网络费用	0.0524

注　数据来源基于SPSS分析。

通过表2中数据可得知，提升蓝领公寓周边的交通设施及卫生间配比对蓝领人群租住满意度的影响较大，同时提升卫生间面积大小、自然通风、周边的生活服务设施以及居住环境的安全性，也可以提升居住人群的满意度。

从公共空间的使用频率上看，因为蓝领公寓建设的标准不同，导致了数据的偏差性。但从总体上看，公共洗衣房的使用频率最高，公共厨房和公共休闲设施的使用频率较低（表3）。在未来蓝领公寓建设中，这一调查结果有助于更加精准地设置配套功能。

问卷针对蓝领人群租住满意度设12个变量进行分析，得出KMO取样适切性量数为0.928，本次统计数据非常适合进行因子分析。结果提取了2个公因子，根据旋转后的成分矩阵进行权重计算，结果见表4。

通过表4中数据可知，对于未来蓝领公寓租住意愿的影响因素方面，周边的交通设施与生活服务设施两个因素的影响最为显著。此外，居住环境周边的绿化和环境美观、空调设备、独立热水器等设施设备，以及居住房间的面积大小，也对蓝领人群的居住意愿有较大的影响。而独立居住空间的朝向、合租人数以及独立厨房等因素、则较少影响蓝领人群的租住意愿。未来，蓝领公寓的选址要尤为重视。

---

❶　受篇幅所限，此处仅体现所有问卷调查34题中的4题的分析结果。

表 3　现租住蓝领公寓人群部分公共设施使用频率分析

公共洗衣房的使用频率			公共厨房的使用频率			公共休闲空间的使用频率		
使用情况	频率/次	累积百分比/%	使用情况	频率/次	累积百分比/%	使用情况	频率/次	累积百分比/%
1	9	5.9	1	10	6.6	1	15	9.9
2	16	16.4	2	5	9.9	2	9	15.8
3	57	53.9	3	14	19.1	3	26	32.9
4	13	62.5	4	10	25.7	4	18	44.7
5	57	100	5	113	100	5	84	100
总计	152		总计	152		总计	152	

注　1 代表一周 7 次及以上，2 代表一周 5～7 次，3 代表一周 2～4 次，4 代表一周 1 次及以下，5 代表从不使用。

**表 4　现租住蓝领公寓人群未来租住意向
优先考虑要素分析表**

影响蓝领人群租住满意度的变化	各项指标的最终权重得分
朝向	0.0512
合租人数	0.0752
房价面积	0.0855
租金	0.0775
独立卫生间	0.0845
独立厨房	0.0838
独立热水器	0.0874
空调设备	0.0901
周边的交通设施	0.0940
周边的娱乐设施	0.0852
周边的生活服务设施	0.0936
周边的绿化和环境美观	0.0920

通过上述租住体验和需求调研分析，可以看出，杭州的蓝领公寓建设领全国之先河，政府在政策制定、资金投入、项目管理等方面有很大的创新举措，但聚焦于蓝领居住环境的建设，目前还存在一些不太成熟亟待完善之处：

（1）无统一的建设标准，造成居住环境和建设投资差异较大，例如人均居住面积指标，家具、空调、网络、洗浴设施的标准化配套等。

（2）功能设置不能很好地满足当下蓝领群体的需求，尤其在餐厅/公共厨房、洗衣/晾晒、健身/娱乐等功能的设置上，与当下及当地蓝领入住群体使用需求之间存在较大差异。这些功能空间的使用效率在不同的项目上也是大相径庭。所以，有必要做一些深入的群体行为趋向的科学分析（图 7）。

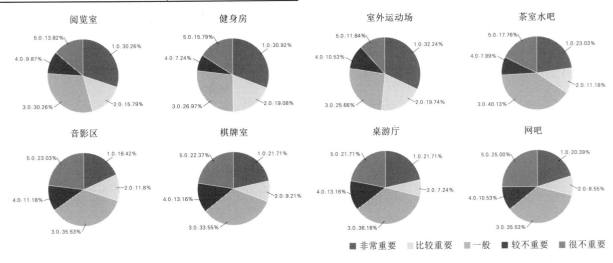

图 7　现租住蓝领公寓人群公共休闲区域配备重要性分析
（图片来源：作者自绘）

（3）项目选址受现有区位和建成环境的制约较大，没有和周边现有配套设施、入住群体工作特性形成有效关联。主要表现在位于城郊结合部的居多❶，没有充分考虑通勤需求与公交、地铁站点距离，也没有很好地依据项目选址地周边现有商业网点布局来确定项目内部公共配套功能的设置；不同行业蓝领群体的工作时间错位现象❷对混居租住环境的不同需求等。

（4）蓝领公寓建设短期内缓解了部分服务业企业职

---

❶　从图 1 中可以看出，大部分蓝领公寓位于杭州市的三级、四级土地区块，甚至更远。
❷　例如，环卫工人和餐饮行业的服务员上、下班时间错位 5～6 小时。

25

工的租住矛盾，但是针对租住人群的流动性特征，如何在工余时间满足他们彼此之间，以及与当地原住民群体之间交往需求，显然没有多少关注。几乎所有项目均为相对封闭型区域空间，公共空间的塑造也没有与所在社区形成互动甚或融合，外来务工者的社会归属似乎被圈禁在固定的空间内。这类现象也许不仅仅发生在蓝领公寓，但如何通过交往性公共空间的塑造而促进不同阶层群体的接触而非隔绝，显然是一个能够促进社会融合、协调发展的长效机制。

5 构建城市流动人口保障性租赁住房新格局的展望

妥善解决城市外来务工人员租住问题，提高他们住居环境品质，是一个健康城市良性运转的重要保障和基础。区别于针对具有当地城市户籍的低收入群体保障性住房以及具有较强长期居留意愿的流动人口❶的人才公寓建设。蓝领公寓建设应重点着眼于项目的临时性、阶段性和居住人口流动性，而这也是蓝领公寓设计、建设的难点。这一视角，往往与建筑建设初期所设立的带有长久性、固定化的目标是相左的。需要以一种相对短期的、动态的建设目标来制定更为通用性的蓝领公寓设计和建设导则或标准，例如户型和家具的标准化设计，装配式技术的运用，设施、设备、家具可拆卸和重复利用原则等。

在建筑物全生命周期内，空间、功能、性质恒久不变的可能是少数，通过正常技术改造进行新陈代谢反而是常规。杭州市通过蓝领公寓的建设，倒是发掘出不少

在存量土地上以及一些公有产权属性的待废或空置建筑物得以再利用，利用城市闲置用地和临时用地开发的空窗期，最大化地用时间换空间，不失为一种可持续发展的有效利旧模式。这一类建筑应该在各个城市都有存在，只是限于产权属性以及性质变更利用过程中的法规政策，并没有得到更好的利用❷。

如何将杭州这一模式在其他城市蓝领公寓的后续建设上，结合各自城市的发展，在既有建筑改造和城市更新过程中探索一种阶段性激活机制？如何在如今蓝领公寓发展的现状下，为城市外来低收入流动人口营造一个更为舒适或多元化的居住场所？除了关注存量土地上的建筑物，在讨论城市旧改、未来城市建设、新建商品房自持物业的市场开发模式中，是否也能为城市外来务工人员留有一定的居住生活空间？如何通过居住环境的改善，使得城市外来流动人口更容易融入城市的社会体制中，并能更好地分享改革开放的成果？这些都是值得充分深入探讨和展望的领域。同时，结合社会学、经济学以及管理学等视角，在蓝领公寓的城市空间布局、社会综治管理、社区本土化融合、政策法规配套管理等诸多方面，也能够有许多可以提供多维交叉研究的思路，为促进共同富裕目标的建设，提升更加美好和谐的城市环境，搭建更加高品质的平台。

（本研究在调研过程中得到了杭州市住房保障和房产管理局租赁管理中心的大力协助以及赵佩雯、陈伟、周健、邹思熠、洪晨、黄佳音、王蕴琦、滕泽涛、邓文鑫、姜蕾、刘潇潇等同学的帮助。）

---

❶　这类人群往往收入较高或会更主动地办理当地的居住证。
❷　如果将厂房变为公寓，用地属性和消防规范上都需要有政策变通或包容之处。

基于家庭经验的空间设计
——作为一种设计方法的讨论

■ 程　月
■ 重庆大学建筑城规学院

摘要　伴随着经济全球化所带来的物质商品富裕、技术水平发展，城市空间以牺牲人的丰富体验和个性感受为代价趋向适用性、商业性价值，住宅设计脱离日常生活、亲子关系，呈现出一种麻木的设计观，其根本原因在于空间结构与社会关系的巨大断裂。本文将亨利·列斐伏尔的社会空间观指涉到建筑学内部以指导具体实践层面，探求列式第一层社会关系——家庭经验如何象征与改善亲子关系，为建筑设计方法提供新的可能性。

关键词　社会空间观　家庭经验　亲子关系　设计方法

改革开放以后，中国经济制度进行了市场化改革，住宅分配制度被社会福利制度替代，房地产业迅速发展，居住小区替代了工人新村、单位大院成为新的空间形式，家庭空间由按照计划配置变成如今可灵活变通的商品。伴随着经济全球化所带来的物质商品富裕、技术水平发展，消费时代的到来让人们能够去购买更多的空间，但家庭生活真的变得更幸福吗？居伊·德波在《景观社会》中曾犀利地指出："生活本身展现为景观的庞大堆积……我们是在给定的选择之中去选择。"[1] 家庭空间从理性的、自上而下的意志体现，变为具有商品属性的异化的空间。这使得空间设计过程往往脱离了人际关系、日常生活，住宅设计脱离了亲子关系甚至是身体。这种麻木的设计观源于设计师缺乏对家庭空间的感知和具体分析。

新的社会空间观认为空间体现社会关系，其中，亨利·列斐伏尔的观点最有代表性。他认为空间首先是被社会关系建构的物质存在，即"社会空间是社会的产品"[2]，空间结构和空间关系是社会结构和社会关系的物质形式[3]。列斐伏尔的观点使得空间在当代资本主义生产关系中获得了一种本体论地位，不仅是一种产品，更是一种社会关系。他进一步指出社会关系包括两方面内容：一是性别年龄与特定家庭组织之间的生物-生理关系；二是劳动及其组织分化的生产关系。

理清社会与空间相互建构的关系，是指导具体空间设计的基础，彼得·桑德斯、爱德华·W·苏贾、大卫·哈维等学者在不同书籍中对二者关系都进行了深刻的理论和城市案例分析探讨[4]，但基本未涉及具体空间设计实践层面。而这种互动关系落入建筑学内部设计层面则成为一个核心问题：空间体验如何象征与改善社会关系？当下的现实危机源自二者之间巨大的断裂，如何在具体实践层面缝补二者关系成为本文的中心议题。本文意在探讨列斐伏尔提出的第一层社会关系，即家庭组织之间的生物-生理关系，将列斐伏尔的空间认识论落入到具体设计实践层面，感知、理解丰富而又充满活力的

亲子关系，研究家庭经验如何象征与改善亲子关系，为建筑设计方法提供新的可能性。

1　基于家庭经验的空间感知

1.1　个体经验与空间再现

空间性能够随着时间的变化不断被补充或再生产，从而表现稳定性和持久性[3]。如何通过空间体验来象征亲子关系？首要的便是基于个体经验出发去感知在家庭空间中生活着的人与人之间生动的关系，追溯个人记忆中的空间体验。于是空间再现是对 20 世纪 90 年代以后家庭空间在个体不同年龄段时期所留下的最深刻的空间记忆进行个人意象构建，将童年期、少年期、青年期作为时间分段，来探究现代家庭空间在个人不同成长阶段对亲子关系的影响，同时将这一鲜活的社会关系空间化。

1.1.1　童年时期

"童年时期是我与母亲关系最紧密的时候，那时候小小的我对母亲有十分浓厚与热切的依赖，90 年代家里经济状况不算宽裕，母亲工作的同时还要兼顾对我的细心照料。她是当时单位里少有的女工程师，常常也需要去工地验收，站在最高一层的楼栋上对着图纸工作，所以我童年最深刻的记忆就是家里没人的时候，我会偷偷跑去母亲工作单位的周围，有时候就待在她要验收的高高的楼房下面，一边玩一边抬头往上看（图1），总觉得母亲的职业又新奇又有趣，怀着盼望的心情等待着母亲从高高的楼房上下来，和我一起走过长长的路回家。"

这样的童年记忆在空间上的再现成为母亲所在的高耸独立的塔以及环绕着高塔在低处环绕着的孩童的游乐场。此时，空间关系的构建完全由亲子关系的状态展开，环绕的轨道是将孩童在幼年时期对父母的依赖心理空间化，高耸尖塔与低处的轨道形成空间视角的对比关系，由此对应父母与孩童在身份上长者与幼辈的人物关系，也对应着此时家长式关爱的高度集中。

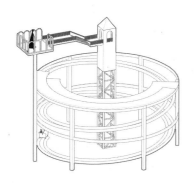

图 1　童年时期——游乐场与高塔
（来源：作者自绘）

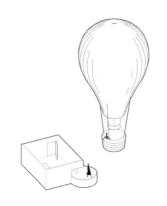

图 2　少年时期——小房子与梦想
（来源：作者自绘）

1.1.2　少年时期

"少年时期因为已经没有了传统单位大院的配套教育设施，往往面临择校问题，这个时候由于念书求学的需要，00 年代的我不得不离开熟悉、温馨的家与热热闹闹的街坊邻里，告别童年时期最好的玩伴到城市南面的另一个区开启一段新的校内住宿生活（图 2），那时候的校园采取封闭式管理，四周竖起高高的围墙，平常很难有机会出校门，在校园里的生活仿佛是一个封闭的笼，我在笼里对着教科书生活，伴随的是规律的三餐和日复一日循环往复的三点一线，父母在笼外，在我新的生活环境之外，他们在我生活中的分量变得越来越少，浓烈的思念渐渐被拧成一股细长的线，开始时还深刻地绷在心弦，久了也就随风渐远。父母的形象逐渐只剩下声音，只剩下周末一通嘘寒问暖的电话。"

少年时期被迫离开了过去生活着的温馨小窝，坐上了离家向着远方的热气球。小房子和热气球作为象征性空间元素，在空间关系上呈现出独立而分离的状态，也象征着记忆中的"我"和父母分离为独立的个体，此时空间视角也发生变化，孩童从高处俯视，而父母则在低处仰望，这意味着亲子关系的改变——从心理层面来说，依赖关系从孩童对父母的依赖开始转移到父母对孩童的依赖。

1.1.3　大学及以后

"10 年代之后，我考到外地上大学，在大学期间见证了电子网络世界的飞速发展，支付宝刮起的虚拟货币

变革逐渐代替了每次去 ATM 机取出的一沓生活费，更难以察觉的变化是——比起一通十几分钟的电话，逐渐偏爱微信上时不时和父母零碎的三言两语，与父母相处的时光被压缩到只剩下寒暑假。家里也早已搬离童年时全家人一起挤着住的闹腾腾的小房子，换到了市区内鸟语花香、静谧雅致的大房子，在寒暑假的日子里，由于生活圈和交际圈的迥然不同，我和父母虽然同在一个屋檐下，但更像是在同一屋檐下过着颠倒而独立生活的两代人，生活、交往空间被网络虚拟空间占据，甚至有时候沟通都显得笨拙（图 3）。"

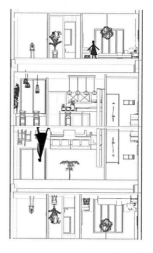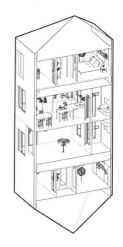

图 3　青年时期——颠倒生活与默默影响
（图片来源：作者自绘）

"如果让我设想以后，等到离开学生生涯开始踏入职场，现代社会的快速发展已经使得人才流动变得平常，踏入职场往往对我而言就意味着踏上了远离父母的旅程。去新的城市生活，在同样繁华的灯红酒绿之中，每一天都是新挑战，我将过上和父母不同又相同的生活，走过他们曾经走过的人生路，体验在这之中不同又相同的生活点滴与人生感悟，而我们就变成了两端（图 4）。"

如果说小房子和热气球是作为独立而分离的空间元素，那么颠倒的房子则是象征着空间的二分以此来表现

图 4　步入职场——遥望与两端
（图片来源：作者自绘）

父母与子女间复杂矛盾的情感纠葛，一方面渴望亲近，但另一方面又向往独立的私人空间，空间关系上是看似统一实则分离；从空间视角上来看，二者的视线首次脱离彼此，象征着心理状态上的远离。

当开始设想子女踏入职场之后的亲子关系，那属于父母和子女的空间形态就成为了更加遥远的两端，不同城市生活的隔阂使得此时亲子关系的空间化形态已经跨越了相互依存的关系，而再次成为两个独立的空间，如同颠倒的黑夜与白昼，一个在上一个在下，通过亲情的杠杆进行空间之间的微弱串联。而二者的空间视角也同样是脱离的状态。

1.2 关系变化与空间解构

基于个体经验记忆所进行的空间象征性表达，是个体的感性认知抓取。在实践过程中除了再现空间还需要理解亲子关系变化的内在逻辑，对整个空间进行解构、分析。

通过空间再现，不难感知在时间维度上家庭空间内两代人之间关系的变化，这其中暗含了亲子关系在社会变迁影响下逐步疏离的过程以及主干家庭结构的瓦解现象。在空间层面体现为一种"共"与"离"的结构关系，与父母的"共-离"关系随着成长过程发生变化和发展：在童年期，此时在亲子关系中物理距离和心理距离都是"共"的状态；在少年期，由于求学的需要，与父母的状态就是物理距离上的"离"和心理距离上的"共"；在青年期，与父母在物理距离上是"共"的状态，但心理距离却变成了"离"；在设想中进入职场之后，此时空间的物理距离是"离"的状态，心理距离也是"离"。于是，基于"共-离"关系变化过程在空间模型上也体现为向心与离心的过程（图5、图6）。

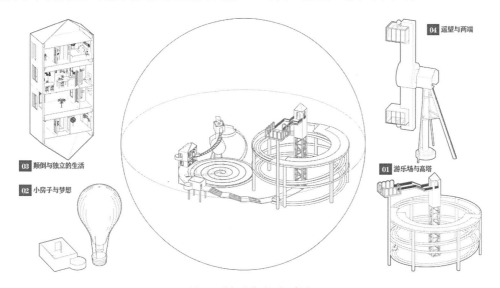

图5 "亲子关系记忆乐园"
（图片来源：作者自绘）

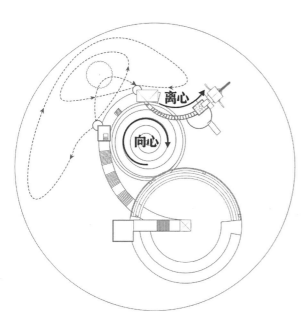

图6 "记忆乐园"空间内在逻辑
（图片来源：作者自绘）

从个人家庭经验出发来回溯住宅中亲子主角的心理变化过程，并通过将这种关系进行空间化重现来感知社会现象挖掘社会问题——在亲子关系中个人化倾向的不断凸显，以及两代人之间逐渐出现了差异性需求。

这种个人化倾向与差异性需求，来源于消费社会里商家对每个个体喜好的充分挖掘，并及时提供差异性、针对性服务。在市场主导之下，家庭功能走向社会化，公共服务空间替代了部分家庭功能，例如电影院取代了部分客厅的功能。原有的家庭功能在社会化的同时，也走向了碎片化——家庭外部空间（公共空间、小众空间以及虚拟空间等）在无形之中拆分和压缩了家庭实体空间。从生产端来看，住宅的生产总的来说仍然是标准化的生产过程，所谓的大众家庭空间不过是标准户型的套用，如此均质化的房间功能布局如何能够满足消费时代人们个体化趋势与差异性需求？

亲子关系需要被改善，中国家庭空间的重塑存在必要性与紧迫性，所以，在这过程之中如何在保持本土化特色、提供差异性需求的同时缓解个体化趋势，增强家庭成员的关系纽带是建筑师需要肩负的职责。

2 经验感知作为一种设计方法的转换

　　个体差异化追求与感情维系，成为亲子关系矛盾的空间化反映，如何通过空间体验来改善亲子关系？金秋野工作室在 2019 年完成的住宅项目——叠宅或许是一个答案。金秋野先生在开始这个项目之初思考的问题就是：属于中国家庭的"场所"是什么？每个住宅都该去满足住在里面的人，既然人是不一样的，家就应该是多种多样的。于是在设计之初，他让业主记录下题为"我们家里的日常"的 4000 字生活随笔，这是一份业主基于家庭经验的感性认知所写出的充满生活趣味与细致描述的任务书，正是在这样平常、琐碎的日常生活里才能看到具体的"人"，才能感受到实实在在的生活。

　　业主的家是标准住宅模式里的毛坯房（图 7），作为建筑师需要解决的主要矛盾就是子女与父母两代人的差异性需求——协调共享与私密的问题。在叠宅设计中，设计师选择首先是满足夫妻俩的差异性需求，改造厨房和书房空间提供出开放式厨房、封闭式厨房兼顾的区域（图 8）；将客厅一分为二将茶室、书吧作为家庭核心空间的主旋律（图 9）。接着就是最重要的部分——解决个体化趋势所带来的代际交往矛盾。他将属于子女的空间放在类似阁楼一样的空间里，通过空间视角的转换既满足了个体私密性的要求，还提供给孩童一种窥伺的乐趣。子女空间、父母空间与公共空间达到视线的间接联通，这就增加了交往的可能（图 10）。

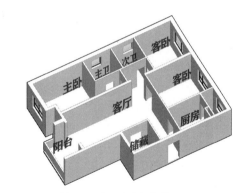

图 7　叠宅毛坯房初始模型图
（图片来源：作者自绘）

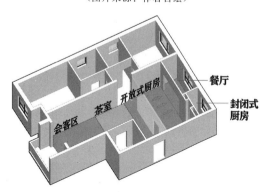

图 8　叠宅改造过程图（一）
（图片来源：作者自绘）

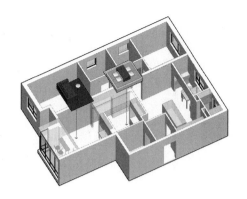

图 9　叠宅改造过程图（二）
（图片来源：作者自绘）

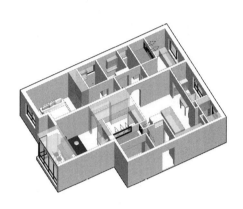

图 10　叠宅最终模型图
（图片来源：作者自绘）

　　通过一系列在水平和垂直方向上的"分隔"，叠宅这个家庭空间中多出了许多"褶子"，家庭的基本功能分布在具体的实体空间内，而余下层层套叠的空间则是附加玩味又及其重要的，在视觉上它们创造了更多远近上下，更多的空间层次。通过提高家庭实体空间的适应性以及趣味性、互动性，来缓解个体化趋势。所以只有当真正感知和理解到人物之间生动的关系，才能创造出增强亲子之间的情感互动与联系同时兼顾差异性需求的空间形式。

3 讨论：理解社会关系及其变化作为一种设计方法

　　经过改革开放 40 多年的高速发展，我国城市面貌发生了巨大变化。回到空间设计的现实情况，当下要么只是泛理论化的设计概念输出，要么只是作为图像传播的媒介和符号，引导、支配着大众的消费与观念。对城市空间设计困境的批判，其实就是对如今将建筑作为图像传播的媒介和符号的意识形态之批判，也是对当下不加辩证思考而进行西方社会强势文化嫁接和直接性挪用的批判。如今普遍的设计分析与设计结果之间往往并未能够建立一架坚实的桥梁，从而使得设计结果停留在浅层面的分析与"泛感觉"之中[6]。列斐伏尔曾对符号学进行猛烈抨击，如今看来也适用于对消费社会图像奇观之批判"将空间自身降至一种信息或文本，并呈现为一种阅读状态。这实际上是一种逃避历史和现实的方法"[7]。他呼吁人们摆脱空间二元的困境，从可读性、可视性和可理解性的谬误和谎言中解脱出来，如今技术和权力的统治已经渗透到每一个存在领域，家庭生活、休闲时间或文化活动都无法逃脱系统化。他号召"不仅用眼睛、用理智，而且用感觉、用整个身体来感受空间，这种感觉越是详尽，就越能清楚地意识到空间内部所蕴涵的矛盾，这些矛盾促成了抽象空间的拓展和另类空间的出现"[5]。

空间生产既是社会行为和社会关系的媒介，也是二者的结果。对空间体验的经验感受以及日常生活中丰富社会关系感知的强调事实上就是列式理论在设计层面上的转化，以亲子关系中的细节体验，强化人的主体性去发现空间矛盾、分析矛盾、指导设计（图11）。在设计过程中，未经分析判断，不轻易接受既定的答案系统，以问题指导设计，不依赖审美趣味[8]。

新的社会空间观强调的是空间具有抵抗抽象权力、科学理性的能力，它与每个个体都息息相关，也是我们每个个体最直接的生存领域，这里构成了人的生活的直接的生产与再生产，这里也理应包含着个体创造性、个性化的生活方式。在建筑设计过程中，只有强化设计师本身的空间感知，通过将基于"身体""经验"的人这一动态元素带入到建筑设计中，将人与人的互动关系反映

在建筑设计中，使建筑师的视角从空中落入地面，才能产生实实在在对当下纯理性式家庭空间与消费社会个体化趋势所产生的差异性需求之间的矛盾的思考，对亲子关系、人与人之间社会关系的思考，这是一个从感性认知出发再回归理性分析的过程，更是"再现"与"再创造"的过程。通过这个过程去寻得理性与感性之间的平衡与最优解或许能够成为一种新的设计思路与方法，使得建筑师在贴近生活之后，从鲜活的社会关系中寻找更多突破的可能。

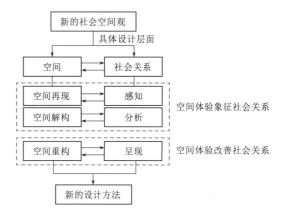

图 11　新的社会空间观转化成设计方法思维导图
（图片来源：作者自绘）

参考文献

［1］居伊·德波. 景观社会［M］. 南京：南京大学出版社，2007：3.

［2］亨利·列斐伏尔. 空间与政治［M］. 2 版. 上海：上海人民出版社，2015：23.

［3］德雷克·格利高里，约翰·厄里. 社会关系与空间结构［M］. 北京：北京师范大学出版社，2011：94.

［4］爱德华·W. 苏贾. 第三空间：去往洛杉矶和其他真实和想象地方的旅程［M］. 上海：上海教育出版社，2005：78.

［5］包亚明. 现代性与空间生产［M］. 上海：上海教育出版社，2003：106.

［6］杨宇振. 从"空间的想象与描述"开始：谈建筑理性教育框架下的"感性意识"培养［J］. 建筑师，2007（2）：108－112.

［7］汪原. 关于《空间的生产》和空间认识范式转换［J］. 新建筑，2002（2）：59－61.

［8］张永和. 作文本［M］. 北京：生活·读书·新知三联书店，2005：217.

颜值就是生产力
——医疗室内空间设计的探索

■ 陈　亮

■ 中国中元国际工程有限公司建筑环艺院

摘要　医院的刻板印象长期以来占据人心，伴随医疗建设的发展和时代文化的冲击，大众审美对医疗室内设计不断提出新的要求。作为奋战在医建环境设计的一名一线设计人员，本文以设计美学和人文关怀为讨论基础，从尺度、配色、材料、功能、造价、风格等角度切入提升医建环境品质的大命题，结合 20 多年的医疗环境设计从业经验，探讨设计良好的室内环境对医患身心健康的积极作用，同时展望未来发展趋势，以期中国医疗环境的建设经过疫情的考验更进一步完善。

关键词　医疗室内设计　环境品质提升　设计美学　疗愈设计　医建材料　造价控制

在医院的建筑设计和室内设计实践当中，设计师往往更加注重医院建设的功能性，比如探讨人流流线是否合理、功能使用是否便利以及外观如何维系医院卫生、严肃的刻板形象问题。反观，设计过程似乎缺乏对于人文关怀的重视和对美学设计的探讨。然而，设计美学恰恰是人文关怀的直接体现，能够直接引起患者和医护人员对于使用空间的共鸣，从而对空间感到亲切，产生依赖感。就此，在兼顾医院功能性和经济性的基础上植入美学的理念，是本文对于医疗空间内人文魅力如何通过美学形式表达的研究，这也是当下医疗院所科研空间应大力推行的人文关怀。

面对互联网文化消费时代的到来，我们常说"颜值即正义"，实际上美本身就是一种生产力的体现，即"颜值就是生产力"。从设计师的角度来看，设计者在设计过程中更应该成为沟通空间与受众的桥梁，将专业设计的审美和大众心理的审美相结合，形成更加易于沟通的环节。

室内设计通过组合不同的空间形式，使用多样的设计处理手法，让受众在使用过程中对空间的理解不仅停留在视觉层面，还对人群起到很重要的心理引导和暗示作用。例如，同样一个人，通过不同的穿着打扮能改变他人对其的印象与认知，从而可能诱发不同的交往行为。同理，空间环境与人之间的作用与联系也是真实存在的，周边环境的影响往往对人的心理感受和行为方式有着不可忽视的刺激与引导作用。审美没有高下之分，只是不同的人在不同的环境下，因性别、认知、年龄等存在差异而产生的感受差别，由于这些差异的存在，人与人之间对美的理解也不尽相同。

美不单纯是一个感性的认知概念，寻求美的过程也是充满技术含量的。亚里士多德说"美是和谐"，美是让人把感性的内容，通过理性的认知过程直观地表达出来。理性的认知可以通过标准、规范学习、培训得来，而美学内容则需要在理性的基础上，结合感性认知来表现。我们在做设计的过程中难免落入误区，例如医院的设计永远将功能性放在第一位。实际上，作为一名设计师，将医院的功能流线做好是达标最基本的职业要求，更深层次的要求是能在满足实用功能的基础上挖掘美学的价值，给患者带来心理上的美学感受，产生辅助的疗愈功能。

20 世纪 90 年代建设的医院往往考虑功能以及使用者的便利性而忽视对患者的人文关怀，这类医院的设计以单一的浅白色调为主，整体氛围较为冷漠，这无形中加大了患者就诊时的焦虑心理，也给长期工作在医院环境中的医护人员造成了心理负担，从而容易造成紧张的医患关系。2000 年之后，尤其是 2003 年"非典"之后，伴随着国家对医疗基础设施的重视和大规模医疗建筑的发展，医疗机构建设的品质得到飞跃提升。现如今，民营私立医院更加重视医院的舒适感和人性化的关怀，引入国外优秀的人文关怀理念，使国内医疗室内设计不仅保持民族文化特色，同时还逐步缩小了与国际化医疗空间设计的距离。

在设计过程中，设计师时常执着于功能性和美学的平衡，最后顾此失彼，变得毫无特色，但实际上，不好看的设计往往也不好用，而看起来和谐舒服的空间设计，即使有小的缺点也瑕不掩瑜。例如"丁义珍式窗口"，无论从人的尺度上还是接待窗口的形式上，都是极不和谐、不舒服的。图 1 所示医院拥挤的电梯厅和候诊区域，以及拒人千里之外的接诊台，通过设计的手法，都可以得到化解：医院的接待窗口应当以符合人体工程学的尺度来设计窗口的尺寸，做到真正的人性化设计考虑；电梯前厅应当预留足够的等候空间以避免上下电梯时的拥挤；将候诊空间设置成具有一定独立性的特定空间，可以给患者带来良好的保护隐私的感受，避免开敞环境下嘈杂的人群和拥挤的空间给患者带来不必要的心理压力。

电视剧《人民的名义》中的"丁义珍式窗口"

现实中，医院内不合理的窗口设计比比皆是

图1 医院中的"丁义珍式窗口"

图2所示的验血窗口设计，虽然没有采用复杂的材料和绚烂的色彩，但是它功能、比例的合理就呈现一种和谐的美感，因为好用给人带来舒适安心的感受，让患者和医护人员有一个平等交流的空间。选用无框玻璃形式的隔断，既起到院感控制的功能，同时使人与人之间有目光上的交流，进一步在心理上产生微妙的认同感。吊顶和地面都是常规材料及做法，显得空间朴实、亲切。通透的窗户把室外的景观绿化引入室内空间，良好的采光缓解了患者抽血前的心理压力，为其营造出轻松的空间氛围感受。我想，这就是真正的医疗室内设计对于空间应该去挖掘的价值——把握好功能性并结合美学概念。

图2 医院验血窗口设计案例

在做医疗室内设计时，室内设计师介入整个建筑设计过程也是十分重要的。受制于国内的建设流程，很多建筑项目的装修设计阶段位于土建建设、一次机电安装等之后，这就导致在装修设计方案确认后、进场施工时，会对原建筑的功能墙体或机电进行拆除，造成了工期时间的浪费和设备材料的损失。因此，正确的室内设计阶段应该在建筑平面方案的确定过程中，或者一次机电可以和装修的二次末端机电进行结合，专业统筹建筑和室内设计以及机关机电等专业的衔接，就能很好地规避和解决以上的重复浪费问题。国家在医疗建筑设计中大力推行设计全过程和工程EPC，对于完善统筹设计工程起到了很好的推动作用。

室内设计几乎贯穿整个项目建设的全过程，当建筑方案确认时，室内设计方案就应该与建筑方案有一个明确的匹配。现如今，医院业主的需求都比较细致深入，好的设计应尽早沟通，能在方案前期阶段对项目有一个全面的把握，对基本功能、形式造型、装饰材料、美观等各方面有一个很好的平衡。在平衡中有一点至关重要，也是室内设计师往往忽视的环节，就是对于造价的控制。设计师为了把装修效果做好，往往会大量使用一些贵重的材料或复杂的造型，用繁复的手法来进行所谓的装饰和美化，这样就造成了价格无限制的提升。一个好的设计师应该通过设计来控制整个工程的造价，替业主解决费用问题。虽然设计费用在整个建设工程费用中的占比仅5%左右，但设计工作对整个工程的造价控制却起到决定性的作用。在造价控制的过程中，把控材料的选型是至关重要的环节。一个专业的设计师应通过有张有弛的节奏感将材料进行合理的分配，杜绝满铺繁琐的形式，因此在材料设计时要强调做到恰到好处。

材料本身是没有高低档次之分的，只需要做到恰到好处、合理美观即可，更多的是需要设计师的搭配选择。医院设计中常用材料有石材、地砖、树脂板、抗菌壁纸、涂料、铝板等，这些基础材料通过设计师的美学色彩搭配，足够达到良好的视觉效果，所以好的设计绝不是一味地堆砌价格高昂的材料。在医院设计中，材料的绿色环保是必然的要求，要避免甲醛等污染物对患者的身体造成不良影响，不仅装修时用的材料要达到环保标准，选择窗帘布艺、家具等室内软装也应一并考虑。

为了达到美学效果，室内设计师在材料选择时会运用色彩的搭配，通过丰富的色彩变化给医患心理上带来舒适感。设计师应当熟知色彩对人心理的影响和对空间的二次塑造功能，并能娴熟地运用材料。好的室内设计一定是配色和谐的，能带给人美的感受。色彩搭配是一门深奥、复杂的学问，现代室内设计常运用"莫兰迪色"的配色，色彩饱和度降低，即在色彩中加入一定比例的灰色增加颜色的质感，产生静态的和谐美。医院空间中，很适合采用柔和淡雅的灰色系，给患者和医护人员带来温馨、舒缓的感受，一定程度地缓解医院内紧张压抑的气氛。

19世纪著名画家莫奈的《伦敦国会大厦》（图3）描绘的是从泰晤士河横看过去的伦敦国会大厦在雾霾灰色调下的一些色彩变化。作品整个画面的色彩是同色系的，画家用与之协调的灰色系来表达伦敦雾气氤氲之中天光的细微变化，达到了意想不到的艺术效果。从绘画和设计的角度来说，可以常用带些灰调的色彩搭配，借此传达柔和、雅致、静谧的理念和氛围。所以，在做医院的室内色彩搭配时，要避免饱和度过高的颜色和单一纯色的大规模应用。

图4所示的某血透中心室内设计就采用了灰色调的统一色系做搭配和协调。通常，做血液透析的病人心理压力会比较大，更需要温馨舒适的环境来调节心情。血液的红色易让人产生恐惧感，而采用冷色系的色彩风格会淡化这种感受。图4中淡雅的蓝灰色十分简洁，采用了极简主义的设计风格，整体空间营造出温馨的艺术氛围。

在设计医疗空间时，须避免一个错误的认知，就是医院室内所有材料都要符合耐消毒、耐擦洗等高强度的洗消作业的要求，因为在实际应用时，医院是有分区的。大厅、医疗主街或候诊的公共区域与普通公共空间的耐清洁要求接近，而病房、诊室和一些特殊候诊区的耐擦洗要求相对高些，手术室、功能用房、血透中心等则根据相应级别，有不同的洁净要求。因此，在做设计时，无需把医院内每一个空间都做到全洁净、全消毒材料，而是根据空间用途层层递进的，做到适可而止。

医院在建设设计之初，往往会预留可供交流的休憩场所，它不仅用来接待患者，还为病患家属、医护人员提供休息放松的环境，如下沉广场、咖啡厅和绿化空间等。经过此次新冠疫情，未来，医院设计要求又将有所变化，但医院内部仍应留有一部分预留空间——可供医患交流休憩的空间场所（图5）。

图3　莫奈油画系列作品《伦敦国会大厦》

图4　某血透中心室内配色设计

图 5　获"中国最美医院奖"的石家庄石药儿童医院室内设计

国内医院的建设在近 20 年一直处于高速发展时期，但仅仅是数量上的增长，达到真正的质飞跃，还有很大发展空间。"后疫情"时代，人类的精神状态和生活方式将有很大的改变，随着国家政策的要求和人们不断增长的健康意识需求，未来医院的建设可能会更具人性化，要体现出特定的专属性，会针对不同的适用人群对象（如妇、幼群体或中老年群体等）和医疗需求（如各种特殊疗养类、康复类治疗等定制）。民营资本介入医疗市场也进一步推动了医院建设的"新浪潮"。随着大数据、互联网以及 5G 智能化设备等新技术的发展完善，医院内繁复的初诊和检查结果通过网络就可以完成数据传输。大数据将根据化验结果以及患者的各项身体指标（包括身高、体重等）及年龄、病史等，为其量身定制治疗方案。在信息化时代，未来的医疗公共空间设计可能随着就诊的方式而改变，很多需求在网上就可以完成，例如网上预约挂号取代现场排队挂号。而人们对医疗空间美的追求会不断提高，打造美好的环境和生活也将是人们不断追求的目标。在设计过程中，设计师更应该关注如何灵活地运用设计手法，把握材料和色彩等各个元素，创造出功能与美观俱佳的医疗空间，把美转换成社会价值。

中国住宅室内设计标准化现状及优化策略

■ 陈奕兵[1]　华亦雄[1]　费　宁[2]

■ 1　苏州科技大学　　2　上瑞元筑设计制作有限公司

摘要　本文从市场、产业、行业、专业的角度辨析了室内设计标准化与住宅工业化之间的区别与联系，总结了现阶段中国室内设计标准化三种主要模式的特征与问题。通过对标国外室内设计标准化的先发案例，提出了现阶段标准化在国内住宅室内设计中应用的优化策略。

关键词　室内设计　标准化　现状研究　优化策略

1　背景

1.1　室内设计市场对于室内设计标准化的需求

早期的营造活动中，建筑设计者通常由石匠或木匠担任，建筑设计、室内设计与施工都由同一批人负责，三类营造活动之间并未有明确的职业界限[1]。随着社会的发展和科学技术的进步，建筑设计的内容和要解决的问题越来越复杂，其涉及的相关学科也越来越多，因此建造行为中的各类活动逐渐分离，职业界限日渐清晰。近代工业革命之后，生产力的飞速提升对建筑行业带来了很大的影响。一方面，大量的室内家具与生活用品由市场提供，室内空间设计与装饰装修设计日渐分离；另一方面，建筑不再是单纯的空间设计，还伴随着现代化的管道系统、照明和取暖方式以及卫生系统的专业设计。这些都使得室内空间成为一个更加复杂的系统，室内设计逐渐从建筑设计中分离出来。

我国现代室内设计活动起源于半殖民地半封建社会时期。在此之前，传统建筑与室内设计活动基于"业主—承揽方"的二元模式，设计与营建工作长期由传统工匠负责，没有明确分工[2]。而近代由于租借区域西式建筑的流行，传统工匠需要开始尝试并研究西方建造体系。20世纪20年代，我国开始出现第一代建筑师，工匠与建筑师群体逐渐分离，标志着建筑设计与室内设计行业分工的完成，并引发了中国室内设计的现代化转型。

到了现代，由于我国人口基数庞大，且城市化发展快速，城市住房的需求量很大，但室内设计行业发展无法满足日益增长的需求，导致了室内设计市场的供不应求。而且随着经济的发展以及人民对美好生活的需求日渐迫切，居住建筑室内设计的高质高效与建造已成为当前需要解决的迫切问题。然而传统的室内设计方法存在一定的问题，例如，设计师无法与客户进行有效的沟通、设计耗时长且存在很多的不可控因素从而极大地影响效率[3]。在工装市场，标准化介入解决这些设计问题的成功案例不在少数，如海底捞标准化、全季酒店标准化——标准化无疑是控制室内设计质量稳定性的有效工

具之一[4]。目前，我国的住宅室内设计市场主要有三种装修模式：自装、传统家装以及标准化家装。面对逐渐扩大的市场，曾经不被看好的标准化家装正在逐步占据市场。2014—2017年间，自装模式的市场份额自80%跌落至60%，传统家装的份额从原来的19.5%上升到了30%，而标准化的设计模式则从0.5%上升到了10%[5]。由此可见，住宅室内设计标准化正在逐渐被市场所接纳，并提高其市场份额。

目前许多企业已经开始探讨住宅室内设计流程的优化方案并进行实践尝试，标准化一方面使得室内设计的技术体系和流程得以显性化，方便设计师之间的代际传播；另一方面可以在企业内部建立起系统的管理制度，有效控制各利益相关方的介入模式，是控制住宅室内设计质量与效率的最佳技术和经济的解决方案。

1.2　住宅工业化对于室内设计标准化的推动

工业化住宅是指标准化的部品，采用标准化的连接方法（连接件）和工艺，现场装配完成的，满足安全和功能要求的新型住宅[6]。工业化住宅起源于第二次世界大战之后在苏联以及欧洲一些国家兴起的住宅工业化运动。由于战争的破坏，造成住房短缺和劳动力的匮乏，战争结束后，迫切需要一种生产建设的方法能够快速解决大量的住房需求，工业化住宅应运而生。经过半个多世纪的发展以及完善，工业化住宅从刚开始的单纯追求效率逐渐转变为如今的提高住宅品质，并在全球范围内解决当今社会缺少建筑劳动力的问题。

工业化住宅建立在住宅体系和住宅部品系统化基础上，以住宅设计的标准化、住宅部品生产制造工厂化、施工机械化以及住宅全生命周期管理的信息化为特征[6]。我国的工业化住宅研究在住宅建筑单体及户型平面的标准化设计与建造方面取得了不少成果，但在室内设计方面很少有研究。主要原因有两点：首先，应对新一轮住宅商品化相匹配的室内设计市场起步较晚，市场极不规范；其次，住宅室内设计需要追求个性化，这与标准化工作的去个性化属性一定程度上存在矛盾，标准化在室内设计的应用上存在争议。然而随着住宅工业化程度的

不断提高，新的建造方式（如装配式装修）已经具有很强的可行性，但其推广及高效应用需要依赖于顶层设计，室内设计标准化也是住宅工业化运动能够持续发展的需求。

1.3 住宅室内设计标准化研究已经起步

现阶段，房地产企业的市场环境相比以前已经发生了很大的变化，企业也发生了相应的变化，室内设计市场逐渐规范化。室内设计企业间的竞争正逐渐由粗放竞争向高质量精细化竞争转化。国内的一线室内设计企业开始进入研究型设计阶段，已有室内设计企业进行室内设计标准化的研发工作，但是研发工作普遍处于刚起步的阶段，还存在很大的研究空间。

2 我国住宅室内设计标准化的现状

2.1 全装修背景下的全空间标准化设计

2002 年，我国建设部第一次提出要"加强对住宅装修的管理，积极推广一次性装修或菜单式装修模式，避免二次装修造成的破坏结构、浪费和扰民等现象"❶，自此，我国住宅室内装修的交房标准也逐渐从"毛坯房"向全装修房转变。全装修房一般由地产商主导，统一进行建筑及室内设计，大批量重复性的户型设计与内装修使得标准化得以介入，提高效率并能保证一定质量。其中，以万科为首的标准化设计最为具有代表性。

万科的标准化产品是保证企业规模扩张的核心，以具复制和优化标准化产品库的产品为主，内部规定标准化产品的应用面积比率不低于总面积的 70%[7]。其主要通过管理标准化、服务标准化、产品标准化来实现这一目的，这其中最重要的产品标准化主要从设计标准化、部品标准化和技术标准化三个部分完成这一任务。设计标准化主要涉及规划、景观、建筑、室内装修层面设计标准化的制定；部品标准化包括室内外景观、墙体与结构、立面材料、室内部品、设备系统标准库的建立；技术标准化主要为政府推广技术、绿色建筑技术等创新技术的规范应用。

作为核心的设计标准化，万科采取建筑室内一体化设计的策略，先从室内设计出发，再决定建筑结构。在研发阶段，首先根据细分的用户类型进行精细化分析，确定住户的潜在行为及需求，再以此为依据设计适合每一种用户类型的标准化户型。之后采取标准化模块、标准化模数配合标准化部品库的方式完成标准室内设计。而在实际应用阶段，万科将会结合住户的个性需求对标准化户型进行微调以达到满足所有住户需求的目的。

万科的室内设计标准化模式很好的统筹了建筑与室内，从户型设计之初就考虑到了室内设计诸元素，并且基于住户行为细分部品的方法以及完善的通用产品库为标准化设计提供了很好的支持。但其局限性也非常明显，由于其标准化设计是服务于精装修房，整个标准化流程自室内至建筑是一体的，这也就意味着这一整套标准化流程并不具有泛用性，只能应用于万科自己开发的户型。此外，全装修房的推行也不是非常顺利，经过近十年的

发展，在全国住宅总量中的占比不足 20%[8]。很大一部分的原因来自于标准化设计的多样性与质量并不能满足大部分人的需求，使得很多消费者无法接受标准化设计的全装修房。

2.2 单个空间的标准化设计

除了全装修房式的标准化室内设计，单个空间，如厨房与卫生间此类拥有功能复杂但重复性强、变数少等特点的空间，是标准化设计应用的绝佳场所。

2.2.1 厨房标准化设计

住宅厨房的标准化运动最早起源于日本以及德国等美国发达国家，其建筑工业化程度高，有一系列的行业标准支撑，同时也是为了工业化建造，得以在功能空间的标准化设计上发展迅速。日本在 1970 年之后制定了《标准厨房的模数协调》《厨房设备零部件》等规范，形成了标准化的模数序列，开始批量化生产标准住宅部件。这些部件模数统一、通用性强，推动了日本厨房空间的标准化设计。欧美国家的厨房标准化可追溯至 20 世纪初，20 世纪 50 年代相关部门和商品户提出了模块化设计的概念，厨房家具零部件的标准化生产水平也日益成熟，有《厨房设备协调尺寸》《厨房家具与厨房用具配合尺寸》等国际标准作为依据[9]。

我国在厨房设计的标准化工作上也有所建树，于 1987 年颁布实施了《住宅建筑设计规范》（GBJ 96—1986），规定了住宅中厨房的最小面积不得低于 3.5 平方米；随后在 20 世纪 90 年代颁布了《厨房设计的标准图》，为厨房的形式、家具部件的布置制定了一系列的标准，规范了厨房的设计，同时亦节约了成本。此后，又陆续颁布了《住宅厨房及相关设备基本参数》《住宅整体厨房》《住宅厨房家具及厨房设备模数系列》等规范，强化了厨房设计的标准[10]。

目前研究对于厨房标准化设计中主要采取的是功能加平面布局设计模式。首先将厨房的主要功能与平面布局形式列举出来，功能对应厨房中主要用到的厨具（图 1），平面布局对应工作流线排布（图 2），其中工作流线一般而言为取材—清洗—调理—烹饪。之后将所有合理的可能罗列，并设计合理的尺寸，形成标准设计图（图 3），最后在实际应用中微调。

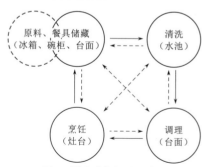

图 1　厨房功能与厨具关系
（图片来源：作者自绘）

---

❶ 《商品住宅装修一次到位实施细则》（建住房〔2002〕190 号）。

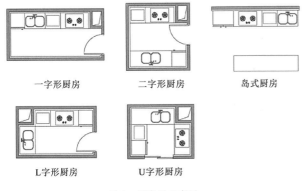

一字形厨房　　　　二字形厨房　　　　岛式厨房

L字形厨房　　　　U字形厨房

图 2　厨房平面布局

（图片来源：作者自绘）

2.2.2　卫生间标准化设计

卫生间与厨房一样，其功能性非常强，但不同于厨房，卫生间的使用频率要远远高于厨房，也就成为了住房中重视程度最高的空间之一。《2017 年中国厨卫空间及消费行为研究报告》显示，卫生间受重视的程度不亚于卧室[11]。卫生间空间中需要容纳许多部品、电器、接口、管线等，其承担的功能甚至比厨房更加复杂，如厕、洗漱、沐浴、储藏，有的家庭会把洗衣机放置在卫生间里，紧凑的空间中布置如此密集的功能，设计存在很大的难度，因此卫生间是住宅中最容易产生问题的空间之一。所以，有很多专家、学者研究卫生间的标准化设计，在提高效率的同时，提升住宅卫生间的整体质量。

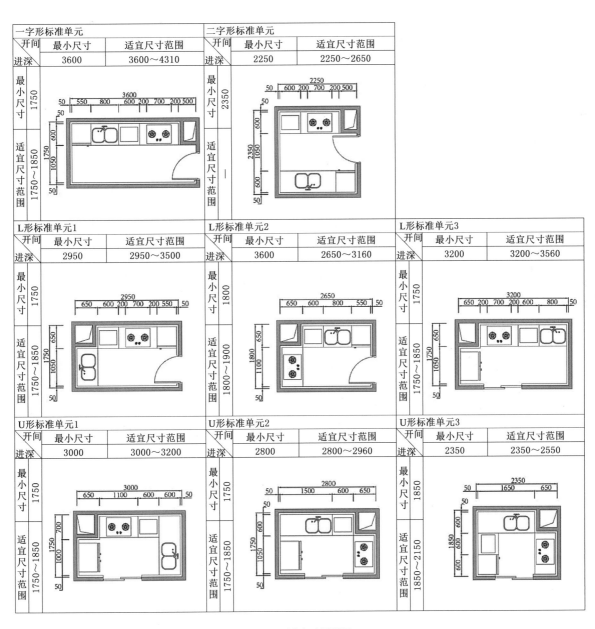

图 3　厨房标准设计图

（图片来源：作者自绘）

卫生间根据使用功能大致可以分为三个区域，即洗漱、如厕区、洗浴区，分别对应台盆、马桶、淋浴房或浴缸三个必不可少的洁具。卫生间设计围绕这三个区域展开，而标准化工作则需要收集所有市面上存在的卫生间平面，对卫生间进行分类，提炼出不同的类型，最后总结出一系列最小尺寸的标准设计模块。宁改存等在《住宅卫生间标准化设计》中先按照适宜人群、建造方式，将卫生间分为常见卫生间、无障碍卫生间、整体卫生间三类；再根据卫生间平面形状、主要洁具设施的数量和布置形式，将卫生间分为16个系列（图4）；然后，根据排风方式、洁具的排布方式以及管道设置方式细分为若干种具体平面，例如B1方形卫生间就可以分成5种不同的平面（图5），以此类推，16个系列可以细分为42种卫生间平面（表1）。该方法下的卫生间标准化设计采用模块化的思想，最终生成42种卫生间的标准模块，在保证质量的同时，有效地减少了住宅室内设计的工作量。

此外，整体卫浴也应用了标准化的设计，其由整体卫浴顶板、底盘、壁板和所有卫浴设施构成，涵盖卫浴基本使用功能，主要应用于装配式建筑中[12]。这也使得整体卫浴的设计与生产都需要遵循一定的模数与标准，其卫生间的产品设施也满足模数化和标准化，部品与部品或部品与接口间也按照这些模数和标准设计[13]。但整体卫浴相较于传统卫浴空间的设计、装修方式而言选择性会略少，多应用于中低端住宅，如保障性住房或人才公寓，主要目标在于控制成本与提高效率。

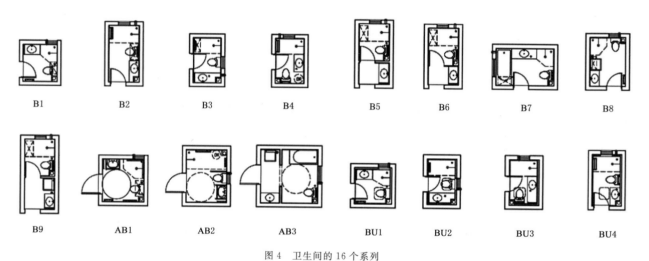

图4 卫生间的16个系列

[图片来源：宁改存，韩翠燕. 住宅卫生间标准化设计 [J]. 中外建筑，2019（5）：211-213]

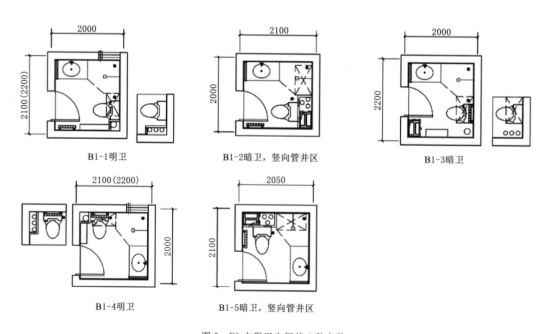

图5 B1方形卫生间的5种变种

[图片来源：宁改存，韩翠燕. 住宅卫生间标准化设计 [J]. 中外建筑，2019（5）：211-213]

表 1 42 种卫生间编号一览表

类　别		系　列	种
常规卫生间	三件洁具	方形 B1	B1 - 1……B1 - 5
		长方形—一字形布置 B2	B2 - 1……B2 - 3
		长方形 L 形布置 B3 B4	B3 - 1 B3 - 2 B4 - 1 B4 - 2
		前室型 B5 B6	B5 B6 - 1……B6 - 3
	多件洁具	多洁具 B7	B7 - 1……B7 - 3
	四件洁具	常规型 B8	B8 - 1……B8 - 3
		前室型 B9	B9
无障碍卫生间		三点式 L 形布置 AB1	AB1 - 1……AB1 - 3
		一字形 AB2	AB2 - 1……AB2 - 3
		前室型 AB3	AB3 - 1……AB3 - 3
整体卫生间		方形 BU1	BU1 - 1718a BU1 - 1718b BU1 - 1618a BU1 - 1618b
		长方形 L 形布置 BU2 BU3	BU2 - 1422a BU2 - 1422b BU3 - 1422a BU3 - 1422b
		长方形 一字形布置 BU4	BU4 - 1424 BU4 - 1425

注 本表参考文献：宁改存，韩翠燕．住宅卫生间标准化设计［J］．中外建筑，2019（5）：211 - 213。

3 利益相关方对住宅室内设计标准化的看法

3.1 室内设计公司角度

根据笔者的调研，对于室内设计公司而言，室内设计标准化的主要作用在于可以提高公司设计效率，快速带领新人上手，了解室内设计流程。标准化体系一旦建立，可以高效地协调所有人的工作，减少公司内部人员沟通协调的时间。

标准化的优势不仅于此，室内设计标准化还可以在一定程度上提高设计的质量。如果运用得当，标准化的设计不仅可以提高刚入行的设计师的设计控制能力，减少低级失误的出现，还能提高成熟设计师的工作效率，让他们把更多的时间用在创意设计和打磨作品上。同时，标准化并不会影响个性化的发展。尽管室内设计作品是偏感性的，但设计流程及公司管理依然存在很多理性的规律可循，标准化可以将这些规律规范化、定型化，减少设计师的前期投入成本（时间、精力及错误更正成本）。标准化设计与个性化需求并不存在完全的对立，标准化的实质在于设计流程的科学化、规范化、经济化，其出发点在于更好的保证个性化成果的安全性和稳定性。

但标准化设计并不全是优点，发展室内设计标准化需要很大的前期投入与后期跟进。对于室内设计公司而言，并没有现成的标准化模式可以使用，标准化设计的研发困难重重，在后期要面对千变万化的市场和随时出现的新平面、新部品，标准化成果则需要不断更新。此时，公司需要平衡好研发和产值的关系，平衡一旦被打破，将导致研发成果滞后或投入过大，从而影响公司的正常运行。

3.2 室内设计师角度

笔者对室内设计师群体进行访谈调研后发现，对于设计师而言，传统的室内设计模式在与业主沟通、内部交流中存在很大劣势，往往需要耗费大量的时间。如果标准化能够介入设计工作流程，对提高设计师与设计师、设计师与业主之间沟通的完善性、准确性有着很大的改善作用，同时设计师对设计各环节的整体控制力能得到一定的提升。

对室内设计作品而言，体现设计价值的部分是设计师的品位与趣味，而标准化设计并不会影响这一部分的表达。在笔者采访的室内设计公司中，标准化设计被用于针对功能性空间、功能的家具模块，主要用于稳定设计的质量，这一部分平时会占设计工作量的 70% ～ 80%，而剩下的体现个性化设计的区域或部件则有很大的设计空间，也正是这一部分可以体现设计方案的不同，提升设计品质。

当然，以上对于室内设计标准化优点的讨论都是建立在标准化可以以一种理想情况介入设计工作流程，如何达到这一情景还尚在摸索之中（实施过程中由于设计师及客户的个体差异、文化修养、交流模式等因素往往使得标准化的介入会有反复与失败）。但笔者采访的设计师普遍认为模块化是一种可行的方法，有望成为标准化设计的最终稳定形态。

3.3 住户角度

笔者还对部分住户进行了访谈调研，发现大部分的住户都比较在意装修的质量以及是否满足使用的个性化需求，而对个性化的设计、风格并不特别在意。目前，市面上的精装修房未能吸引大量的消费者，主要原因就在于其并不能满足使用者的个性化需求，同时质量也不能予以保障。在参与调查的住户中，超过 70% 的人表示了解过标准化设计，其中一部分人对整体式厨卫类标准化空间的接受程度非常高，其对标准化设计的了解程度与对标准化空间的接受程度呈正相关，即了解得越多，接受的程度也就越高。此外，绝大部分人都认为住宅的房间功能、装修、设备并不需要太多的个性化设计，这给标准化设计提供了一定的思路。

总的来说，住户对于标准化的室内设计并不排斥，制约其发展的主要原因并不是个性化需求与多样性的矛盾，而是其设计质量是否能满足目前住户的需求。妥善处理好这一问题，将会大大地提高标准化室内设计在市场上的占比。

4 我国住宅室内设计标准化应用中存在的主要问题

4.1 多标准共存，缺少宏观把控

目前标准化室内设计尚处于一线企业的自主研发阶段，并且大部分都是企业内部标准，且多数集中于商业地产商（如万科、中粮等地产开发商）主导的精装修房标准化上。当前这种不同公司"各自为政"的研发模式并不利于标准化室内设计的推广。首先，对于中小型企业而言，标准化室内设计需要大量的前期投入与后期维护，但标准化带来的效益并不能平衡这一项支出，甚至在研发阶段就难以维持。其次，多种标准化室内设计成果其实存在很多共通的地方，多家公司分开研发难免会做非常多的重复劳动。最后，也是最重要的一点在于，多标准共存、缺少宏观把控的局面并不能形成设计行业通用的一套体系，其配套的部品、施工市场也无法建立相应的标准，这使得标准化室内设计只能停留在企业内部设计层面，无法实现全行业通用的室内设计标准化。

4.2 缺少建筑层面的配合

建筑结构的发展非常快，但建筑的使用寿命却很长，这也意味着当前的室内设计要面临众多不同结构的建筑、不同尺寸的空间。中华人民共和国成立之初，我国的住宅大多为多层砖混结构，结构体占据了大量室内空间且后期很难改变，此时的户型只能设计得小而方正，浪费很大的交通面积。1982年，钢筋混凝土结构住宅逐步发展成为我国住宅结构的主要形式，相比于砖混结构，钢筋混凝土结构更加牢固，使住宅得以纵向发展，留给室内的空间也更大，部分墙体也具有后期改动的可能性，户型的变化也更加多样。此后，工业化、产业化的理念推动了建筑标准化的发展，催生了SI结构体系及装配式建筑，使得室内空间具有更大的可塑性。现阶段，为了减少浪费以及更加科学地设计与建造居住建筑，国家开始倡导精装修房，室内设计市场与建筑产业发展的方向通过宏观调控渐趋一致。

对于标准化室内设计而言，一套体系显然无法匹配不同的建筑结构，不同尺寸、多样的空间都会给室内设计带来巨大的限制。如果无法从建筑层面制定针对室内空间的标准，标准化的室内设计将无法有效地进行迭代更新。

4.3 部品市场混乱，难以建立标准

部品市场的混杂是室内设计标准化难以持续发展的主要原因。现有成功的标准化设计需要建立在对部品的控制上。首先，市场上过于多样的部品选择使得许多室

内设计公司在研发标准化时，需要耗费过多的时间以及精力建立自己的标准化部品库。其次，部品市场的选择过多也是室内设计标准化难以向通用化、统一化发展的原因之一。不同的室内设计标准化使用各自制定的部品库，对于同一类型部品的选择可以有很大的区别，这使得应用于精装修的标准化设计很难适应其他类型住宅的室内设计工作。

总的来说，目前的部品市场缺少统一的标准与相应的规范，并不能建立起如同欧美国家一样的通用部品体系，这是制约室内设计标准化发展的一个大问题。

4.4 缺少对别墅等高端住宅市场的研发

室内设计标准化建立的目的是提高设计的效率，同时配合新的生产技术。然而现阶段的标准化工作都针对的是中低端住宅，即使有一些注重品质的标准化设计及装修，也只是针对公寓式的商品房，其他类型的市场都缺少此方面的研发。

《2018—2020年互联网家装市场投资分析与前景预测报告》指出，单从行业发展方向来看，未来别墅装修行业一定会呈现集约化和规模化发展，可复制化很有可能成为必然趋势，预制标准化模块等标准化手法或许会成为别墅室内设计行业发展的必然走向。室内设计标准化并不仅仅服务于中低端住宅或公寓式商品房的快速建造，还需要兼顾别墅类高端市场的发展。这需要标准化工作在满足基本部品通用的底层逻辑下，针对不同的市场能够提出不同的标准，例如更大的尺度、规格，品质更好的部品等。

现阶段的标准化还停留在部品、平面、方案等物质形态控制阶段的研究，但对于高端市场而言，这一层面的标准化需求会相对降低，标准化需要在设计流程的优化上介入更深，配合未来可能实现的市场通用部品体系，达到全流程的标准化。

5 基于现阶段室内设计标准化的优化策略

5.1 完善政策指导，细化市场规范

面对传统住宅与工业化住宅并存、毛坯房、全装修房与精装修房并存的局面，政府部门应当加快研究制定通用或一系列室内设计标准、装修施工标准、验收及评定标准等全过程的系列化标准技术体系，推动室内设计市场的规范化。同时制定通用的室内设计模数协调标准，对于不同的建筑结构类型可以使用相同的模数进行室内设计。

除了室内设计行业的统一，部品市场也需要标准与规范。对比国外案例不难发现，成功的室内设计标准化都需要建立在标准化部品库之上。而且，决定住宅舒适度的根本因素还是部品的质量，部品是设计质量的基础。对于室内设计而言，房间中构件部品的几何尺寸以及做法是最容易建立标准的。日本住宅产业化的成功之处在于规范的建材市场，每种部品的尺寸规格基本都只有大中小三种型号，配合这些标准部品可以很容易地完成设计的标准化。部品的过多选择并不一定能够满足个性化

的需求，却给标准化设计带来了很大的不便。所以，政府对于市场的引导以及管控，对于室内设计标准化的发展将起到非常大的推动作用。

对于政府而言，可以先参照日本的BL部品认证制度，建立适合我国国情的部品认证体系，建立合适的室内设计模数，增强部品的通用性和可替换性。同时，在满足部品工业化生产与装配的前提下，尽可能地保留其多样性，针对不同的住宅市场推出不同的认证标准，实现差异化，以满足业主的个性化需求。

5.2 加速推进建筑的标准化与一体化设计

从前，室内设计都是作为建筑设计的附属，在建筑设计完成后才进行。然而，标准化室内设计需要从根本上改变这一观念，室内设计应提前介入建筑设计，在建筑设计阶段就要从室内出发，考虑室内设计标准采用的模数或其他标准部品的尺寸，确定户型大小或开放空间的尺寸。

但仅仅运用建筑室内一体化设计的理念还远远不够，标准化室内设计的推行还需要建筑的标准化，尤其是建筑结构的标准化、定型化。因为，室内设计标准化需要空间尺寸的配合，依赖于建筑层面的支持，如果住宅建筑设计标准化、定型化，即无论使用何种结构，其内部尺寸也能满足标准化室内设计的使用，那么标准化设计就能真正地实现行业通用化。

5.3 积极发展室内设计模式语言理论体系

室内设计模式语言与建筑模式语言一样，本质上都是对设计元素进行提炼精简并重新组合形成的一种通用语言。对于室内设计企业来说，室内设计模式语言应该是一种可以被企业用来配合设计的标准化工具。室内设计模式语言的本质是运用模块化的设计方法，这个方法基于对设计主体的分解，首先将其分解为最小的元素，然后将这些元素根据功能、作用或其他共性的筛选依据组合成为一个具有特定功能或能够满足特定需求的开放的基础模块，再将基础模块与其他不同的元素组合，获得功能各异、性能不同的一系列产品。室内设计模式语言就是利用这种模块化设计的理念，在此基础之上探求住宅部品的组合规则，寻找一种通用化的表达以及应用模式。通过室内设计模式语言可以将室内设计中的各种元素按照基本规则组合成合适的模块，这些模块不仅能够满足模块化施工，同时能够满足业主的个性化需求，具有很大的灵活性，是解决个性化需求与标准化选择矛盾的最佳方案。室内设计模式语言是室内设计标准化的核心，其设计逻辑与传统室内设计逻辑并不冲突，是标准化介入室内设计的理想状态。此外，室内设计模式语言对于设计清晰、易懂的表达亦是设计师与业主能够保持良好沟通的桥梁。从某种角度而言，室内设计模式语言的建筑是设计标准化发展需要经历的一个高级阶段。

室内设计模式语言的设计原理主要来自于建筑模式语言，后者由美国建筑理论家克里斯托佛·亚历山大（Christopher Alexander）提出。建筑模式语言将建筑设计与语句进行类比，用语言构成的方式解释建筑设计，并

规范这一过程。建筑模式语言作为一种"语言"，其本身建立在各种元素的标准化之上，而对于住宅而言，最小的单元是户型，可以类比为句子中的"单字"。户型根据不同的地理位置、规范、生活需求、尺寸大小可以有很多种，然而户型都是供人居住的独立单元，从功能上讲存在共性，住宅设计需要围绕这些户型展开，所以户型是住宅设计中最小、最基本的单元。将各种户型进行组合，就形成了一个户型组，如同句子中的"词组"一般，具有一定的意义，能够传达一定的信息，但还不是一个完整的住宅建筑。将"词组"组合成为完整的"句子"则需要"句式"的参与，在建筑设计中则表现为结构选择、政策规范、艺术设计等元素，根据这些限制将相关的"词组"组合成为完整的住宅建筑产品（图6）。

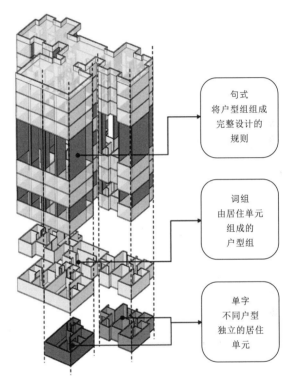

图6 建筑模式语言示意图
（图片来源：作者自绘）

同样的原理，室内模式语言也需要"单字""词组""句式"的参与。根据模块化设计的思路，室内设计的"单字"模块即是构成住宅的最小部品，如家具、管线、设备等。通过"单字"的组合可以形成不同的"词组"模块。不同的"词组"模块拥有不同的属性，从竖向分类可以分为设备系统模块、功能空间模块。设备系统模块主要包括空调、新风、插座、灯光、智能设备等；功能单元模块主要包括家具、布艺等。由于功能单元包含的内容非常多，所以将其横向细分为玄关、卧室、客厅、餐厅、厕所、书房、阳台、茶室、起居室、儿童房等可以满足单个或多个需求的特定模块。设备系统模块与功能空间模块之间并不是简单的并列关系，而是存在交叉，每一个功能空间模块都需要设备系统模块的参与才能成为一个完整的功能空间。在组合的过程中即是"句式"

参与的过程，根据业主的需要选择合适的"词组"模块，按照一定规则合并，再加上修饰的"单字"模块，最终形成完整的方案（图7）。

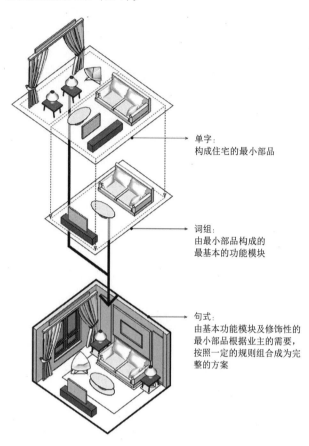

单字：
构成住宅的最小部品

词组：
由最小部品构成的最基本的功能模块

句式：
由基本功能模块及修饰性的最小部品根据业主的需要，按照一定的规则组合成为完整的方案

图7 室内设计模式语言示意图
（图片来源：作者自绘）

室内设计模式语言建立在模块化方法之上，以对部品的精细分解与筛选为基础，是实现室内设计标准化的最佳逻辑方式，也是连接设计师与普通住户沟通的桥梁。

5.4 标准化通用产品库与反馈更新

标准化室内设计并不仅仅局限于设计层面的标准化，如果要将标准化成果实际应用，还需要建立标准化通用产品库与经济、高效的反馈更新机制。

标准化通用产品库在制定时需要以满足高效工作为目的，以主流的业主群体为出发点，涵盖大部分人的需求，但仍需要保留满足小众业主群体需求的产品。此类产品库可以根据地区的特性进行筛选，考虑外部因素包括市场竞争、业主生活习惯、当地环境特点、地方政策规范等，内部因素包括企业自身优势、企业发展目标等。产品库中的同类产品通过性能、价格、性价比等指标进行进一步排序筛选，最终留下最适合的标准化产品原型，在面对大部分的设计任务，都可以根据业主的个性需求在通用产品库中找到原型稍作修改使用。

与此同时，仅仅建立通用产品库还远远不够，室内设计发展的方向受到技术、观念等许多因素的影响，在短时间内变化可能会非常大。所以，还需要建立完善的反馈与更新机制，广泛地听取业主的意见，进行市场调研，将合理的部分重新编制进标准化通用产品库中，实现产品库的滚动发展。

结语

总的来说，室内设计标准化是顺应时代发展的产物，既能提高室内设计公司的效率，也能方便客户清晰地表达自己的潜在需求。然而在现阶段，标准化的室内设计还存在很大的问题，需要政府、设计公司、设计师、部品市场等所有的利益相关方共同努力。随着研究与应用的深入发展，室内设计标准化也会越来越成熟，达到品质与效率的统一。

[本课题为教育部青年课题"文化消费视角下明清江南地区环境营造技艺的宫廷传播研究"（20YJCZH045）、国家社科基金青年课题"基于江南传统民居营造技艺的创新设计研究"（19CG185）的阶段性成果。]

参考文献

[1] 约翰·派尔. 世界室内设计史［M］. 2版. 刘先觉，陈宇琳，等，译. 北京：中国建筑工业出版社，2007.
[2] 周予希. 基于近代建筑制度视角的中国室内设计转型研究（1845—1953）［D］. 南京：东南大学，2016.
[3] 秦华. 浅论现代室内设计工作流程［J］. 大众文艺，2013（17）：114-115.
[4] 王叶青. 商业综合体室内设计标准化案例分析［J］. 建筑科技，2019，3（2）：52-54.
[5] 孙园. 十年时间，标准化家装如何才能"一统天下"？［EB/OL］. https://www.pintu360.com/a47217.html，2018-03-08.
[6] 郑华海，李元齐，刘匀. 基于标准化系列化部品的工业化住宅设计思考［J］. 建筑钢结构进展，2019，21（3）：23-32.
[7] 王淡秋. 基于住户需求的住宅产品标准化研究［D］. 南京：南京大学，2016.
[8] 成亚静. 基于SEM的全装修住宅开发行为影响因素研究［D］. 西安：西安建筑科技大学，2019：5-6.
[9] 郝占鹏，金家佳. 住宅厨房标准化体系探究［J］. 住宅与房地产，2019（19）：43，69.
[10] 林涛. 住宅厨房卫生间标准化体系研究［D］. 沈阳：沈阳建筑大学，2012.
[11] 周静敏，陈静雯. 中小套型住宅厨卫空间问题调查与分析［J］. 住宅科技，2018，38（7）：1-8.
[12] 刘合森，管锡珺. 整体卫浴的发展前景？优缺点及住宅建筑应用现存问题［J］. 青岛理工大学学报，2014，35（4）：93-96.
[13] 甘昊厅. 整体卫浴在装配式保障性住房中的应用研究［D］. 长春：长春工程学院，2019.

地铁候车空间环境设计虚拟仿真实验系统及实践研究

■ 王晨皓 王 玮
■ 西南交通大学建筑与设计学院

摘要 本研究针对地铁车站受地理位置和管理安检限制、难以深入调研、无法提供直观形象的认知问题，开展地铁车站候车空间环境设计虚拟仿真实验系统的研究与构建。采用可视、可交互、可操作的数字化方式实现候车空间的色彩变化，并通过建筑漫游实操地铁导视装置的合理排布，达到地铁候车空间环境设计基本环节的呈现。开发地铁车站候车空间环境设计虚拟仿真系统平台，设置实验预习、色彩设计、导视系统设计、实验报告四个仿真实验模块。通过本仿真实验系统，学习者可清楚地了解地铁候车空间环境设计的基本原理，掌握色彩变化和导识设施布置等对环境空间的影响，直观真实；同时，大大降低了课程的实验成本，对学习目的进行强化，将学生培养为符合社会需求的应用型人才。

关键词 地铁候车空间 环境设计 虚拟仿真 轨道交通

引言

随着《新文科建设宣言》的提出，学科融合的态势愈发明显，艺术学科门类之下的环境设计专业也在不断创新，走专业化、特色化的道路，譬如轨道交通建设与环境设计的融合就是其中的一个例子。著名社会哲学家芒福德曾提出："城市的意义在于储存文化、流传文化和创造文化。"[1] 在地铁车站的规划设计过程中，应将其作为体现和展示城市文化特色和艺术底蕴的窗口。目前地铁建设中，参与的人员绝大多数是具有工科学术背景的技术人员，而要让地铁承载丰富的文化内涵，培养能够满足中国轨道列车发展要求且具有艺术审美视野的设计类优秀人才是非常必要的。地铁车站候车空间环境艺术设计是西南交通大学环境设计系立足学校轨道交通特色开设的一门课程，该课程要求学生在学习相关理论知识的前提下掌握地铁车站的空间结构与特性（图1）、地域文化在地铁车站艺术空间中的应用原则，了解车站的主要界面形态、空间环境艺术色彩设计的组织原则，理解导识系统布置对候车空间的影响。然而，因地铁车站人流量大，安检措施烦琐，使得该课程调研难以深入进行，并且在传统的色彩设计环节中，学生需要不断进行试色，耗时耗力，浪费大量资源。这两个问题对于后续课程学习及设计会造成一定的困扰。

随着虚拟现实技术的发展，虚拟仿真实验在现代教学体系中变得愈加重要。针对特色化环境设计课程中一些实验过程较为麻烦的项目，通过虚拟仿真实验，传授基本原理，演示设计流程及呈现设计结果，可有效激发学生兴趣，提升知识转化率，应用于设计之中。然而，目前虚拟仿真实验仍处在起步阶段，环境设计虚拟仿真实验资源极为匮乏。因此，开发一套地铁车站候车空间环境设计虚拟仿真实验平台，对教学效果提升以及交通空间环境设计人才的培养都具有重要意义。同时，虚拟仿真实验平台也可为环境设计从业人员适应新的工作方向提供再教育学习优质资源。

1 地铁车站候车空间环境设计虚拟仿真实验设计

鉴于环境设计专业的实践与应用特性，地铁车站候车空间环境设计虚拟仿真实验必须构建可感知、可测量的虚拟场景与环境，强化设计教学与实践在过程和结果方面的体验感。因此需要以真实存在的地铁站整体空间环境为依据（从入口空间直到站台层），用三维数字化手段尽可能地还原对应的场景，从而开展相应的虚拟仿真实验（图2）。

由图2可知，地铁车站候车空间环境设计虚拟仿真实验过程一共分为4个步骤：

（1）进入"实验预习"模块开始实验，让学生简单掌握地铁候车空间的构成以及环境设计的概念，了解地铁候车空间环境设计的内容，使学生清楚地认识到设计的对象。

（2）进入"色彩设计"模块开始实验，通过原理学习让学生掌握色彩的原理、心理感知以及站名配色方法认知，使学生主动留意生活中站名的配色方法，引发学生的独立思考；最后用练习题来巩固相关的理论知识。

（3）进入"导识系统设计"模块开始实验，通过知识点以及简单的小练习使学生认识到导乘标志的分类以及导乘标志色彩构成，从而进一步通过建筑漫游的方式在地铁入口至候车空间的三维场景内应用已经学到的理论知识。

（4）进入"实验报告"模块，基于教师给出的正确评价方案，系统自动评分后，引导学生根据自己的分数撰写实验报告并上传至教师处，教师给予反馈意见，完成实验。

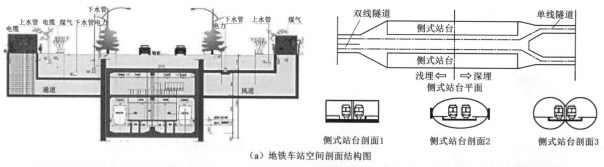

（a）地铁车站空间剖面结构图

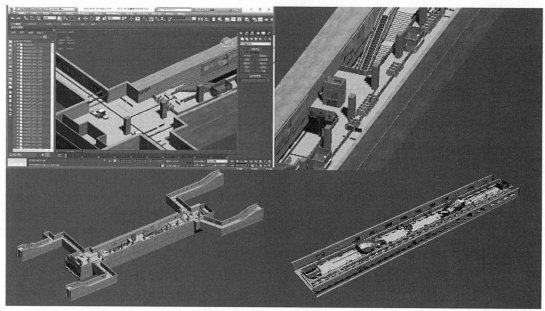

（b）地铁车站空间结构建模示意图

图1 地铁车站候车空间结构与特性（图片来源：作者自绘）

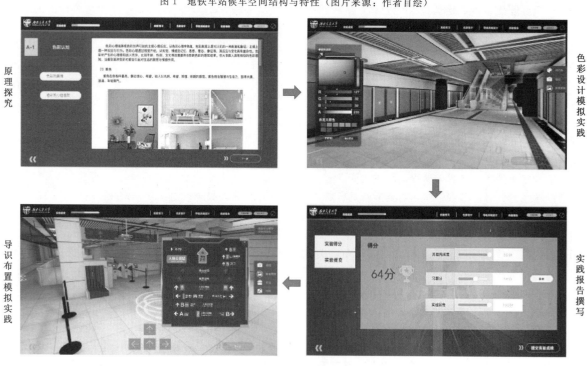

图2 地铁车站候车空间环境设计虚拟仿真实验过程

（来源：作者自绘）

2 地铁车站候车空间环境设计虚拟仿真实验系统开发

2.1 系统需求分析

地铁车站候车空间环境艺术设计实验的基本需求就是解决原本传统实验的各个问题；克服时空障碍让学生在虚拟环境中"身临其境"地开展环境设计实验，并直接获取和运用相关知识和技能，实现提高学生兴趣、促进学生认知和提升学生能力的目标。在具体知识点上，通过虚拟仿真实验，应达到以下主要目标：

（1）帮助学生更加快速、直观、清晰地理解地铁车站候车空间环境艺术设计的基本理论知识。

（2）强化学生对地铁车站候车空间环境艺术设计的色彩关系和心理理解，使之掌握空间环境艺术色彩设计的组织原则与方法。

（3）训练学生理解导识系统布置对候车空间的影响，使之具备通过导识系统设计进行信息传达和行为引导的能力。

（4）探索课程思政教学内容构建及组织实施，引导学生树立科学的学术价值观、拓宽艺术审美的视野，培养具有社会责任感、文化自信和使命感的设计师人才。

（5）树立"以人为本"的设计意识，激发设计创新能力。

2.2 系统总体设计

根据环境设计的基本原理，主要依托环境设计专业的两门重要课程——"室内设计Ⅲ"中的城市轨道列车车站环境设计内容和"建筑设计"中的地铁车站建筑设计

相关理论与方法，同时还涉及"交通信息导向设计""数字化设计与软件应用导论""空间设计基础与建筑制图""室内陈设设计""信息视觉设计"等配套课程的相关知识。针对拟解决的关键问题，将实验目标进行整合从而设计出总体流程（图3）。

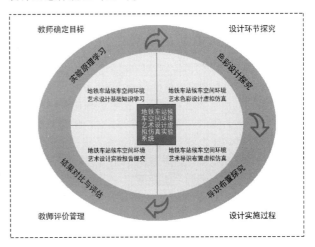

图3 地铁车站空间环境艺术设计虚拟仿真实验系统设计
（图片来源：作者自绘）

如图3所示，位于图中心部分的地铁车站候车空间环境艺术设计基础知识学习、色彩设计虚拟仿真、导识布置虚拟仿真以及实验报告撰写四项实验模块构成了本实验项目的核心部分。而构成实验基本原理包含：

（1）具体需求下的地铁站候车空间环境基本特征。

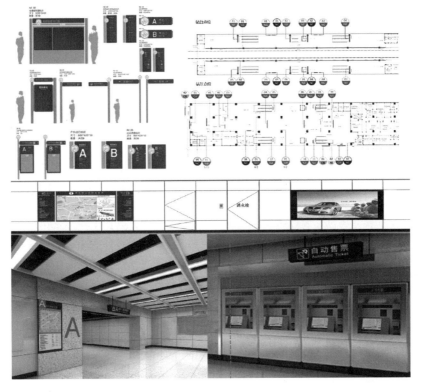

图4 导识系统设计的理论学习与设计实践
（图片来源：作者自绘）

一般来说，地铁站相关的建筑空间属于内部围合性空间，四周是封闭且较为完整的。由于地铁空间作为交通空间，人流量较大，枢纽站点更是具有高速变化的流动属性。地铁空间是公共性共享空间。通过虚仿实验，提高了讲授地铁车站地上地下一体化空间关系、候车空间与其他空间转换以及如何设计艺术车站的理论教学效率。

（2）环境艺术色彩设计的理论与设计实践。色彩给予物体以分明而确定的面貌，在环境艺术设计中，色彩是缓解地下建筑空间内的压迫感，提高地下空间艺术性，整合地下空间排列组合的有效途径。通过对色彩三大要素的学习，学生以可视化交互操作，体验抽象而丰富的色彩设计，强化对地铁候车空间环境艺术设计的色彩关系和心理理解，可以更好地掌握色彩设计的组织原则与方法。

（3）导识系统设计与布置的理论与设计实践。地铁空间导识系统设计是为了方便乘客在较短的时间内找到自己的行进方向，其包括地铁车站地图、悬挂式标识、立地式标识、动线标识、服务设施及商铺位置图标等（图4）。本部分实验原理依托信息可视化设计原则，在虚拟的操作场景中，通过将不同类别的导向标识转化为可视具象的功能布置及空间三维关系的虚拟仿真训练，借助多方案比较以及师生互动评价，帮助学生具备通过导识系统设计进行信息传达和行为引导的能力。

3 地铁车站候车空间环境设计虚拟仿真教学实践

环境设计专业的培养目标强调学生应具备适应经济社会新需求与发展的能力，不但要求学生有扎实的专业知识，而且要有创新能力和团队合作精神。虚拟仿真实验拓宽了实验教学的授课范围，一定程度上培养了学生独立自主学习与思考的能力，但是需要授课教师的适当引导。所以，在课程教学实践中，应有如下教学环节。

3.1 课程虚实结合

本虚拟仿真实验教学项目采取了虚实结合、师生互动、自主学习的实验教学方法，紧密衔接课程体系，以全方位支持整个课程的学生学习成效。紧密结合"室内设计Ⅲ（交通空间）"和"建筑设计基础"两门核心课程，整个虚拟仿真实验教学项目采取了层次化、模块化、递进式的实验内容设计，可开展现有标准地铁车站空间设计的认知与体验，也可开展环境色彩设计和导识系统设计的虚拟仿真，并对其结果进行评估。实验教学还与日常教学安排的现场实践、设计图纸分析、实体模型制作、互动感应投影装置虚实结合，引导学生提高解决实际问题的综合能力。教师授课式学习方式则要求教师和学生之间交流互动，必要的时候，教师会分组进行教学，以确保实验教学过程中充分调动学生能动性、增加组内成员交流的次数，以此提高虚拟仿真实验线上线下结合的学习效率。

3.2 评价体系特色

为了配合理论教学，切实发挥"线上"虚拟仿真实验教学优势，虚拟仿真实验项目还需要具备实时设计、

动态调整、即时反馈的功能，提供学生自评设计方案的功能，提升学生学习积极性。学生可远程登录教学平台，可跨越时空限制，进行在线学习、测评、网上实验、线上讨论交流、网上提交实验报告及教学评价，教师可上传学习资源、在线指导、网上监督实验完成情况及评阅实验报告，实现了师生互动、线上线下相结合的实验教学新模式。并且实验平台建立了完善的反馈机制，对实验数据进行全面系统的统计分析，为指导教师改进和完善实验提供参考，提升教学效果。

实验报告中需要提交的内容包含学生信息、实验原理学习、实验器材、实验方法、实验结果、分析讨论与教师评价。实验原理部分要求学生尽量详细地复述虚拟仿真实验项目"实验预习"以及其他版块当中关于理论知识的理解；实验器材部分要求学生列举实验过程当中用到的各类实验器材；实验步骤与方法部分需要学生尽可能全面地描述虚拟仿真实验项目中13个小步骤以及其背后蕴含的学习方法；实验结果部分要求学生忠实地记录自己的每个步骤的电脑判定与教师判定得分；分析讨论部分要求学生对自己的得分进行分析，叙述自己在每一个环节、步骤中的对与错；教师评价部分是授课教师对于该学生实验报告的评价，填写完成后会反馈给学生，从而使学生加深自己课堂学习的印象。

3.3 课程思政内容

地铁车站候车空间环境设计虚拟仿真实验的构建增加了学生结合城市发展学习应用型环境设计的机会，适时融入思政教育内容是培养艺术学学生社会责任感和职业使命感的重要途径。教育过程中不能只注重学生学习效果，教师要勇于担任价值引领者。再结合近两年《新文科建设宣言》所倡导的未来学科融合的趋势，教学过程中引入设计与轨道交通结合的相关事例，融入思政教育，体现人文素养，加强艺术学尤其是环境设计专业学生的工科背景教育，使其树立全面的职业价值观，也为追求更高学术层次的环境设计专业学生增加相关实践经历。思政教育有机地融入专业课程，有助于学生理解社会主义核心价值观，这和高等教育的培养目标息息相关。结合本校教学情况构建地铁车站候车空间环境设计虚拟仿真实验，针对2000年前后出生的大学生"电子产品不离手"的特点，为其提供丰富的线上学习资源。然而任何一种学习工具和学习方法都仅仅起辅助作用，每位一线教师要积极转变教学观念，具备反思意识，充分利用现有教学资源和虚拟仿真实验教学平台，以学生为中心，勇于探索新的教学方法，保证教学效果，关注学生的进步和发展。

结语

地铁车站候车空间环境设计虚拟仿真实验平台将虚拟仿真实验技术、环境艺术设计与实际项目工程有机结合，构建了专业化的虚拟实验教学平台，创造了课堂教学与城市经济发展、理论与实际结合的新途径。通过地铁车站候车空间环境设计虚拟仿真实验平台进行实验教

学，能够提高线上教学的效率，挖掘学生的学习潜力，培养学生自主思考并独立解决应用问题的能力，使得高校文科实验教学与实际工程、社会发展需要进一步接轨，为实现"新文科"卓越人才的培养提供支撑。

［本文为西南交通大学 2020—2021 学年课程思政建设项目成果和西南交通大学 2020 年校级本科教育教学研究与改革项目（20201027 – 02）成果。］

参考文献

［1］芒福德·L. 城市发展史：起源、演变和前景［M］. 倪文彦，宋俊峰，译. 北京：中国建筑工业出版社，1989.

［2］农春仕，孟国忠，周德群，等."双一流"行业高校建设虚拟仿真实验教学项目的探究［J］. 实验技术与管理，2021，38（5）：15 – 19.

［3］熊澄宇. 关于新文科建设及学科融合的相关思考［J］. 上海交通大学学报（哲学社会科学版），2021，29（2）：22 – 26.

［4］李卓，刘开华. 基本单元电路故障诊断虚拟仿真实验的建设与实践［J］. 实验技术与管理，2021，38（4）：136 – 140.

［5］汤海峰，李臣亮，周毓麟，等. 对微生物工程类虚拟仿真实验建设与共享应用的思考［J/OL］. 生物工程学报：1 – 7［2021 – 06 – 22］.

［6］黄红春，王仕超，陈珂宇. 艺术院校环境设计专业教学与思政教育结合的特色教学模式探索［J］. 科技资讯，2021，19（5）：141 – 143.

［7］许江. 新文科背景下艺术学科建设的思考［J］. 中国高等教育，2021（1）：13 – 15.

［8］孙娜，柳兆军，范学忠，等. 居住建筑设计原理及设计课程虚拟仿真教改实践［J］. 山西建筑，2020，46（22）：195 – 196.

［9］罗旭光，藏好晶，杨姣姣，等. 探索基于病毒鸡胚接种医学虚拟仿真实验的混合式教学模式［J］. 基础医学与临床，2020，40（11）：1579 – 1583.

［10］陈昀昀. 关于环境艺术设计专业"新工科"建设的探索与实践：以重庆文理学院为例［J］. 大众文艺，2020（20）：171 – 172.

［11］王薇，夏斯涵，胡春. 基于虚拟仿真技术的绿色建筑设计实验教学平台研究：以安徽建筑大学建筑设计虚拟仿真实验教学项目为例［J］. 创新与创业教育，2020，11（5）：62 – 67.

［12］傅媛媛，王爱勤，李世平. 兔的形态结构与功能虚拟仿真实验的构建与应用［J］. 生物学杂志，2020，37（6）：126 – 129.

［13］农春仕，孟国忠，尹佟明，等. 植物组培再生虚拟仿真实验的设计与应用［J］. 实验技术与管理，2020，37（6）：5 – 9.

［14］吕新颖，余文胜. 国家级虚拟仿真实验教学项目建设与思考［J］. 教育教学论坛，2020（10）：389 – 390.

［15］李平. 推进虚拟现实技术应用提高高校教育教学质量［J］. 实验室研究与探索，2018，37（1）：1 – 4.

乡土建筑保护与发展策略研究
——以暖泉镇西古堡为例

■ 李佳伟
■ 北京服装学院

摘要 本文基于蔚县地域文化与建造背景，以蔚县暖泉镇西古堡村为研究对象，对当地建筑的现状与问题进行梳理总结，分析其独特的民居环境和严谨的建筑形制，试图找寻与当地环境共生、与现代生活同构的设计策略，为乡土建筑的利用与更新提供参考，以便重新唤起人们对乡土建筑的保护意识，从而让传统村落得到更有效的发展。

关键词 西古堡 文化遗产 保护与发展 乡土建筑

引言

近年来，随着经济的不断发展和教育水平的提升，传统村落空间已然满足不了人们的需求，由于北方村落存在经济滞后、人口缺失、生活环境恶化、教育资源贫乏等问题，农村人口大量外流。日益突出的建筑保护问题被提上日程，为此传统村落的保护与发展，既要按照原有的人文环境，以传统的形式进行延续和保存，又要运用现代的物质形式、价值观念和先进的技术，对旧环境进行更替和整合。

1 西古堡村现状分析

蔚县暖泉镇的西古堡是较为独特的一座城堡，拥有十分完备的体系，同时有着"天下第一堡"的赞誉。堡内青砖灰瓦，时刻传递着古堡的古朴美。

1.1 西古堡村概况

西古堡遵循着中国古典的形状和构造，是一个相对规矩的方形，由于地形的关系，向西偏转了约30°。北部与南部各有两个瓮城，瓮城大门面向东部，目的是为了防御。

西堡街道形态表现形似"国"字（图1），南北主街道连接着南北城门，宽度约5m。由高8m左右的城墙包围，东侧、南侧与西侧环路宽约6m。整个西古堡街道脉络规整，房屋排列有序，古建筑群十分壮观，将土生土长的乡村文化与精湛的技艺巧妙地融为了一体。西古堡村落作为建筑文化的重要组成部分，使得当地乡土建筑独特且富有韵味。地域性、民族性、宗教性相互交融，极具研究价值。

1.1.1 总体布局

城堡总平面为方形，东西宽232m，南北长221m（不含瓮城），城堡有南北两扇门，外各有一个瓮城，为"中"字形，称"虎抱头"。瓮城城墙高10m，下面宽6~8m，上面宽2~4m，主要施工方法为黄土打夯。城堡北墙和南墙的东部是用瓮城小砖砌成的。瓮城的南北平面

是方形的，边长约50m，两个瓮城都是朝东开的门，各有一座堡门。堡内布局整齐，隔断清晰，功能齐全。一般来说，古堡分为四个部分：北面的祠堂（现已损坏），南面的戏台，西面的地藏寺和其余的居住区（图2）。

图1 暖泉镇西古堡街道平面示意图

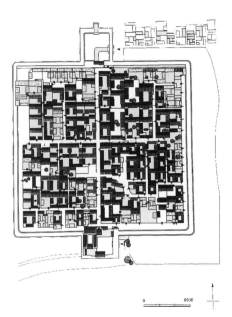

图2 暖泉镇西古堡总平面图
（图片来源：《乡土聚落研究与探索》）

1.1.2 街巷布局

西古堡的两条主干道贯穿南北和东西，交叉形成"十"字形的主要空间格局，将城堡划分为大小相等的四个区域。此外，沿堡的东、西、南墙各设有一圈道路，平均宽度为6~7m。此道路的设计，一方面可以避免房屋倒塌造成城堡墙体的损坏，另一方面也有足够的空间来移动守卫和补给，以防敌人袭击。西古堡的规模较小，但城堡内部的生活区较大，也因此，形成了丰富的街道空间（图3），在一定程度上也充当着防御的功能。

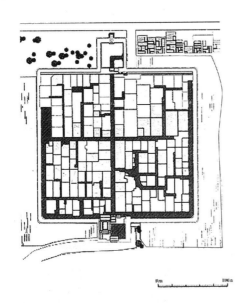

图3　暖泉镇西古堡街道平面示意图
（图片来源：《乡土聚落研究与探索》）

1.1.3 民居形式及建筑特征

西古堡建筑以民居建筑为主，还包含一些公共建筑。民居的基本形制是院落，院落等级制度，进数越多，等级越高。

西古堡的最高建筑规格是东侧董家的连环套院。西古堡的北门是地藏寺，南门是三官庙。西部的城堡建筑为砖木结构，装饰着当地的独特砖雕。墙由夯实的黄土制成，外面用一层砖石加固。墙的底部用当地常见的石头砌成。

住宅以典型的四合院为主，造型严谨，层次分明，可随意变换。大多数民宅都是砖木结构，简化为梁架结构，椽承受更多的重量。苍竹轩的住宅由两个院落组成，是民居数量最多的地方（图4）。

苍竹轩满足了作为二进制类型的设置，分为南院和北院，南院西侧是大门，进入大门后，东厢房映入眼帘，很明显，东厢房的形制相对较高，南侧是一个倒座廊，并没有做倒座房，倒座廊地面相对凸起，墙面上有图案。有趣的是，影壁被放置在东厢房和倒座廊之间。南院正厅与东厢房交界处有一个小门券，上面刻有"苍竹轩"的字样。小门券有一条狭长的走廊和一间狭长的屋子，作为厕所和堆放东西的地方。

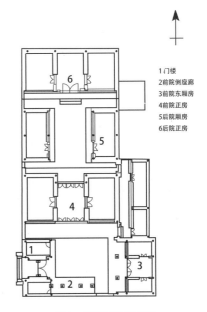

1 门楼
2 前院倒座廊
3 前院东厢房
4 前院正房
5 后院厢房
6 后院正房

图4　苍竹轩总平面图
（图片来源：作者自绘）

走廊尽头有一扇小门通向北院。值得一提的是，苍竹轩南院东厢房的形制是整个苍竹轩最高的，它没有按照传统的"以北为尊"的概念建造，但主房相对较低。不仅如此，南院南侧不是倒座，而是倒廊。可能因为空间有限的原因，但苍竹轩建筑者做了相应的创新，充分体现了苍竹轩的创造力和文化品位。此外，还考虑了南院和北院的功能设计。北院注重闲逸，南院主要活动，从而达到动静分明。因此，是最值得研究的西古堡院落。

1.2 民居建筑装饰艺术

蔚县古堡建筑的装饰之美是中国建筑的文化特色和精神文明，西古堡的各个建筑中都蕴含了装饰艺术的神韵之美。

1.2.1 屋顶

蔚县民居屋顶在传统建筑中的位置相当重要，等级之分显著。屋顶形制一致遵循着传统的礼制之分。主房多用于硬山顶和卷棚歇山顶，侧房多采用单坡屋顶的方式。由于当地降水较少，对檐部排水功能要求较低，屋面坡度相对缓慢，一般为30°左右，出檐较远（图5）。

图5　西古堡屋顶装饰
（图片来源：作者自摄）

1.2.2 大门

建筑物的大门就像人的脸。当你看一个人时，你首先看到的是脸，当你看一座建筑时，你首先看到的是门。住宅门作为住宅建筑的立面，在整个建筑中起着非常重要的作用。因此，历史上的主人较为看重门的装饰讲究（图6）。门楼集聚了木雕、砖雕等彩绘艺术，成为了展示的重要载体。

图6 暖泉镇西古堡村民居门楣
（图片来源：作者自摄）

1.2.3 砖雕

砖雕是蔚县建筑中最重要的装饰之一，在蔚县建筑中起着决定性的作用。代表了居住者身份的象征与喜好的特征，传达着自身的文化。

西古堡砖雕类型包括平、浮、立体雕刻三种类型，民间特色浓郁，拥有深厚的含义，几何图案、花朵、动物、宗教、戏剧人物等各种内容的主题均可运用于此，如在屋顶下方山墙侧边雕刻鹿、鹤、松树等纹样，不仅展示了工匠的高超技艺，也代表了人们对美好生活的向往（图7）。

图7 砖雕
（图片来源：作者自摄）

1.2.4 木雕

在蔚县木雕较为珍贵，偶尔可以看到精美的柱头。因为木材稀少，所以雕刻质量一般。

蔚县居民用于装饰的木雕艺术主要应用在住宅、窗户等构件上，主题主要是植物、神话和历史人物的几何图案。如在院门上刻有"云头""蝙蝠""寿"等文字，表达人们对吉祥长寿的美好祝愿（图8）。

图8 木雕
（图片来源：作者自摄）

1.2.5 石雕

蔚县民居中很少使用石雕。一般用于庙宇的柱、门、墙、牌坊。为了突出自己和达官贵人的社会地位，一些大家族通常在大鼓石和大院门柱底座上使用石雕和上马石。石雕的主题多为能保护家园和房屋的动植物，如狮滚绣球、牡丹花等图案，象征富贵昌盛、子孙后代兴旺发达（图9）。

图9 石雕
（图片来源：作者自摄）

蔚县传统民居无一不体现出地域文化对当地建筑的影响，它所特有的院落结构、营造技法、装饰手法与木雕砖雕技艺等都是巨大的财富。蔚县民居建筑同其他类型的建筑是历史文化的见证，也是传统村落中人们的社会习俗、价值观念的载体。

2 西古堡保护与发展问题分析

2.1 建筑主体及街区保护不当

一是对建筑和街区的保护修复不当，大规模拆建现象严重。西古堡保存较差，城堡内部维修不及时，无人管理原住房，质量较差，泥砖房较多。房间湿度大，采光不好，空间拥挤，内部设施落后，多处已弃用。

二是交通流量大，容易阻塞道路，道路损坏严重。

特别是在节假日，道路拥挤，对街道区域的道路造成了一定程度上的破坏。

三是出现了大量模仿古镇的现象，十分不利于古老的城镇和地方特色建筑的延续，缺乏文化生态和可持续发展意识，影响了历史文化村镇的风貌，使其逐渐失去特色，面貌单一。

2.2 "空心化"与"老龄化"问题

西古堡历史悠久，保护和传承价值很高。经调查和相关数据分析得出，它是整个城镇空心化程度最严重的区域之一。几乎每个家庭都有一两个老人独住，部分房屋无人居住，大批青年人群在外居住。由此可见，当地居民缺乏保护古镇文化遗产的观念，整体意识薄弱。

2.3 传统精神文化与记忆的消失

当地部分居民认为古堡的文化遗产没有较多的保护价值，不需要给予特殊保护措施，大量的堡子空置与废弃。西古堡内苍竹轩木雕年久失修，漆层变得弯曲和脱落，表面涂画、砸钉，油烟遮蔽等现象严重，导致建筑装饰丢失了原本的自然状态。在现代文化和传统文化的碰撞中，传统文化逐渐失去独特的精神价值，加之当地居民缺乏对自身文化的认同感和归属感，十分不利于文化遗产的保护和继承。

然而，由于土著居民的衰落，古堡中的非物质文化遗产逐渐消失，村民们对原有的建筑技术和材料手法也越来越陌生，因此重建或修复也无法保持古城堡原有的韵味。

3 传统村落乡土建筑环境更新策略

3.1 肌理重塑

村落肌理体现着传统乡村的聚落形态，平面结构构造着村落的历史文化特征。在当前的农村规划实践中，太过于聚焦历史和文化建设的单体，从而容易遗忘村庄丰富且独特的肌理。村落肌理的再现是保护和传承传统村落的重要途径之一。

西古堡村古民居数量较多，其中木构建筑颇多，村里以明朝建筑为主。然而，由于近年来城镇化、村民私人建设等一系列外部力量的影响，使得村庄原有的肌理遭到了破坏。修复村落，一方面，应拆除私自乱建的闲置房屋，这些房屋严重破坏了村庄的结构；另一方面，恢复原有的街道空间和庭院肌理，重建院落被拆除的厢房、门楼等建筑单体。对具有较高保护价值的特定文化建筑（如王敏书院）进行重点修复。最终依托这些古建筑，将村落塑造成历史文化的展示窗口。

在不影响村民现有生活的前提下，新规划置入的建筑应尽量与原有建筑形式的建筑体积、方向和模式一致。庭院规模、巷道和节点空间等也要遵循原有肌理。通过重建肌理，挖掘固有的文化价值和建筑特色，使村落回归到最初的面貌。

3.2 轴线重塑

西古堡的村落格局为鱼骨状，村落道路沿着中间一

条主街道在两边有序地排列。除了方便整个西古堡的交通外，所有的街道都没有明显的对称性，这些街道小巷的设计具有一定的自卫、防御的性质。一方面便捷于城堡内的居民，另一方面又阻隔了敌人侵入。

纵观这条中轴线（图10），一方面，需要定量分析乡村道路系统内部拓扑关系，通过空间句法软件进行计算可以看出，该轴线是道路系统中完整性最好、可达性最强的道路；另一方面，需要定性分析村民的日常行为，了解村落的公共生活（如商业、聚会、交流等活动）情况。由上述两个方面的解析可知，这条道路为村落轴线，它既承担了交通运输的任务，同时也是村庄的核心活动区域和村民的公共开放空间。然而，由于缺乏监管和管理，街道混乱、交通混杂、墙面年久失修、房屋裸露、摊位布局凌乱、环境脏乱……严重影响了主干道的空间质量。

图10 中轴线街道
（图片来源：《蔚县记忆》）

基于以上情况，设计对中轴线进行了改造，保留部分历史建筑，增加新的文化和商业建筑。通过对街道界面的统一处理，设置了指示牌、旗帜等空间限制元素，用铺装材质与行车道路进行划分，从而加强街道空间的统一性和连续性。同时，根据上位规划的需求，在城市道路与村落轴线的交汇处，通过绿化以及水景、景观营造手法，将节点加工塑造成轴线上的公共开放广场，继而增强街巷空间的丰富性和灵活性。

4 保护与传承

4.1 乡土村落的保护规划

过多的外来干预会导致村落的本土特色缺乏，所以做保护规划时，需要对乡土建筑群进行实地考察。规划的编制要从实际情况出发，同时需考虑建筑及其所在的场所是否合理。单一的建筑难以体现乡土特色，发展和保护具有典型特色的建筑群和村落是保持乡土特色的有效方式之一。在历史变迁中形成的街巷院落，不仅是当

地人世代居住的地方，更是承载着人们成长记忆的精神家园。尽量保持村落原有的肌理，划定保护范围，避免村落受到外部的干扰，并积极引导当地的后续建设。结合村落原有格局和空间肌理，对周边生态环境进行系统的保护和适当的整治，从而改善村落人居环境。

4.2 乡土建筑单体的保护

建筑单体的保护需要进行调查、记录、评价、分类、分级和跟踪。拆除危房，修缮旧房，根据具体施工确定防护方法和措施。建筑是村落的核心部分，一些建筑物的丢失或损坏会破坏村庄的完整性。在注重当地建筑遗产保护的同时，也要考虑到当地普通民居的数量之大，从而为当地普通民居的更新提供合理的指导，从整体上保护地方特色。在保护和修复的过程中，应尊重建筑原有的布局和形式，结合场地的地域情况，延续所使用的材料和技术，保持建筑的真实性。

结语

蔚县古堡代表着农耕时代的历史家园，长期的积累与发展，使得西古堡在特定的人文环境中不断孕育。作为中国传统文化的载体，古堡和古村落文化之间携带着重要的基因和密码，需要继承和发扬，提高其文化价值和审美价值。

西古堡传统村落的乡土建筑和文化正处于消失的边缘，解决保护与发展之间的矛盾刻不容缓。在保护乡土建筑的同时，需要科学合理地利用当地资源。蔚县古堡携带着中华民族的财富与力量。随着社会的发展和多种自然因素，变得破败不堪，作为传承与保护的发起者，我们要努力留住古堡的乡愁和技艺，传承与弘扬乡土建筑的艺术魅力。保护传统村落是地方文化的延续，是蔚县可持续发展的资源和动力。

参考文献

[1] 陈志华，李秋香. 中国乡土建筑初探 [M]. 北京：清华大学出版社，2012.

[2] 汪皓，游璐. 传统古村落的保护与发展：以张家口市蔚县西古堡为例 [J]. 重庆建筑，2014，13（4）：13-15.

[3] 罗德胤. 蔚县古堡 [M]. 北京：清华大学出版社，2007.

[4] 刘青. 河北省蔚县暖泉镇西古堡研究 [D]. 天津：天津大学，2005.

[5] 林胜利. 找寻蔚县古堡 [M]. 北京：北京大学出版社，2011.

[6] 杨佳音. 河北省蔚县历史文化村镇建筑文化特色研究：以暖泉镇为例 [D]. 天津：河北工业大学，2012.

[7] 王苗. 新农村建设影响下京郊传统村落空间形态的变化研究 [D]. 北京：北京建筑大学，2013.

[8] 李杉. "有机更新"理论指导下的历史文化名城保护与更新改造研究：以山海关古城保护更新规划设计为例 [D]. 天津：天津大学，2008.

基于现象透明性解析中国国际设计博物馆的室内设计

■ 胡沈健　周继发　李聚真
■ 大连理工大学建筑艺术学院

摘要　本文通过现象透明性理论去解读阿尔瓦罗·西扎于 2018 年设计的中国国际设计博物馆，从秩序协调、空间分层、礼仪性渗透三个方面具体分析了该项目的设计思路。希望通过理解西扎在空间设计中透明性概念的表达，为博览类建筑的空间设计提供一种新思路。
关键词　现象透明性　博览建筑　空间渗透　西扎

1 现象透明性理论

1.1 理论发展沿革

现象透明性并不是现代主义建筑空间独有的性质，它广泛地存在于物理世界之中，但对于它的系统性研究却始于立体主义艺术运动。20 世纪初，抽象绘画在二维中展现三维世界的特征启发了建筑师勒·柯布西耶，形成了影响深远的建筑空间设计革命。1955 年，柯林·罗和斯拉茨基完成《透明性 I》一书的撰写，这本专著系统阐述了现象透明性与物理透明性，明确指出了物体表皮的半透明与空间层次感的本质区别。之后，柯林·罗和霍伊斯里在得克萨斯建筑学院推行了现代建筑形式空间基础教学改革。通过经典的空间设计教学课程衍生了很多其他的建筑学空间练习，包括约翰·海杜克的方盒子练习，胡安·格里斯问题，霍伊斯里的"苏黎世模式"，彼得·埃森曼的"深层结构"。纷繁多样的课程实践背后是对于建筑空间现象透明性的探索。

1.2 现象透明性特征

现象透明性描述的是体验者对于空间的感知特性。特指人在某一位置可以通过室内空间要素直接的围合或间接的暗示，同时可以感受多个空间的叠加。由于人具有的格式塔心理学所形容的补全图形的本能，在体验者看来，此刻所处空间的既可以理解为一个相对独立的完整单元，也可以看作是多个单元叠加之后形成的有界无形的大空间。从特征上归纳现象透明性可以总结为三点：秩序多重、空间分层以及多维渗透。其一建立建筑秩序在于控制线的组织，多重因素形成的复杂控制线为空间要素的布置提供依据。其二空间分层是将形成围合感的空间要素相互遮挡，同时保证视觉和光线能够穿透多个空间，进而形成空间由近及远的纵深感。其三这种渗透既要体现建筑的使用功能，也要形成精神性的氛围感，从而加强空间的感染力。

2 项目背景与西扎的设计思想

2.1 项目背景

2018 年 4 月，坐落在浙江杭州，位于中国美术学院象山校区东南角的中国国际设计博物馆投入使用。以包豪斯主义为主题，这座博物馆主要展示了西方近现代设计的历史和作品，同时兼顾设计遗产和当代设计作品的展示。建筑造型是极简抽象几何体，项目总建筑面积为 1.68 万 m^2。主体建筑颜色为红色局部白色，室内是纯净白色的展示空间，光线多样，参展流线流畅自然（图 1、图 2）。室内功能包括底层集中库房及配套设施，首层的

图 1　中国国际设计博物馆

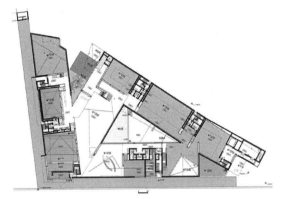

图 2　博物馆平面

（图 1 和图 2 图片来源：https://www.archdaily.cn/cn/905481/zhong-guo-guo-ji-she-
ji-bo-wu-guan-alvaro-siza-plus-carlos-castanheira）

展厅、多功能厅、报告厅、纪念品商店及公共教育空间，二层的主题展厅和三层的艺术家工作室、专题教室等房间。室内设施现代完备，是中国第一个完整地展示西方现代设计产品的展览馆。

2.2　西扎的设计思想

设计师阿尔瓦罗·西扎是葡萄牙著名建筑设计师，他曾获得过第14届普利兹克建筑奖。项目的个人风格十分明显：外表是具有强烈雕塑感的纯净几何体块，内部是"充满光，但不是灯"的白色空间。西扎的建筑作品非常关注与环境的关联，并且力求造型极简。这种风格可以看作是对于若干现代主义大师思想的沿袭和发展：包括柯布西耶的现代主义理论，阿尔瓦·阿尔托的乡土化人性化的设计理念，阿道夫·路斯的空间体量设计理念等。众多理念融汇，形成了西扎对于空间现象透明性思想和操作方法。不仅如此，这些大师对于现代主义建筑的探索和成果还影响了巴埃萨、桑丘、马特乌斯等当代伊比利亚半岛西海岸的众多建筑师的思想，并形成了活跃至今的西班牙、葡萄牙白色建筑流派。至于西扎的这个项目，其平面设计背后的理性几何构图逻辑；其造型尊重场地，与环境产生积极的呼应；其室内空间由于渗透和遮挡形成了丰富的空间层次，最终在多重秩序的参与下形成了既复杂又模糊多义的视觉效果，非常符合现象透明性原则。

3　项目中体现的现象透明性原则

3.1　协调多重秩序

博物馆场地形状接近三角形。西扎利用场地边界的方向作为控制线，在靠近城市道路的南侧和东侧形成一个连续的折角，在基地的西北侧置入一个L形建筑体量与折角形成咬合关系（图3）。这个过程中，西扎为了应对锐角地形的不利影响，将道路方向导致的折角轴线与呼应西北侧校园肌理方向的斜向L形轴线的两套秩序叠加碰撞。形成了复杂的轴线秩序，为交错的区域透明性的产生提供了必要前提，将不利的场地条件化为有力的操作依据。L形体量的短边与折线体量折角部分的碰撞叠加形成了博物馆的核心区域——博物馆主厅。这里也

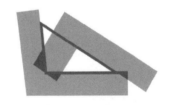

图3　两套秩序的协调
（图片来源：作者自绘）

是空间现象透明性效果最强烈的地方（图4），这是由于遵循L形体量秩序的一层大厅、二层走廊和与走廊正交的景观楼梯所形成的空间秩序，与折角体量所形成另一方向的空间层次发生碰撞。尤其是在折角末端的采光天井处，西扎甚至在天花板用带状光线来强调平面构图中的控制线的两个方向。因此，参展者可以强烈地感受到多重空间秩序的叠加。两种秩序在大厅形成调和，背后是西扎对于现象透明性设计理念的熟练运用。

图4　室内主厅
（图片来源：作者自绘）

3.2　增加空间层次

中国国际设计博物馆由三个平面大小相似的长方形体量咬合拼接组成。功能上主要是三大展厅。南侧与西北侧三层，东侧一层，三个体块的下面均含地下一层并贯通连接。层数和体块相互的碰撞是产生丰富室内空间的前提，单就每一块来看，其展厅的组织与衔接手法都不算复杂，但三个体块围合所形成的向心性布局让建筑的完整性与复杂性陡然上升。从建筑的整体造型来看，L形体量的短边与折角体量的衔接至关重要。L形体量整体向东北方向错动，形成了西南与东北两个豁口：东北侧的开口避免了锐角空间，并提高了几何体量的可读性，西南侧的开口成为了建筑的主入口，充分张开怀抱吸纳西侧场地。同时L形体量的短边与北侧东侧的体块共同围合成建筑的内部庭院，形成了室外场地——室内主厅——室外中庭的三个空间层次，空间体验丰富。

从建筑的内部空间来看，博物馆采用将辅助空间设计成实体体积的手法，以便创造更多相互遮挡的体积，进一步生成层层叠加的空间。比如三大展区都采用将设备、楼梯、电梯、卫生间包裹成相对封闭的体块。体块以一定的距离分隔了展览空间（图5），这样做将原本层次单一的空间划分成多个空间区域同时形成了走廊、展厅的附属空间和展览空间，既提高了空间的使用效率，也增加了空间的层次。以这样的空间操作为基础，局部展厅在末端与节点又发生了变形，进一步叠加空间层次（图6）。由此可见，西扎的这个项目中处处体现着空间分层的特质。

图 5　附属空间与展厅的平面关系
（图片来源：作者自绘）

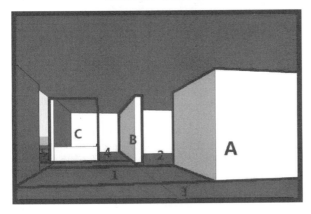

图 6　附属空间与展厅的空间关系
（图片来源：作者自绘）

3.3　渗透合乎礼仪

中国国际设计博物馆的礼仪性体现在两个方面：首先是功能合理布局；其次是场所精神的营造。西扎设计的参观路径既清晰又丰富，体现在展览空间、公共空间和辅助空间三者之间的组织。从门厅到达各个主题展馆，两条参观路线可供选择：第一条路线是以三角形内部庭院为几何中心的环形参观流线，在这里狭长的展览空间被辅助空间阻隔、打断、收缩，又在参展空间的开端和结尾被放大，进而形成多重渗透的公共空间，然而位于几何中心的中庭并没有理所当然地成为空间的焦点，而是让位于其西南侧的门厅，这种位置的倒错迫使参观行为变得更加复杂；第二条路线在斜置在场地内部长方体块中，从一层到三层，展厅空间与辅助空间呈周期性排列，形成相对固定的展览节奏，这有利于布置相对固定的展品，例如三楼就作为永久展示包豪斯藏品系列的展厅。

西扎曾说，我希望在我设计的建筑中存在各式各样的光，但不是灯。博览馆，特别是当代博物馆的设计，光成为越来越重要的表达内容。参展者所期待的博物馆场所精神的体验感，既可以说是由空间的渗透带来的，也可以说是由于穿过不同房间的光带来的。例如剖面的位置（图7），光以侧窗的方式穿过对角空间，形成了空

间的渗透。在西扎的很多项目中都是以这样的相似的手法形成多样的光影表现，其特征是，人只能看到纯净光源，而不能通过洞口看到其背后的自然环境（图8）。经过西扎一系列对于光线的处理，直射光收敛了眩目的干扰，来自不同方向的散射光为博物馆提供了静谧、乌托邦式的空间气氛，游客可以从光影的变化中感受时间的流逝，空间的起承转合，这种理想化的体验有利于观众进一步感知展览品。因此，中国国际设计博物馆的礼仪性背后是空间渗透的理性规划。

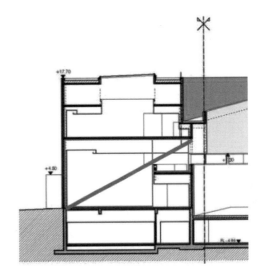

图 7　剖面关系
（图片来源：作者自绘）

图 8　室内采光效果
（图片来源：https://www.archdaily.cn/cn/905481/zhong-guo-guo-ji-she-ji-bo-wu-guan-alvaro-siza-plus-carlos-castanheira）

结语

中国国际设计博物馆的建造目的是通过展览现代主义运动以来中外优秀的设计作品，激发当代中国的设计

教育活力，提高文化创意产业的水平。博物馆作为安放所有展品的容器，需要从建筑空间的维度满足参观者参观体验的场所感受，现象透明性是解读空间、指导空间品质提升的有效理论，本文以分析该项目室内空间的现象透明性为出发点，总结了秩序协调、空间分层、礼仪性渗透这三个较为清晰设计原则，希望通过这三个原则进一步解读中国国际设计博物馆的空间特征，找出具有普遍指导意义的其他博览类建筑的空间设计规律。

参考文献

[1] 柯林·罗，罗伯特·斯拉茨基. 透明性 [M] 金秋野，王又佳，译. 北京：中国建筑工业出版社，2008.
[2] 蔡凯臻. 基地·原型·空间：阿尔瓦罗·西扎的设计草图 [J]. 建筑学报，2015 (1)：32 - 37.
[3] 王方戟，肖潇. 阿尔瓦罗·西扎建筑设计的三个特征 [J]. 建筑学报，2015 (1)：28 - 31.
[4] 杭间. "中国国际设计博物馆"的诞生 [J]. 新美术，2018，39 (7)：5 - 13，2.
[5] 韩艺宽. 焦点变化与图形重叠：一种理解透明性的视角 [J]. 建筑师，2020 (4)：70 - 75.
[6] 胡佳. 从中国国际设计博物馆谈阿尔瓦罗·西扎 [J]. 中国艺术，2018 (6)：4 - 13.

自为之重复，自在之差异
——论非线性参数化室内设计的美学范式及艺术价值

■ 刘林陇

■ 华中科技大学建筑与城市规划学院设计学系

摘要 非线性参数化设计是以数据为基础，以算法逻辑为核心的一种新兴的设计思维与方法，也是基于编程算法的数理逻辑在造型艺术中的创造性运用，故而其表现出了一种不同以往的美学范式，即自为之重复，自在之差异的"数据化美学"。因此在该背景下，本文现拟从非线性艺术的角度出发，深入剖析参数化设计在室内空间中的艺术价值。首先，阐述非线性艺术与参数化设计的概念与关系；其次，以 LVMH 巴黎媒体部办公室与阿布扎比卢浮宫为例，结合数据化美学的特征对该设计案例进行解读，且将其与造型艺术理论相联系，并在构成艺术，形式艺术与空间艺术等方面进行分析探究；最后，将非线性参数化设计与传统设计进行对比，并阐述二者在设计方法与美学范式等两方面上的差异，从而凸显出参数化设计在新时代的艺术价值与优势。

关键词 重复与差异　数据化美学　非线性艺术　参数化设计

引言

"美"是什么？自古以来人们为了追求"美"的事物而孜孜不倦地努力探索着，从而不断在实践中形成了关于"什么是美？"的根本看法与总结——美学，美学作为一种意识形态，其自身具有深深的时代烙印和地域属性，不同时代、不同地域的美学范式，其表现大相径庭。

随着目前信息化技术的日新月异，人工智能、大数据、互联网等各种技术成为当今时代最重要的成果，虽其表现各异，但都有一个共同的核心与基础——数据。因此，21 世纪是一个数据化的时代，而参数化设计便是在如此背景下孕育而生，其是一种以计算机的快速运算能力为依托，且具有非线性艺术美的数字化设计技术与方法[1]，并以自身独特的思维逻辑表现出了符合当今时代潮流的一种新兴美学范式——数据化美学。

数据化美学是非线性艺术的集中表现，并以数据为基础，通过参数化的算法编译将"纷繁变化"的数据作用于客观对象的空间形态变化中，由此而生成各造型新颖、丰富纷呈的艺术设计作品。所以，数据的变化决定了对象的艺术表达，而关于"数据如何变化"这一命题，法国后现代主义哲学大师德勒兹在其《差异与重复》一书中给出了"自为之重复，自在之差异"的精彩论述，自为逻辑的拓扑性重复与自在形式的规律性差异将数据自在的变化限定于自为的逻辑构建中，而这正是非线性参数化设计的核心与数据化美学的精髓之所在[4]。

1 非线性参数化设计

为探讨数据化美学，应研究其生成的设计方法——非线性参数化设计，该方法多以动态与变化的视角去阐述设计形态，且常运用函数思想对数据进行控制与调整，从而可得到具有数值可控性的动态设计造型。

1.1 非线性艺术

国学大师南怀瑾先生指出，宇宙中的事物存在着一种多元化的对立关系，即非线性的关系[3]。非线性本指一种与传统欧式几何中的线性思维相对立的数学概念，而非线性艺术则是将非线性概念运用于艺术设计中而诞生的一种新的艺术表达，其跨越了线性的维度约束，进而能更贴切地表现出多种复杂丰富、变化纷繁的艺术作品。

在进行非线性的艺术创作中，该类作品的非线性表达虽千变万化，但却在视觉上呈现出形式突变、随机且不可预见性的共同特点，而该类特点正是由于"数据"的非线性变化而产生的。因此，非线性艺术的本质是一种数据化美学，其映射出了数据变化与艺术形式的一种内在联系，该联系以逻辑算法为基础，令各种数据进行自在的运算，从而使对象呈现出五彩缤纷的形式。所以非线性艺术的核心不在于因数据的变化而导致外在的视觉差异，而在于因逻辑的不同而导致内在的算法各异，而该逻辑构建的方式正是对数据进行控制的参数化设计方法。

1.2 参数化设计与算法生形

作为非线性艺术表达的数字化设计方法——参数化设计，能令设计师在对非静止的、复杂且突变的问题关系进行分析时可对其进行参数化的精确控制，且在逻辑算法的搭建下能更方便地对被参数所控制的设计结果进行调节。因此，参数化设计是在算法逻辑的基础上对数据进行参变量化的设计方法（图1）。

通过上述分析发现：算法逻辑与数据是参数化设计过程中两个必备的条件，其中数据为"表"，是设计方案生成所需的原料与素材，呈现变化与运动之势；而算法

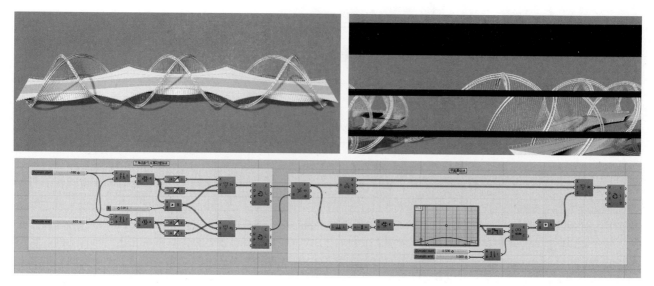

图 1　运用三角函数进行参数化设计的五环廊桥双螺旋效果

逻辑则为"里"，是设计方案生成必备的前提与规则，呈现稳定与静止之态。当二者表里相统一时，算法逻辑与数据便共同构成了参数化设计的全部。因此，现可这样描述参数化的设计过程：首先，应构建参数化设计的核心——算法逻辑，其是整个参数化设计的精髓与核心，且常将某种或几种规则系统作为指令，用于构筑参数关系；其次，要确定整个算法的输入与基础——参数数据，该过程常将某些重要的设计要求作为参数数据，即把影响设计的主要因素视为参变量；最后，输入参变量的相关数据信息，同时执行算法程序，从而可得到设计方案的雏形[2]。

2　重复与差异的参数化美学范式

这种具有编程思维特征的设计方式使其作品在美学表现中也与以往截然不同。古典艺术追求造型形式的和谐美，现代主义热衷形式追随功能的简洁美，后现代主义崇尚多元混合的变化美，而参数化设计美学则与这三者大相径庭，其以独特的设计思维与方式表现出非线性、扭曲与无序的特征，具有强烈的数据理性美和秩序美（图2）。

根据特定的算法逻辑与变化的数据而诞生的这种数据化美学在本质上体现的是一种"自为之重复，自在之

差异"的美学范式。自为之重复，即有意识且将显露出的重复，在参数化设计中表现为逻辑的拓扑性重复；自在之差异，即无意识且长期潜在的差异，在参数化设计中表现为形式的规律性差异。因此为深入探究这种美学范式的表现形式与艺术价值，现拟从艺术造型理论入手，以 LVMH 巴黎媒体部办公室与阿布扎比卢浮宫的内部空间设计为例，分析数据化美学在构成艺术、形式艺术与空间艺术等三方面中的展现[3]。

2.1　参数化的构成艺术美

构成艺术是研究物体构成的基本元素及其组合方式的一种艺术形式，其重点在于将研究对象分解为最简单的点、线、面等基本元素来进行分析和探究。而由于参数化设计的基础是数据，因此参数化的构成艺术美便是探讨点、线、面等要素在数据驱动下的美。

LVMH 巴黎媒体部办公室中居于空间主导地位的巨大参数化楼梯设计完美地诠释了参数化构成艺术美的精髓（图3）。该空间上下通透，内部由一部威猛动感的垂直楼梯连通，楼梯在室内空间中处于统治地位，如寂静环境中盘旋而起的龙卷风，其舞动的身姿栖居在空间中，似鲸鱼又如巨蛇互相缠绕着。楼梯由若干不同的单元木制板排列而成，各个构件相似却不相同，这些非标准化连续构件在远观时极为整体，但近观又不失细节，从而形成一种气势

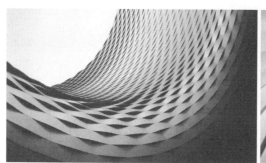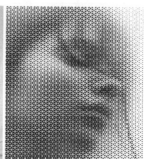

图 2　参数化设计的非线性"数据化"美

图 3　多个非标准化木板构件形成的参数化楼梯

磅礴且柔情绰态之美。如此卓尔不群之美正是在"数与形"相互结合的作用下形成，由此而展露出与传统艺术截然不同的"数形结合"的美学表现，其中"形"是参数化构成中的点、线、面等基本要素，"数"则使普通且平凡的点、线、面的组合变得与众不同。

因此，该空间中的参数化楼梯设计就是"数"与"形"的结合设计，故现可这样描述其设计的详细过程：首先，构建基础辅助性曲面，该曲面是随后生成非标准化连续木制板的母体。其生成一般由若干关键性曲线放样而成，而此时曲线的生成便涉及"数据"的介入，曲线可表现为多种复合函数的曲线形式。其次，细分基础曲面，即竖向划分曲面形成单线，将其沿曲面在该处的法线方向偏移，再对外侧曲线进行参数化的变动。此时强大的"数据"又开始发挥它的魔力，即先运用复合函数生成干扰曲线，等分外侧曲线以计算曲线等分点至干扰曲线的距离，从而形成"干扰数据"，再将其与移动的形体变化相结合，由此使普通的移动在非凡的"数据"作用下形成绚丽的效果。最后，可对整个算法逻辑中的数据进行函数调整，以控制数据变动的趋势与速率从而使整体形态发生改变[2]。

综上所述，参数化的构成艺术美就是将"数据"的变动作用于形体的变化之上而使其点、线、面等基本要素产生的富有变化与律动感的构成美。

2.2　参数化的形式艺术美

参数化的形式艺术是在构成艺术的基础上对事物构成的形式规律的总结和抽象概括。同时，参数化的形式艺术美也常概括为各基本单元之间的协调美，而这种协调主要是借助于变化与统一、节奏与韵律、齐一与参差等多种手法来实现（图4）。

统一与变化是参数化设计在形式艺术中最首要的特征。根据上述参数化楼梯的设计过程，其点、线、面在逻辑算法与数据的驱动下构成了基本木制单元板，且其自为重复的构成逻辑使整体组合而成的木制板在视觉上形成了"相同"的形体变化，但该"相同"并不是指对象最终的形态相同，而是指对象形体的构成逻辑相同，所以参数化的"统一"常表现为各个形体变化过程的逻辑统一，并使其构成整体单元组合的统一美[4]；此外，在该过程中，"数"的变化不断作用于统一的形体构成中，虽然每个木制单元的形体变化逻辑相同，但数据的变化却使这种自为拓扑性的逻辑重复产生了自在规律性的造型差异，从而在统一中产生了无尽的变化。这种基于数据变化的形体变动是一种"有序"向"无序"的运

图 4　极具形式艺术美的参数化楼梯设计

动过程，其诸多细节由统一的构成逻辑进行控制，由此而形成了蕴含于参数化设计作品之中的富有变化而又高度统一的美学特征。

"参差"与"齐一"是参数化设计在形式艺术中最显著的体现。其中"参差"是指在形式中有较明显的差异和对立的因素，如参数化楼梯中由于"干扰数据"的形体变化数值而使其在远观时形成一条条极为明显"曲线"，虽然该"曲线"并不实际存在，但正是因为"干扰数据"而使每一个楼梯木制板在形体上都产生了各不相同的变化，从而在整体上便构成了若干优美的"曲线"[5]。"齐一"则表现为整齐划一的美，例如参数化楼梯的单元木制板是在特定的形体变化规则下形成，即按照一个统一的算法逻辑反复运算而成。因此"参差齐一"的参数化设计构成的形式常给人以次序感、条理感。

"节奏"与"韵律"是参数化设计在形式艺术中最具诗意的表达，主要表现为参数化基本构件富有规律的变化，这种变化使构件凸显出一种节奏感，并在这种具有动势的秩序中萌生出生命律动的感受。而这种蕴含节奏感与韵律感的根本原因正是其富有周期性变化的"数据"，单体形态变化数值的函数控制使其在整体排列中便表现出似音乐节拍轻重缓急的节奏感与韵律感[4]。因此，参数化的节奏感就是多个非标准化连续构件在排列组合时产生的一种动态美，而其韵律感则通常是指这种规律的节奏经过扩展和变化之后而产生的流动的美。所以，参数化设计的节奏之美与韵律之美也是一种富有"动感"

与"活力"的形式艺术美。

综上所述，参数化设计的形式艺术美不仅表现为其非标准连续构件的差异美，同时也诠释了其"自为之逻辑重复"与"自在之形式差异"相统一的协调美。

2.3 参数化的空间艺术美

参数化的空间艺术美是指当参数化单元构件在构成艺术的基础上按一定的形式艺术法则对其点、线、面等基本元素进行"数据化"变动时，在其特定环境中形成的一种非线性空间的动态美与朦胧美（图5）。

法国设计大师让·努维尔的阿布扎比卢浮宫"光之雨"的设计便完美地凸显出了参数化空间艺术的独有内涵。内部空间中，博物馆之城的主体被巨大圆形穹顶所覆盖，该穹顶一共包含8层结构（图6）：5m高的桁架划分出4个铝制内层与4个不锈钢外层。

其中穹顶的复杂纹理便是通过参数化设计而形成，8层穹顶结构的每一层的图案构成逻辑均不相同，但却通过数据的进行统一控制与调整，从而使其以各异的旋转角度和大小尺寸在多个重叠面上进行排列，且令射入每一束光线都经过了8层结构的过滤，随后逐渐淡出。随着日照路径的变化，穹顶最终呈现出一种梦幻的雨天效果，故以"光之雨"为名。巨大穹顶图案的参数化设计使整个博物馆空间达到了与"光"的融合，其图案的相互交织与错层也仿佛成为了人间与神境相互对话的一种语言，且在时间的流逝中与"光"一起述说着独特的数字化空间艺术[5]。

图5 拥有诗意与朦胧感的参数化室内空间

图6 博物馆穹顶细节构造展示

3 非线性参数化设计与传统设计的差异

作为 21 世纪的数字化时代的一种新兴设计方法，非线性参数化设计以"数据"与"算法逻辑"进行方案创作的独特的编程性思维，故而与传统设计相比有着很大的差异（图 7），该差异主要表现在设计方法的不同与美学范式的各异。

在设计方法上，非线性参数化设计常将客观因素作为创作来源，而传统设计则多基于设计师主观因素的表达。具体来说，参数化设计重视"算法逻辑"的搭建与"数据"的输入，故而是一种编程性的设计方法[2]。同时在设计过程中，设计师仅仅只能确定"算法逻辑"的框架，但却无法对输入的"数据"进行肯定，从而使得方

案的最终结果具有一定的不可预见性。因此，正如建筑师王振飞所言：当我们进行方案创作的时候，并不是马上画一个很具象的草图，而是首先根据具体情况做一个大致的判断，随后找一套解决问题的逻辑——工具箱，对工具箱输入前提条件——数据，然后根据内部设计的算法输出结果，该设计方法能使我们对每次得到的结果进行评判，从而对原工具箱进行不断地调整，直至达到理想要求。但与此相反的传统设计则更多地注重对问题本身的解决，而不像参数化设计始终将解决问题的逻辑放在首位，因此可以说，传统的设计方法是针对某一具体问题的解决方法，而参数化设计则是针对某一类问题的解决方法的方法论的集合[2]。

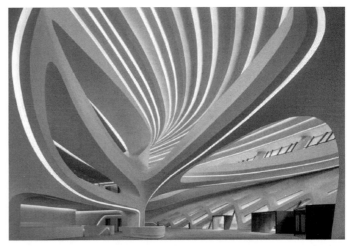

图 7 传统空间设计（左）对比非线性参数化空间设计（右）

在美学范式上，正是由于非线性参数化设计与传统设计的方法与思维的不同，故而使二者所表现出的设计对象的美学范式也截然不同。非线性参数化设计是在算法逻辑的基础上表现出的一种非线性"数据化"美学，这种美不仅有数据变化的理性美，也蕴含着人为控制的感性美；而传统设计则多是以设计师的主观意愿为主并辅之以形式艺术法则的指导而展现出的一种稳定美与秩序美[5]，例如以"和谐统一"为主题的古典主义美学，还有以"大简至极"为核心的现代主义美学，再如以"复杂多元"为重点的后现代主义美学，这三者虽然表现出不同的美学范式，但都是以人脑为设计主体进行创作，故而形式主义的秩序美是其主要特征，而新时代的参数化设计则以电脑为主，人脑为辅进行创作，因此非线性

的数理美则成为其美学的代名词。

结语

艺术与技术的关系是辩证统一的，技术的进步势必会引导着艺术的发展，而艺术的发展也会对同时代的技术起到促进作用。正如 21 世纪的今天，数字化技术的突飞猛进使我们能用更先进的设计思维与方法去诠释周边愈加复杂的环境，即参数化设计方法，由此而衍生出一种具有非线性艺术特征的"数据化"美学范式，这种独特的美有别于"稳定""秩序"等传统美学范式，且更适应于当今时代发展的潮流，并使广大的设计师能以越发"先进"与"灵活"的思维方式进行艺术创作，从而不断探索未来设计创作形式的更多的可能。

参考文献

［1］李众，承恺，张亚平，等. 参数化技术下室内空间设计的算法应用研究［J］. 家具与室内装饰，2020（11）：99－102.
［2］徐卫国. 参数化设计与算法生形［J］. 城市环境设计，2012（Z1）：250－253.
［3］赵志成. 当代环境艺术中的非线性的新动向［J］. 美与时代（城市版），2016（1）：44－45.
［4］曾雯，管雪松. 参数化设计：让室内空间"自由生长"：解放传统几何空间形式［J］. 美术教育研究，2018（22）.
［5］明星. 冯博. 用参数化设计探索建筑设计之美［J］. 中关村，2018（5）：56－58.

医疗空间中环境图形的主题和艺术风格的适老化研究

■ 尚慧芳[1]　石笑聪[1]　王传顺[2]
■ 1　华东理工大学艺术设计与传媒学院　2　上海现代建筑装饰环境设计研究院有限公司

摘要　本研究从环境疗愈的角度研究能够帮助老年人减轻由于疾病带来的心理压力，诱导老年人产生轻松愉快、充满希望地积极情绪反应的医疗空间环境图形设计。问卷设计分为老年人环境图形主题偏好和艺术风格偏好两个部分，以住院老年人和健康老年人为对照组发放。通过对调研数据的对比分析，本研究提出能够引发老年患者积极分心，从而触发肌体自愈机制的医疗空间环境图形设计的主题和艺术风格应该具备的六个基本属性。符合这些特点的艺术化的环境图形设计能够有效软化医疗空间的环境氛围，使因医疗工艺的严格要求极度注重功能性而一贯表现得理性冷漠的医疗空间具有温度，展现出对老年患者的人文关怀，有效改善老年患者的就医体验。

关键词　医疗空间　环境图形　适老化设计　艺术风格　主题

引言

随着生活质量和医疗卫生条件的提高，70年来我国居民平均寿命不断延长，截至2019年已从35岁提高到77岁，60岁以上老年人口所占的比重更是不断增加。《新中国70年：人口老龄化发展趋势分析》预测我国人口老龄化将持续整个21世纪，2010—2050年中国都将处于高速老龄化阶段[1]。不断增加的老龄人口给国家和社会带来诸多问题和挑战，由于肌体抵抗能力下降对疾病易感，再加上衰老带来的不可避免的病痛，使得老年人成为医疗机构的病患主体。同时由于老年人身体感知能力全面下降，使得老年病患对就医体验有着格外强烈的认知需求和情感需求。因此，除了直接为老年人提供高质量的诊疗服务外，从环境疗愈理念出发营造能够诱导老年人产生充满希望、轻松愉快地积极心理反应的医疗空间环境，对于降低老年人对自身疾病的过度关注，改善老年人的就医体验有着重要意义。现代环境图形设计跨越平面设计、建筑设计、交互设计、产品设计等领域，已从单纯的以传递寻路信息为主的视觉导视系统发展为全面介入空间设计的图形艺术，营造环境氛围的作用越来越重要。对于功能复杂、氛围冷漠理性的医疗空间来说，环境图形的这一作用表现得更为显著。本研究重点从环境疗愈的角度出发，寻找能够引发老年人积极分心的医疗空间环境图形设计的主题和艺术风格，希望找到更适合老年患者情感需求的环境图形设计的形式和方法。

1　研究方法

本研究的调研问卷分为"老年人环境图形主题偏好调研"和"艺术风格偏好调研"两部分（图1和图2）。环境图形主题偏好调研问卷由山水风景、动物植物和建筑人文三类共12张图片组成，请老年人根据自己的主观感受选择3张能让自己感到轻松愉快的图片。图片内容为老年人熟悉的动物、植物、风景等主题，以方便老年人有效进行情感代入和视觉联想。图片选择力图全面涵盖前期实地调研和文献检索了解到的医疗空间环境图形设计的可能性，并将各种对比关系分别暗含在不同主题的图片中，比如色调上的冷与暖、鲜艳与暗淡、内容上的复杂与简单、视野上的开阔与具体、感受上的运动与静止等，色相上也尽量包含红、黄、蓝、绿、紫几种常见色系，希望比较全面地了解老年人对不同环境图形主题的情感反应。风格偏好调研问卷由7组图片组成，分别以动物、植物、果实、风景为主题，基本覆盖常见的环境图形类别。图片具体内容选择老年人熟悉的荷花、孔雀、鹦鹉、鲤鱼、山水和竹林，每组由4张不同艺术风格的图片组成，从图1到图4的变化规律是具象的照片—较具象的图片—较抽象的图片—抽象的图片（其中一半贴近中国传统艺术风格，一半贴近现代艺术风格）。请老年人根据自己的主观感受从每组4张图片中选择1张最能让自己感到轻松愉快的图片。

为对比患病老年人和健康老年人对环境图形主题偏好与艺术风格偏好的差异，调研分别在郑州大学第二附属医院住院部针对住院老年人和在公园中针对锻炼和游玩的老年人（默认可以自主锻炼游玩的老年人处于健康或比较健康的身体状态）发放问卷。问卷发放尽量做到性别均衡，年龄分布均衡，学历分布涵盖到一定比例的高学历老年人，用以预测未来学历和文化修养普遍有所提高的情况下老年人群对环境图形设计的心理需求变化。

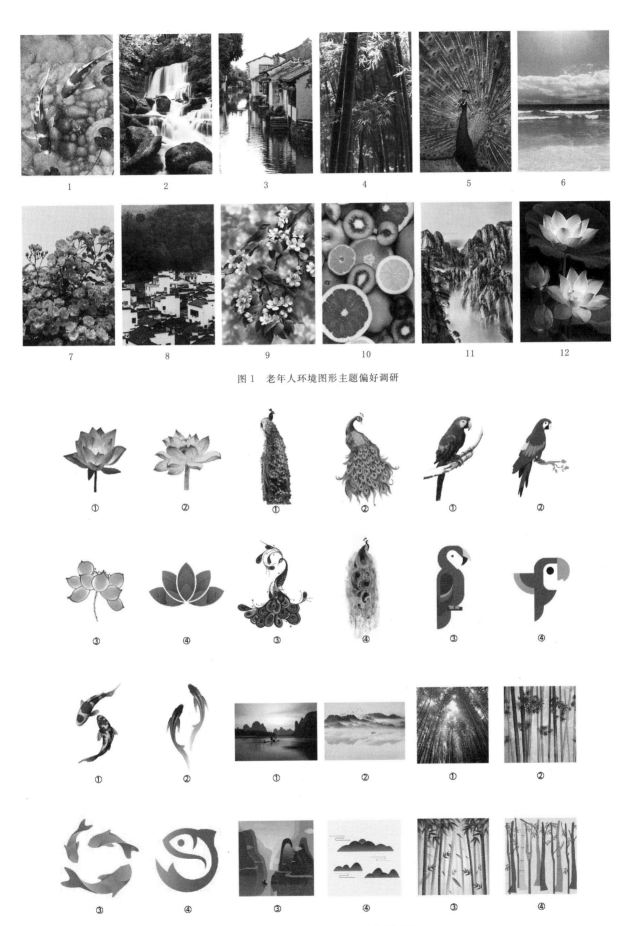

图 1　老年人环境图形主题偏好调研

图 2　老年人环境图形艺术风格偏好调研

2 数据统计结果与分析

2.1 环境图形的主题偏好

在环境图形主题偏好方面，统计数据显示（表1）

住院老年人选择最多的三张图片是江南水乡、蔷薇花丛和荷花，选择最少的三张图片是黑白色调的村落、花鸟和水果；健康老年人选择最多的三张图片是山间瀑布、江南水乡和巍峨的山脉，选择最少的三张图片是游鱼、黑白色调的村落和水果。

表1 住院老年人与健康老年人环境图形主题偏好对比

总体	住院老年人		健康老年人	
选择最多的3个	荷花	41%	山间瀑布	47%
	蔷薇花丛	39%	江南水乡	47%
	江南水乡	35%	巍峨的山脉	35%
选择最少的3个	黑白色调的村落	7%	黑白色调的村落	8%
	水果	12%	水果	8%
	花鸟	18%	游鱼	14%

住院老年人和健康老年人对江南水乡这一主题的图片都比较偏爱，显示出老人对于温馨、平和的家庭生活的普遍渴求与眷恋。不同点是住院老年人更偏爱花卉主题，选择的图片主题更加平静；健康老年人更偏爱自然风景主题，选择的图片更具动感也更有气势。对于水景主题住院老年人多选择波浪轻涌的沙滩，而健康老年人多选择山间瀑布。健康老年人除了对山间瀑布感兴趣之外，对巍峨的山脉这一主题也比较感兴趣，这两个选项清晰地显示出人在身体健康的状态下容易具有积极乐观的生活态度，愿意接受冲击和挑战。但是对于住院老年人来说，湍急的水流和巍峨的山脉容易让他们在无形中感到力所不及的无力感和压力，他们更喜欢平和的生活图景和繁花似锦、充满生命活力的景象。从亲生物的角度来看，这一类图片可以为病情康复补充源于自然的能量。

环境图形主题偏好问卷数据统计明确显示出住院老年人和健康老年人在精神需求方面存在的差异，住院老年人希望通过欣赏富有生命力的、色彩鲜艳的花卉图片让自己拥有更加积极平和的心态，健康老年人依然向往比较活跃的、有挑战性的生活。值得思考的是含有水元素的三个主题江南水乡、沙滩和山间瀑布在两组人群中普遍受到高度关注，显示出水元素对安抚人的情绪具有显著影响。这三个主题在住院老年人和健康老年人中受关注的程度由强到弱呈反向增长趋势，住院老年人喜欢更加平静的水面，而健康老年人明显喜欢湍急的水流。以性别、年龄、学历为子项分别进行统计时，结果显示不同性别住院老年人对环境图形的主题偏好有明显差异，男性比较喜欢江南水乡和沙滩这样的自然风景主题，女性更喜欢花朵主题（表2）。不同年龄和不同学历的住院老年人对环境图形的主题偏好没有表现出明显差异。不同性别、年龄和学历的健康老年人对环境图形主题偏好没有明显差异，均集中于山间瀑布、江南水乡和沙滩这三个含有水元素的主题。

表2 不同性别住院老年人与健康老年人环境图形主题偏好对比

性别（选择最多）	住院老年人		健康老年人	
男性选择前两个	江南水乡	41.67%	山间瀑布	54%
	沙滩	41.67%	江南水乡	46%
女性选择前两个	荷花	50%	江南水乡	48%
	蔷薇花丛	46.15%	山间瀑布	40%

住院老年人和健康老年人选择最少的图片是黑白色调的村落和水果。究其原因，本研究认为村落图片颜色整体接近无彩色系，上半部分的树林颜色饱和度低，下半部分的建筑基本是黑白效果，静谧阴翳的感觉容易使人心情沉重。水果不是传统上用于装饰空间的主题，现代风格的构图和色彩的视觉冲击力过强，因此虽然色彩丰富鲜亮但没有被老年人接受。花鸟主题图片的图底关系不明确，白色花朵比较细碎，鸟的细节不够清楚，老年人在身体欠佳的情况下观看更容易感觉吃力，因此虽然花鸟形象是我国常见的用于装饰室内空间的主题，但是由于图像不够清晰以及色彩原因没有被老年人接受。健康老人不喜欢游鱼主题与内容图底关系不清晰、游鱼形象表现力不强有一定关系。这几个不被关注的图片提示影响老年人选择环境图形主题的因素除了图片主题本身外，图片的具体内容和艺术形式也会产生影响，黑白色调的无彩色系、主体形象混沌不清晰、图底关系模糊的图片容易因过度思考引发疲劳感等不良情绪，容易对老年人造成精神压力，视觉冲击力过强的现代风格的图片也会对老人年造成精神压力。

2.2　环境图形的风格偏好

在环境图形的风格偏好方面，统计数据显示（图3）绝大部分住院老年人选择了具象风格和较具象的风格。荷花、鹦鹉、鲤鱼、山水四个主题中具象的照片最受住院老年人青睐；孔雀组绝大多数老人选择了较具象的风格，原因是具象的孔雀照片细节比较繁杂，视觉辨认困难，而较具象的孔雀图片特征鲜明细节清晰容易辨识；竹林组老人普遍比较喜欢较抽象的风格，这张图片的风格与传统上以竹为主题的国画风格一致，显示出传统艺术风格的影响力。健康老年人对于图形风格的偏好总体上与住院老年人基本一致，只在某些具体选项上存在一定程度的差异（图4）。如在鲤鱼组更多人选择较具象的风格，比例超过选择具象照片的人数；山水组选择较具象风格的比例略高于较抽象风格。

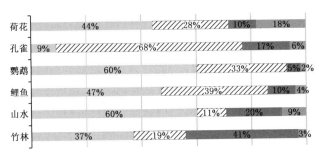

图3　住院老年人图形风格偏好

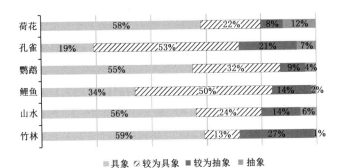

图4　健康老年人图形风格偏好

以性别、年龄、学历为子项分别进行统计时，结果显示各项比例均与老年人的总体偏好基本保持一致，不同性别、年龄、学历的老年人对形式美感的审美偏好没有明显差异。在预计极有可能出现差异的性别方面，男性和女性的统计结果也呈现出基本一致的选择比例。

根据亲生物设计领域的相关研究，住院病人普遍不喜欢抽象风格的现代艺术作品[2]，因此调研前本研究预测健康老年人选择较抽象和抽象风格的比例可能会略高于住院老年人，但该情况并未在统计结果中出现。六组图片中住院老年人和健康老年人对抽象风格的选择比例都非常低，只有荷花主题组选择抽象风格的比例略高于较抽象风格。这一统计结果表明，视觉形象不明确、意义不清晰的抽象艺术作品对于身体感知能力全面下降的老年人群体来说均需要大脑做更多地判断和思考，容易产生疲劳感带来心理负担，因此在选择能让自己感到轻松愉快的图片风格时被本能地排除在外。同时值得关注的是，由于我国的传统绘画艺术一直以来都推崇写意，具有一定程度的抽象性，因此当图片主题为传统国画中非常喜闻乐见的主题时，老年人对图形风格的选择会明显受到传统艺术风格的影响，对符合传统艺术表现形式的较抽象风格和较具象风格的接受程度明显提高，如竹林、山水、鲤鱼和荷花主题。

结语

综上所述，从环境疗愈理念出发，医疗空间中能够引发老年患者积极分心，从而触发自愈机制的环境图形设计的主题和艺术风格具有以下六个属性：

（1）充满温情的主题，如平和的生活图景和温馨的家庭感受。

（2）欣欣向荣，充满生命力的主题，如盛开的花朵、繁盛的植物和优美的自然风景。

（3）平静的主题，如平静的水面等，避免湍急的水流和巍峨的山脉这些容易引发老年患者因力不能及而产生消极情绪和精神压力的主题。

（4）柔和温暖的有彩色系，避免无彩色系和过于强烈的色彩对比。

（5）主体形象清晰，图底关系明确，避免容易引发老年人过度思考的混沌不明的主体形象和视觉辨识困难的繁杂内容。

（6）具象和比较具象的艺术风格，当主题为传统艺术中喜闻乐见的形式时老年患者对符合中国传统艺术风格的比较抽象的艺术风格的接受程度会有所提高。

本研究认为符合这些特点的艺术化的环境图形设计能够有效软化医疗空间的环境氛围，使因医疗工艺的严格要求极度注重功能性而一贯表现得理性冷漠的医疗空间具有温度，展现出对老年患者的人文关怀，有效改善老年患者的就医体验。

［本论文为华东建筑集团股份有限公司科学技术研究课题"'大医疗大健康'环境需求下综合性医疗空间的系统性建构"（19－1类－0118－综）成果。］

参考文献

[1] 杨菊华，王苏苏，刘轶锋. 新中国70年：人口老龄化发展趋势分析［J］. 中国人口科学，2019（4）：30－42，126.

[2] STEPHEN R. KELLERT，JUDITH H. HEERWAGEN，MARTIN L. MADOR. Biophilic Design：The Theory，Science，and Practice of Bringing Buildings to Life［M］. Hoboken，New Jersey：Wiley & Sons，Inc.，2008.

老幼交互行为视角下的老旧住区公共空间微更新研究

■ 王钰榕　陈新业
■ 上海师范大学

摘要　幼儿园这一特殊建筑，在放学后使得住区周围有大量儿童、老人聚集，本研究对上海三个具有幼儿园的老旧住区不同时间段老幼活动频率进行调研，结合住区内居民改造意见，统计出相关数据。通过这些数据对比分析，总结影响住区公共空间活力的重要因素，从而提出了老旧住区功能完善、低效能空间整合、柔性边界的处理的三个策略，围绕幼儿园周边环境进行改造，来促进老幼交互行为的发生，提升居民的幸福感和住区活力，为今后的住区空间更新改造提供参考意见。

关键词　老幼行为　老旧住区公共空间　微更新

1　研究背景

随着我国经济社会的进步和发展，人口老龄化的严重程度加剧和三胎政策的开放，老年人和学龄前儿童数量会持续增加，而年轻一代的父母忙于工作，缺乏时间照看小孩，老人帮助子女看护孩子的现象越来越普遍，老人和儿童成了住区活动的主要参与者，占全部使用人群的85%。扬·盖尔把人们的户外活动方式细分为：必要性活动、自发性活动和社会性活动，必要性的活动在一定程度上受外部环境的影响较小，自发性的活动则是依靠外部环境的物质条件，当户外环境质量高且适于人们停留的时候，大量的自发性活动才会增加。然而现在大部分的老旧住区公共空间的空间功能、设施配置、景观绿化等中没有考虑到老幼的使用，不能为促进老幼行为发生提供一个合适的场所。因住区内幼儿园这一特殊建筑的存在，使得在幼儿放学的时间段有大量老人和儿童聚集。本文从老幼交互的角度出发，围绕住区内幼儿园周边环境改造，深入分析影响老幼行为发生的特征，探究更适合老幼展开活动的公共空间环境，以提升住户区品质。

2　既往研究

基于环境行为学的角度来看，日常生活的情况及所依赖的空间应该是去关注的一个重点，它对环境的要求并不是很高，能为必要性的、自发性的及社会性的活动提供适宜的条件。这些日常活动对我们营造良好的城市环境确实非常重要。住区环境作为最贴近我们日常生活的环境，住区内每天在发生一些看似不经意却很重要的活动。近些年来，在营造住区环境时，老人和儿童在空间中的重要性逐渐被人重视起来。例如，在董毓兵、袁逸倩的研究中，他们就把老幼友好型居住小区户外活动空间的需求和必要性与实际情况进行了比较，尝试着提出了一种与老幼活动小区相结合的空间模式；舒平、王娇婧通过研究老人和儿童在空间中的行为特征，总结除了老友交互的行为特点，提出了"一对一"和"多对多"的老幼交互空间类型。吕元等从老幼心理特性研究出发，分析老幼在户外空间的特征，提出了相应的策略。以上可以看出，以往的研究者们关注老幼交互的空间类型比较多，但关于住区公共空间选址方面的研究还比较少。

住区"微更新"是当前城市更新的一种小有成效的方式，通过对一块空间的微小的更新，从细节入手，从而在一步步反应和积累后达到我们想要的效果，达到以小见大的效果。本文试图通过研究影响老幼行为发生频率的因素，去探讨住区空间的更新，通过微更新的方式，在合适的地方建造合适的公共空间，以促进老幼活动发生。

3　老旧住区内幼儿园周边户外公共空间的调研

本文选取了上海市徐汇区康乐小区、上师大新村和长兴坊这三个具有代表性的小区作为调研样本。康乐小区是20世纪90年代前建成，小区内部设施情况：绿化、两块休闲公共空间并配有适量健身设施、两块公共空间之间有一所幼儿园，主次道路分明，住区可满足基本的休闲娱乐活动；上师大新村是20世纪50—90年代末建成，小区内部设施情况：具有少量绿化、无休闲场地、无健身设施，道路狭窄，不能满足基本的休闲娱乐活动，幼儿园位于次入口处；长兴坊是20世纪90年代初建成，小区内部基本情况：有绿化、休闲场地、少量的健身设施，有大量的休闲座椅，可满足多人休闲娱乐活动，幼儿园位于主入口处。这三个小区内均带有幼儿园，且特定时间聚集的老人和儿童比较多。因此，从老幼关系的角度出发，去研究住区的公共空间选址，具有一定的研究意义。

本调研运用了地图标记法、观察法、现场计数法、照片记录法。以这三个小区内的幼儿园为中心记录了周围30m左右的数据，对这三个住区的三个工作日和三个非工作日的三个时间段（早8：00—8：30、中13：00—13：30、晚16：00—16：30），每个时间段记录30min内，在户外活动空间中老人、儿童停留的地点和时间。

通过对采集的数据进行处理，以表的形式来呈现老幼在户外空间停留的地点，分析住区公共空间对老、幼活动的影响（表1）。

表1 住区公共空间对老、幼活动的影响

住区	上师大新村	康乐小区	长兴坊
幼儿园位置	位于最近后门的地方，靠近一个出入口。	位于靠近小区后门的地方，靠近两个出入口。	位于靠近小区正门的位置，靠近一个出去口。
公共空间基本情况	公共空间面积及小，缺少基本设施，住区活跃度低。	公共空间有两块，具有基本设施。 位于幼儿园附近，住区活跃度高。	公共空间有一块，具有基本设施。 位于幼儿园附近，住区活跃度高
2020.10.20 周二 上午8：00—8：30			
2020.10.20 周二 下午4：00—4：30			
2020.10.20 周二 下午4：00—4：30			
2020.10.31 周六 下午4：00—4：30			
2020.11.1 周日 下午4：00—4：30			

4 住区公共空间影响老幼活动的因素分析

本文通过对采集的数据进行对比分析，尝试总结了老旧住区内影响老幼交互活动行为发生频率的因素。

4.1 20世纪80年代老旧住区公共空间特点及空间功能的缺失

对比表2中三个老旧住区公共空间面积占比，可以得出以下结论：康乐小区和长兴坊的公共空间面积占比比较大且分布均匀，公共空间内配套有公共设施，在观测中发现此两地的人群活动密度高，并且放学时段后老幼会在这里大量停留聚集。而上师大新村公共空间面积占比小且集中，在观测中发现住区内人群的社会性活动密度低，由于缺少必要的公共空间与设施（放学时段）老幼几乎不会在此停留聚集。通过对比数据，进一步证明了住区内公共空间的面积、分布和设施配套对住区活力的重要性。

表2 活动区空间位置特点

住区	康乐小区	上师大新村	长兴桥
活动区空间位置			

常见最受幼儿喜爱的住区户外活动有沙坑玩耍、做游戏、玩滑滑梯等，如果有伙伴伴随，他们可以长时间三五成群集中在一起玩。通过观测，在适宜户外活动的天气状况下，老旧住区内幼儿户外活动的高峰时段是幼儿园放学后，地点通常是距离幼儿园很近的周边公共空间。放学时段，陪伴幼儿户外活动的主要人群是老年人，他们在看护陪伴幼儿玩耍的同时相互之间也会产生明显的交流活动，如果有相应的设施，老幼在此的停留时间会明显延长。通过现场调研发现，由于建成年代久远，部分老旧住区的公共空间带有公共设施，但往往设施陈旧，有的甚至不能使用，功能不齐全，无法满足老人简单休闲运动的需求；缺少特别针对幼儿设计的各种活动设施和场地，幼儿只能观察植物、昆虫或相互游戏，甚至玩耍成人设施而导致一定的安全隐患。

4.2 空间绿化单一、设施陈旧和缺乏管理

住区内景观环境缺乏必要的规划，设施落后。老旧住区的绿化因缺少打理，杂草横生，有些地方的绿植因缺乏养护而长势不好，甚至遮挡行人行进的视线。景观树种单一，缺乏观赏性，行人踩踏严重。入秋后的大量落叶清理不及时，使得住区长时间处于一种萧条的氛围，影响了住户的生活质量。住区内设施陈旧，座椅损坏，住区环境整体质量差，居民随意悬挂绳子晾晒被褥，给住区居民带来了不好的感官体验（图1）。

4.3 幼儿园户外活动区域的开放性分析

在老旧住区幼儿园开放性调查中，大部分幼儿园活动区开放性不足。本次调查的开放性指的是老旧住区居民与幼儿园内部在边界视线上的交流。因考虑幼儿园的安全需求，日常禁止外人出入，即使是其户外空间也相对封闭。大部分的幼儿园户外活动区周边都用茂密的绿植严密遮盖，入口处使用栅栏阻隔，家长比较难通过入口看到孩子的情况，也较难与老旧住区之间产生互动性。

通过调研发现，如图2所示，上师大新村幼儿园户外活动区与上师大新村的边界处理使用了铁质围栏，且较少有茂密绿植遮挡，视线可达性强，具备边界开放的

图1 老旧住区环境
（图片来源：作者自摄）

图2 上师大新村幼儿园与住区边界处理
（图片来源：作者自摄）

特性，在幼儿开展户外活动时段常常会吸引一些老人在这里停留，产生老幼互动行为。正如扬·盖尔所说的一样，"有吸引力的城市公共空间，就像一个成功的聚会，人们在这里逗留时间总是比预期更长一些，因为这里有吸引人们可以逗留的、有趣的事情正在发生。"

路过幼儿园时，因为随时可以看到周边空间中发生着有吸引力的活动和事物，会激起人们投入兴趣去驻足

观察儿童的玩耍行为。公共空间与私密空间之间逐渐的、恰当的过渡可以极大地有助于人们投入或保持与公共空间生活活动的接触的兴趣。相较于上师大幼儿园园区边界的处理，其他几个相对封闭的住区幼儿园的周边并没有人停留或产生一些活动。因此在住区更新设计时，住区内幼儿园户外活动区域的视线开放性与可达性应作为一个必须考虑的因素。

5 老旧住区居民对公共空间更新意见分析

对老旧住区进行微更新改造有利于改善住区环境氛围，激活住区活力和提高居民的幸福感，缓解老人的孤独心理。本文通过网络问卷统计了相关数据，并通过访谈进一步分析了老旧住区居民对住区更新的意见和影响住区公共空间环境质量的因素，见表3。

表 3 社区居民意见分析影响活动因素

居民对社区的更新意见	占比/%	影响居民去公共空间的因素	占比/%
希望增加凉亭、座椅	57.02	休闲设施（凉亭、座椅）	35.09
希望增加健身器材	53.51	到公共空间的距离	51.75
希望增加公共活动空地	47.37	社区绿化	38.60
关心社区运动健身	64.91	认为缺少公共活动场地	63.16
关心社区儿童活动	63.16	认为缺少公共设施	54.39

5.1 住区居民对住区公共空间质量的需求意愿

问卷调查显示，80%小孩是由其祖辈或父母接送上、放学；75.44%的居民在接送小孩后不会停留在住区内的公共空间；69.10%的居民通常在住区内看护孩子和使用健身器材；56.14%的小孩放学后更愿意在带有运动设施的场地停留；40%的居民会不定时地进行户外活动；35.96%的小孩愿意在住区内绿地停留。

5.2 住区更新居民意见

超过半数的居民对住区公共空间环境质量评价一般，认为住区缺少公共活动场地和公共设施，75.44%支持住区的公共空间微更新。超过半数的居民希望能增加更多的公共设施，57.02%的居民希望能增加凉亭、休闲座椅等设施，53.51%的居民希望在住区内增加健身器材，49.12%的居民希望能增加绿化面积。

6 促进老旧住区公共空间老幼交互行为发生的微更新策略

"微更新"已成为老旧住区焕发活力的重要策略之一。基于住区现状、居民意见，以渐进式、由点促面的方式改善住区功能，提升环境品质。对住区进行有形（设施、绿化）和无形（住区之间的沟通）的改造。注重"老旧住区公共空间老幼交互行为发生"的微更新应围绕下面三个方面展开：老旧住区功能完善、低效能空间整合、柔性边界的处理。

6.1 老旧住区功能完善——促进老幼交互活动的共享空间

因规划落后，在大多数的老旧住区内，仅仅只是把住区的户外公共活动空间分为了活动系统、绿化系统和道路系统，而并没有对住区内户外活动最多的老年人和儿童进行更多的、有针对性的规划设计。由于当前"祖辈看护孙辈"这一社会习惯会长期存在，以及这两者本身的特殊性，应当在老旧住区更新中有针对性地进行功能调整和增加。

（1）空间的共享。首先是针对老年人的身体状况，应增设符合老年人基本需求的活动设施，让老年人能进行一些简单安全的锻炼，还要适当增设一些有助于术后康复的功能性锻炼器材，从而增强老年人身体体质；其次是针对老旧住区儿童功能区严重缺失的情况，置入适合儿童活动的器材设施，比如沙坑、滑梯、幼儿游戏设施等，给儿童创造一个活力导向型的住区环境，提高儿童在户外活动的时间（图3）。在对老人活动区和儿童活动区进行更新时，应考虑这两种功能区的适当结合，在儿童区周围设置一些供老人休憩活动的场所和设施，形成共享型的空间。

图 3 老幼活动区空间划分
（图片来源：作者自绘）

（2）设施的共享。除了有针对性功能的设施，可以在住区公共空间内放置一些可以共享型设施，同一种设施适用于两种人群的活动，并具有安全性（图4）。在早晨老人可用于这个设施健身、活动身体，到下午儿童放学后，儿童可以在这些器材上进行攀爬、游戏等活动。有利于密切住区老人与幼儿之间的关系，促进老幼共享。

图4 住区共享设施

6.2 低效能空间整合——增强空间互动属性

在幼儿放学路上，这一重要行进路线往往被大众忽视，通过适当的更新改造，可以作为一个重点改造对象来增加老人、儿童在这里的停留时间，从而提升住区活力。将住区内放学路线沿途的低效能公共空间进行有效整合，根据场地原有特征改造成适合儿童互动玩耍的空间，提升空间利用率，同时也增加社交的属性，为儿童、老人创造一个共享、共建的空间。

（1）人行道方向的改造。将一段人行道路改造成一条可以玩耍的"游戏巷子"，在这里置入供儿童娱乐的装置，如可攀岩的墙体、可以翻转的艺术装置（通过翻转，可以看到一些有趣的照片或者一些知识），一块黑板（让儿童和看护者在这里停留时可以写下自己内心所感，画下一些涂鸦），并使用天然的材料，让儿童感到舒适的同时，能放心地在这里玩耍（图5）。不过在改造时要注意，改造后的人行道路空间能让儿童及老人安全地、全身心地投入进去，成为人们心中真正喜欢的互动空间。

图5 供儿童攀岩的墙

（2）共享社区花园改造。在儿童放学的路上有很多低效能的空间，例如一些废弃的社区绿地、花园等。在儿童的成长过程中，与大自然的互动是很重要的，利用住区闲置空地，通过共同参与对植物的养护能增加老人与儿童之间的互动和联系，也有利于增加儿童对自然的感知体验。除了对花园进行一些基础设施、绿植的更新外，可在原有的种植槽内种植一些蔬菜瓜果，号召老人和小孩一起参与进来，由老人和小孩共同对种植物进行

养护，观察植物的成长过程（图6）。由此来增加老人与小孩的亲子互动，营造住区共治的氛围。

图6 共享社区花园

6.3 柔性边界的处理——加强住区内联系

幼儿园作为老旧住区中一个非常重要组成部分，幼儿园户外活动区的视线开放性与可达性对周边的环境和住区居民有着巨大的影响。无数例子说明，在成年人的活动中也可以发现目睹的机会与参与的欲望之间的关系。比如商店的选址和陈设，通常商店会被放置在人们经常路过的地方，橱窗也总是对着大街，来吸引路人。同理，幼儿园活动区的视线开放性可以吸引更多的居民停留，并在周边产生一些活动。

（1）幼儿园局部围墙的改造。在处理幼儿园边界时，应注意私密性和视线开放性的结合。在活动区围栏的设计应减少高大树木的遮盖，使用低矮植物做装饰，在保证幼儿园私密性和安全性的基础上，方便住区内老人在此观看幼儿玩耍，增加了住区内和幼儿园内之间视线上的交流；在幼儿园活动区墙上开窗（图7），也能增加幼儿园内和住区之间的交流，激发经过行人参与游戏的积极性，增加老人与幼儿之间的互动，这也是缓解老人孤独的一种方法。

图7 幼儿园围墙设计

（2）幼儿园周边区域设置老年人休憩设施。由以上可以看出，幼儿园活动区对于住区内的老人有着巨大的吸引力。在幼儿园周边可利用的空地设置一些休闲座椅、方桌等设施，便于老人在这里观看儿童的活动，也可以在这里休闲、聊天，营造一种和谐的住区氛围。

结语

本文通过对老年人和儿童在住区户外日常活动的考察与分析，得出了其活动的规律，结合住区居民对住区更新的意见，提出了促进老幼交互行为发生的住区微更新策略。通过更新改造提升住区公共空间的环境，增加老幼户外活动的频率和积极性，从而提高住区活力和居民幸福感。

参考文献

[1] 姜薇薇. 儿童友好视角下社区微更新现状及优化策略 [J]. 探索发现，2020（2）：192.

[2] 刘楠. 老旧社区道路空间适老化研究 [J]. 建设科技，2019（13）：79 - 84.

[3] 陈晓彤，李光耀，谭正仕. 社区微更新研究的进展与展望 [J]. 经济社会体制比较，2019（3）：185 - 191.

[4] 李昕阳，洪再生，袁逸倩，等. 城市老人、儿童适宜性社区公共空间研究 [J]. 城市发展研究，2015，22（5）：104 - 111.

[5] 任泳东，吴晓莉. 儿童友好视角下建设健康城市的策略性建议 [J]. 上海城市规划，2017（6）：24 - 29.

[6] 扬·盖尔. 交往与空间 [M]. 北京：中国建筑工业出版社，2002.

论新媒体与沉浸式数字技术与展示设计艺术的融合

■ 薛 娟[1] 陈 冉[2]
■ 1 苏州科技大学 2 山东建筑大学

摘要 数字媒介技术改变了传统展示空间的视觉表达方式和信息传播模式，展示艺术理念逐渐向多元化、观念化转变。然而，我国数字媒介技术的应用正处于初步发展阶段，如何更好地将数字媒介技术与展示设计结合成为一个亟待解决的问题。本文通过对比分析国内外优秀的沉浸式数字展示空间案例，针对我国的沉浸式数字展示存在的问题，提出我国应在设计理念、交互形式和空间设计三方面进行创新以构建更好地参观体验的建议。并运用媒介环境学理论，分析数字展示媒介环境的本质特征和趋势，深入探究沉浸式数字展示项目的设计方法和最新技术。旨在寻求合理地创新设计方法应对数字展示媒介带来的交互变革，以期利用数字技术达到高效的文化传播效果。

关键词 展示设计 媒介环境学 沉浸式体验 交互设计 文化传播

引言

伴随着科技的发展，在新媒介环境下涌现出来的沉浸式展示空间，进一步重构了参观者的感知模式，使人亲身参与其中与之互动并深度体验。沉浸式展示空间设计要把交互创新形式和创新体验方式作为设计之重点。先进的科技为展示空间创新提供了合适的技术，如何运用新兴技术来设计展示空间，探寻在展示空间设计中为观众营造深度沉浸体验的设计策略，帮助展示空间实现文化高效传播，是如今设计师所面临的重要课题。

1 传统展示空间设计存在的问题

1.1 忽视展示内容的策划

独具自身特色的展示内容是体现展示水平的关键因素，更是能够激起观众参观欲望的重要因素。只注意展示形式而忽视展示内容任由布展公司自由发挥，展示效果就会存在展示主题不清晰、展示内容层次混乱、展示空间布局不合理、展演动线不流畅、传播效果差强人意等问题。甚至有的博物馆出现了互相抄袭多媒体设计的现象，虽然运用了先进的新媒体技术，但是展示内容的简单罗列，平铺直叙地介绍信息也会让观众感到枯燥乏味，受众走马观花地观展很容易丧失观展兴趣。

1.2 盲目崇拜技术，缺乏文化创意

为吸引观众，展示中滥用新媒体手段，营造惊心夺目的视觉效果案例屡见不鲜。某商业展示裸眼3D在大屏上展现了太空飞船，赢得了观众的追捧。虽然表面光鲜绚丽但是缺失了文化内涵，观众观看过后无法获取相关企业文化知识，也没有与展示有感知模式上的交流。

1.3 互动设计低

单一的交互形式会让观众感到枯燥乏味，进而对获取更多地展示信息失去兴趣。某体验馆虽然运用了数字媒体辅助展示，但观众只能根据特定的展览路线从电子屏幕上感受中国的饮食文化。故仅通过视觉这一互动模式很难调动观众主动获取文化信息的积极性。

2 数字媒介在展示空间的传播优势

2.1 弥补传统展示的信息缺口

与传统展示内容受限、交互形式单一不同的是，现代沉浸式展示具有展示内容丰富、互动方式多样化的优点。沉浸式体验空间设计充分利用实体空间进行信息传播，数字技术可储存无限展示信息，加快了展示内容的更迭与创新。在数字展示营造的沉浸环境中，观众深度体验并参与互动，产生一种双向的交流。同时，数字展示的趣味性可以引导观众积极地参与体验，获取更多的相关展示拓展信息，亲身感触数字技术带来的愉悦。

2.2 营造多感官"忘我"的沉浸体验

在法国自然历史博物馆中的追踪研究表明，参观者的记忆保持深刻持久的原因是受到了多感官的刺激。大脑的感知是由各种感觉器官从外界获取的信息建构起来的。[1] 一般的场景复原、视频播放等以视觉为中心的模式已经不足以满足观众的需求。数字技术与艺术相结合设计的现代展厅可以通过调动多感官参与体验来满足观众对抽象内容的体验需求。

2.3 形成良好的交互体验

展示空间中的新媒体互动技术的应用使信息得到良好的传播，交互形式随着科技的进步越来越多样化。未来展示的媒介发展的趋势必定是"人机互动"，机器读懂人的思想，促进了展示主题的转化与表达（表1）。

表 1 不同类型的展示空间特点分析

项　目	传统展示空间特点	数字展示空间特点
展示内容	实物展品、雕塑、图文	装置艺术、动态影像等
展演流线	固定不变	灵活自由
展示技术	低技术	AR、VR、MR、5G、全息投影等
受众接受信息方式	被动接受	主动接受
传播方式	单向传播	双向交流
体验方式	视觉体验	多感官体验
环境资源利用	消耗	节约
设计者	权威（艺术家）	参与者（受众）
信息传播	有限	广泛

3　数字文化传播丰富了媒介环境学理论

在数字化展示作为传播文化信息的桥梁目的是更高效地传播展示信息，通过对信息内容趣味性地表达可以让观众更好地理解展示内容，获取更多的展示信息。正如哈威·费舍所说，数字让人们丰富的想象力得以在各个领域挥洒自如[2]。数字化展示是文化传播的"催化剂"，作为将展示内容传递给观众的媒介，既推动了文化共享，又是展示设计的辅助表现手段。

人对空间的精神需求是展示空间设计之终极追求，人文精神应作为数字展示设计之魂来加以体现。麦克卢汉主张的人被媒介所延伸的观点表明，数字媒介拓展了人对文化的了解范围。[3] 保罗·莱文森扬弃了麦克卢汉的媒介思想，强调人作为传播文化的主体，在利用新兴媒介技术时要充分发挥其主观能动性，"人性化趋势"将会是媒介发展的方向。[4] 这种"人性化趋势"的理论与当今人们利用新技术设计展示空间不谋而合。数字媒介的发展呈现出"人文关爱"的趋向，艺术与科技的融合加强了人与人之间的关怀，人与物之间的联系。凯瑞认为，当把文化载入到传播研究中时，文化就成为推动传播发展的主导力量。[5] 当今设计师要把"关心人"放在设计的首位，着重考虑价值的引领，合理地利用数字技术承载精神内容来设计展示空间，实现文化共享。

4　媒介环境学理论指导下展示空间的设计方法与创新

媒介环境学理论倡导人在媒介环境中占据核心地位。[6] 展示的本质是人对文化和精神上的共同诉求，一个具有人文关怀的展厅才能够唤起观众的共鸣，使观众从心理上沉浸其中。

4.1　交互形式创新

针对数字展示空间设计中简单地将展示信息转移到屏幕上的问题，提出以下创新设计方法。

4.1.1　营造叙事空间设计，强调"人"的角色参与

空间的叙事性在于空间是否与人之间形成了紧密的联系[7]。在设计过程中要围绕着展览目的完成一些关键问题，叙事要具有逻辑性和趣味性，同时掌握好节奏感。

"Walk，Walk，Walk Home"展览，将地下室改造为艺术空间，由人们去创造，构建了一个极具趣味性的互动空间（图1）。新冠病毒的暴发使人们采取隔离措施，阻碍了人与人之间的交流，这个展览的设计目标是让人们通过个人创意在此平台上与世界上的人产生特殊的关联与交流。人们可利用电子设备随时随地自由创作绘画作品，作品上传至 YouTube 会变成真人大小与他人画的人物一同行走，当观众触摸人物时会做出相应的互动。此展有以下几个特点：①准确、高效传达设计理念，充分利用人与展品、人与空间、空间与展品的内在联系，展示内容与人产生密切的交流；②追求高技术的同时考虑人的感受，让人参与到作品的创作和展示中去，注重趣味性的表达；③利用叙事性设计将展示内容艺术化，并与科技相互融合。

图 1　"Walk，Walk，Walk Home"展
（图片来源：https：//walkwalkwalk—home．teamlab．art/）

4.1.2　应用数字媒体技术冲击各种感官

数字技术运用在展示空间中强烈地冲击着观众的各种感官，观众可从任意角度观看悬浮于空间的动态影像；

实时视频合成通过专业的软件上传，并将其与播放的影像合成处理，人可以及时地获得互动反馈，增强参与的"临场感"，颠覆时空的概念，把对象置入一个全新的境界中。根据多媒体技术的不同特性科学地选择搭配使用，可以增强展示空间的沉浸感。

沉浸式数字展示，通过全息空间成像、实时视频合成、幻影成像与多场景转换等技术，向观众展示具有艺术设计理念的数字化艺术作品。新技术的搭配应用在实体空间中创作出虚幻美妙的视听盛宴。如"Universe of Water Particles, Transcending Boundaries"主题场景用数字计算模拟水流，观者站立的地方会生成一个岩石，观者也就变成了阻碍水流方向的障碍物（图2）。展示空间开阔，顶部不做任何灯光设置，墙面、地面和立柱通过新媒体技术来展现作品效果。精心搭配使用的数字技术实现了人与艺术作品的即时交互，从听觉、视觉和触觉三方面刺激观众感官。观众与作品达到精神上的共鸣，并全身心地沉浸其中获得了忘我的沉浸体验。鹤见认为，专业的艺术家创作出纯粹的艺术，只有少数的群体有享有这种艺术的权利。[8] Teamlab是由科技人员、艺术家等组成的团队，利用科技手段来呈现艺术，每场展都有独具特色的设计理念。

图2 "Universe of Water Particles, Transcending Boundaries"主题展

（图片来源：https://art.team-lab.cn/e/superbluemiami/）

4.1.3 虚拟现实技术与文化的高度融合

空间展示中的文化载体与生活情景相互关联会使空间具有丰富的艺术感染力，深陷空间体验之中会提高观众的参与度和兴趣感，从而引发深度沉浸的连锁反应。[5]空间需要有起承转合的变化及空间情节的感染力来传递文化价值。

"唐宫夜宴"（图3）融入了"5G+AR"技术，将传统文化创造性地转化，传播大唐盛世的传统文化。设置真人模拟表演，演员的表情、妆容和衣着符合唐朝的"丰腴美"彰显了盛唐时期的文化风情。运用增强现实技术更好地表现和传播了历史文化，使观众沉浸在中国传统文化之中。同时，数字文化的创新性应用和空间情景氛围的营造在审美认同和价值取向上也

体现出现代性，更能够赢得现代人的接受和喜爱。因此，展示空间应该与时俱进，将艺术与科技恰当地融合来传播文化价值，创作出高审美、高创新的艺术作品。

图3 "唐宫夜宴"

（图片来源：https://mp.weixin.qq.com/s/IEgW7ST24V3yTFryJO5tzw）

4.2 空间设计创新

4.2.1 弱化实体空间，突出虚拟场景

实体空间的大小会影响观众的沉浸感受，原因是空间体量过小会让观众感受到现实环境。弱化空间本身的方法如下：

（1）弱化环境照度，使参观者的视觉焦点放在展示信息传递的光线范围内，比如Teamlab将展示空间的顶面处理成黑色，让观众的视线集中在墙面和地面的新媒体展示中。

（2）削减边界，营造弧形的空间结构（图4）。首先，电子屏和投影在有棱角的空间中衔接不自然，不利于虚拟内容的真实性表达；其次，弧形界面反射光源均匀，画面的颜色、亮度不受影响，有利于展示内容的真实性表达（图5）。弧形的空间形式比折线式的空间形式空间感知力低，更高容易营造沉浸感。

▶影响因素

图4 空间形式分析

（3）在设计建筑时兼顾展示空间设计。建筑设计在没有考虑展示内容的特点及需求的前提下建好，导致大部分的展示空间设计是与建筑空间设计相分离的。因此，为达到建筑与空间的共生共融，需在设计建筑时与室内设计师沟通，提前规划展示空间、展示内容和展示路线的设计。

4.2.2 弱化硬性空间的限定

在空间形式的设计上，传统的展示设计将展示空间划分为不同主题的展厅，依据人体工程学设计合适的展

台辅助展品展示。展品为实物展示，保存在封闭的环境中，观众只能从视觉上获取展示信息。"方力钧版画"展示空间的三种空间形式，以及观展动线分析（图6）。作为常规展览，满足了观众对单件作品和作品群的观看，空间结构上的创新也为观众带来新的观展方式。缺点是展览形式设计只是单调地刺激了观众的视觉，呈现出单向、被动地观看方式。

空间结构的设置可以用活动自由度来体现人性化，提升参观者自由度的有效方法就是弱化空间的硬性限定。展览"油罐中的水粒子世界"（图7），空间内不设任何硬性设定，空间结构利用了油罐的柱形设计，利用多媒体技术在墙面和地面上展示，模糊了艺术作品之间、艺术作品与人之间以及各种既定事物之间的界限并使观众深度沉浸其中。

图 5　空间形态对比分析
（图片来源：https：//art.team-lab.cn/e/pickup/）

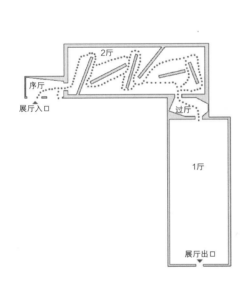 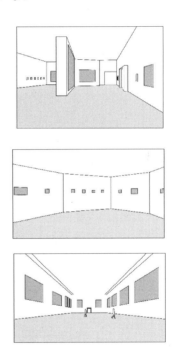

图 6　"方力钧版画"展示空间流线分析及三种空间形式

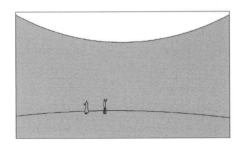

图 7　Teamlab 展览"油罐中的水粒子世界"的空间形式

同时，根据沉浸式互动体验展示空间设计的特性，提出以下需要注意的三点：①对大多数字媒体类展品需要较暗的光环境，以及对声环境中隔音、立体声等的特殊要求；②需考虑相关设备的摆放位置，不能影响展示空间的美观性和功能性，同时还需要考虑设备布置的灵活性；③利用先进技术为残障人士、弱势群体进行服务设计，在展示空间中预留无障碍通道。

结语

　　科技的发展在不断地拓展更新着媒介的定义，智慧展厅在数字驱动的未来下呈现方兴未艾之势。数字媒体技术是推动文化传播的重要力量，促进新媒体技术在展示空间中的设计创新，不仅迎合了时代发展需求，而且完善了人在时代进步下的感知需求，应用新媒体技术营造沉浸式的展示环境满足人性化需求是必然的趋势。科技是开启"沉浸式体验"的辅助手段，传播文化是展示之核心。唯有合理地利用数字媒介传播具有人文关怀的展示内容、体现文化内涵的主题和创新性的设计理念才能带给人精神上的愉悦。

参考文献

［1］原研哉. 设计中的设计 ［M］. 朱锷，译. 济南：山东人民出版社，2006.

［2］哈威·费舍. 数字冲击波 ［M］. 黄淳，译. 北京：旅游教育出版社，2009：265.

［3］麦克卢汉，何道宽. 理解媒介：论人的延伸 ［M］. 北京：商务印书馆，2000.

［4］孙玉明，马硕键. 从感性接触到沉浸体验：媒介进化视域下艺术接受范式的演变 ［J］. 西南交通大学学报（社会科学版），2019，20（4）：71-80，101.

［5］詹姆斯·凯瑞. 作为文化的传播 ［M］. 丁未，译. 北京：华夏出版社，2005：65.

［6］林文刚. 媒介环境学：思想沿革与多维视野 ［M］. 北京：北京大学出版社，2007.

［7］Wang Q, et al. Minds on for the wise: rethinking the contemporary interactive exhibition ［J］. Museum Management and Curatorship, 2016, 31（4）：331-348.

［8］水越伸. 数字媒介社会 ［M］. 武汉：武汉大学出版社，2009.

［9］王彦. 基于沉浸理论的现代艺术展示空间设计策略研究 ［D］. 吉林：吉林建筑大学，2020.

城市人居环境的细节
——建构城市人居环境设施的交互理念

■ 李 弢
■ 太原理工大学建筑学院

摘要 21世纪伴随着城市化进程与城市功能及城市生活方式的不断演进，人们对城市人居环境的未来展望也不断更新。但在当下的城市人居环境中却常会发现，其中一项关乎城市人居环境的细节——城市环境设施的"交互"理念却最易被忽略。对这一细节的忽略不仅影响着城市人居环境的整体体验质量，同时也阻碍了其学科的拓展与进步。因此，针对此问题的研究就十分必要。既在关注和整体发展城市人居环境的前提下，该如何建构城市人居环境设施的交互理念呢？本文就此问题展开分析，并通过城市人居环境设施自身具有的"需求、构成、审美"三大属性与交互理念建构一种关系，从一定层面探析城市人居环境设施交互理念对提升整体城市人居环境的必要性与积极作用。

关键词 城市人居环境设施 交互理念 细节 建构

引言

城市人居环境的发展，总是源于城市各系统的更新。在城市大众面向城市人居环境不断提出新需求时，所确立设计的新方法及更新理念就十分的必要。而身在其中相关的各类城市人居环境设施系统，同样也面临着这些理念的更新与转换。城市人居环境设施设计中固然包含有多层面的设计属性，但最终还是要依据其需求、构成、审美这三类属性的整体表现力与城市大众所建构的更深入关系来得以体现。因此对其三种设计属性的研究既是对城市人居环境设施交互性的一种关注延伸，也符合提升城市人居环境发展更高的目标要求。

1 建构城市人居环境设施的需求交互理念

在建构城市人居环境设施的交互理念前，先了解一下什么是"交互"的定义。有关"交互"一词的产生，最早是20世纪80年代提出的一个全新产品设计概念。它原本的定义从用户角度来讲，是一种研究如何将设计与制造的产品于用户更加易用有效，并对用户产生心理愉悦及审美体验的设计理念（从此定义已可知一切产品设计应具有的：需求与易用、构成与有效、愉悦与审美的相关属性）。在初期此设计理念在一定范畴多用于工业产品及平面等设计应用领域，其目的多是一项致力于分析或收集用户需求及体验产品优劣度的研究，其意义则是最大程度上提升产品与使用者形成有效交互增强与扩展的更多可能性。当今随着设计学多向度的学科发展及细化，有关交互设计的理念也逐步延伸乃至影响到整个设计学其他的相关领域。

作为城市人居环境设计大系统之中的城市人居环境设施设计，即是一项实现城市公共环境产品不断完善与提升的设计工作，它的性质也应呈现出公共设施产品与城市整体（人居环境和大众）相呼应的动态更新特征。在研究城市人居环境设施的需求关系属性时发现，面向其植入的"交互"理念，其实是针对城市人居环境设施产品与城市整体一种全新互动体验关系的建构。有关这一设计理念的导入正是城市人居环境设计可持续发展的一个重要细节标志，也可以说是现今城市人居环境设计工作中必须强化的一种新理念。而依此理念所建构的"人为"与"为人"的设计与研究工作才具有新意义，才将对整体城市人居环境的发展及城市大众的引导产生积极作用。如大到城市的纪念性雕塑（图1），小到城市分

图1 城市雕塑
（图片来源：作者自摄）

类垃圾等公共设施产品（图2）的需求交互关系建构。可以确信，随着时代的发展及对城市人居环境设施提出更多需求时，设计师除依赖以往的设计方法与经验外，基于对城市人居环境设施的需求交互理念的建构将变得越来越重要。

图2　分类垃圾设施
（图片来源：作者自摄）

在城市人居环境设施设计实施的初始阶段，设计者首先应转换为一名普通城市大众的角色去体察、发现城市人居环境中针对设施提出诸多需求问题的类型搜集与分析。如面向大众的需求中，城市设施理应呈现的方式、角度、种类、数量、密度、质量等设计细节层面上的关注度与深化性。并依此作为进入下一步设计工作所依据的第一手设计基础数据来源，从中寻找出可合理建构城市设施产品与城市大众可行性交互关系的拓展可能，才是与当今、未来城市人居环境设施设计的较佳路径与方法。由此可知，提升与完善城市人居环境良好需求关系的互动体验才是城市人居环境设施的需求交互理念建构的最大意义与目的。有研究资料表明：伴随着21世纪城市人口的空前增长和泛城市化的发展进程，城市大众对于城市人居环境中各类城市公共设施产品的需求互动也逐次递增，这一趋势也同时将带来城市人居环境设计及其设施产品的需求交互性朝着更多元的向度推进。另有资料显示，早在20世纪50年代已有很多国家展开对于城市人居环境的交互性研究工作。在欧洲一批心理学家与设计师就有参与和专门从事针对城市市民日常生活中各类需求交互关系的研究。如城市购物、城市交通、社区就学、城市社交、城市设施等，城市大众是以何种生理、心理对城市人居环境及其设施提出交互性需求期许的。研究证明，城市大众生活离不开城市人居环境更离不开城市人居环境中的城市设施。可以说，在一定程度上它必须随着城市的发展及城市大众的需求多样性去重新建构和更新，才能对整体城市的发展优化提供帮助。当然在具体建构城市人居环境设施的需求交互理念时，也还须动态地、主动地把控大众与城市人居环境设施所达成的这种交互需求于理、于情上适度的关系调整。因此，就建构城市人居环境设施的需求交互理念可做这样的一个引申，其建构的不仅是一项研究城市人居环境设

施与大众交互关系在"量与质"上的设计理念，同时还具有对现代城市整体发展背景下更多细节的关怀深意。

2　建构城市人居环境设施的构成交互理念

在各类城市人居环境设施需求属性呈现之时，其自身基本的构成属性也逐步形成。因而在建构其城市人居环境设施的构成交互理念时，还需要通过对其构成属性中所具有的"形态、功能、时空"各要素与城市大众所达成的进一步"共时"交互关系的展开方能有效确立。

从城市人居环境设施构成关系中"形态"要素所包含的形象、关系、内涵这方面来进行分析。众所周知，对一个城市人居环境设施的具体感知，总是从大众对其城市设施的"形态"认知来逐次展开的，这正是设施形态所赋予一定形象后与人建立的第一视觉的交互构成。这种源于人们视觉上的形象交互关系的确立是城市人居环境设施构成属性中最直接、最重要的首次交互构成，所以其设施的形象确立常被看作是建构城市人居环境设施构成交互理念最重要的第一步，它对城市人居环境设施能否与大众确立进一步构成的"功能"要素及"时空"要素深度交互的递进体验异常关键。如一个设施的具体形象、尺度、色彩所构成的视觉交互体验后，其功能、时空要素进一步的交互递进等（图3～图5）。当其设施形象确立后，城市大众也共时感知了其形态之"关系"的呈现，其关系的交互性一般也总是围绕着城市人居环境与城市大众这两个关系对象共时递进深入的。例如某个城市广场的大型喷泉设施在其形态及尺度与城市人居环境所构成的在空间关系的交互和谐性（图6）。随之其形态所赋予的一定"内涵"意义与价值也同时呈现出与城市文化、精神、审美上的一种交互表达。因此其内涵意义的最终表达从设计工作层面分析，它是城市人居环境设施形态表达最后的一环，但却是城市人居环境设施形态所构成进一步深度交互性中最重要的一环。

图3　停车库
（图片来源：作者自摄）

图4　自行车停放区　　　　　图5　人行通道
（图片来源：作者自摄）　　　（图片来源：作者自摄）

完成。其设施所具有的最大价值与城市领域进一步的时空交互增强，才是体现其构成关系最大的意义所在。它与城市时空有效的交互性就如同生活于城市时空环境中的人一样，只有通过与外部更广阔的城市时空建立紧密的交互关系，才能最大限度地释放出其构成要素的全部能量，其建构的构成整体交互性才具有更大的城市人居环境价值。

当然其设施的时空构成意义及价值，也非是单为的凸显或强化其设施本身不被城市其他环境因素干扰才被定义的。它的重要性是为更加深入地去参与城市人居环境时空层次、时空秩序、时空识别的进一步升华。如城市中心广场纪念碑作为城市公共设施，它所构成的时空体量、时空层次，时空识别才是城市人居环境所达成的一个重点（图7）。

图6　城市广场大型喷泉
（图片来源：作者自摄）

图7　城市广场纪念碑
（图片来源：作者自摄）

随着设施构成递进至"功能"阶段，则更需加强其设施功能与外部构成的更多交互联系。在此阶段设计师要更好地去激活设施全部功能的更新可行，抑或是既有设施的功能更新与不同城市大众与设施交互差异度的研究等。在运用聚类分析法研究不同城市大众面对同类城市人居环境设施时于功能构成中仍保持着一个基本功能构成的共同点，即是在设施的便利性、安全性、防护性、引导性、可控性等基本功能与交互性层面的一致趋向。另通过知觉心理学分析法对城市人居环境设施功能构成的研究中也发现诸如在具体运用引导、分划、糅合、意象等功能构成手法表达上与城市大众的物质与精神层面交互共时的更新基本趋势，这个特性在较多城市人居环境设施的确立中往往也是易被忽略的一个细节。因此针对整体城市人居环境设施所表现的：封闭-开放、压抑-自由、理性-感性、动态-静态、实体-虚体、内向-外向、空间-时间等多重的构成对应关系，还需具体研究城市人居环境设施功能要素在交互构成过程表现时其应有的交互构成强度及交互构成向度在递进方式与方法上的选择。

在城市人居环境设施的实践与策划中，设计师的工作不能只着眼于设施本身功能构成的交互关系就可得以

3　建构城市人居环境设施的审美交互理念

在国家大力推动与提升城乡审美韵味的背景下，相关城市人居环境的审美定义已然超越了一般意义上对城市外表环境的浅层表达。如何将城市人居环境拓展至一个深入的审美层面，并从其细节之处充分体现其交互的最大意义呢？作为其中的城市人居环境设施，恰恰是被赋予体现城市人居环境审美传达重要的一项城市公共设施，在现实整体塑造城市人居环境审美的创造中更是易被忽略的。可以说，在许多的城市人居环境设施的实际项目中，其自身的审美力以及与城市大众在交互关系中的审美缺失还未引起我们的足够关注。

因而对此问题的研究，应从什么是"审美"的定义来展开一些分析。根据哲学层面对审美的定义可知，审美是有关人类理智与情感、主观与客观层面上理解、感知"愉悦"与"和谐"的一种心灵活动，它表现的方式可能是个体的，也可能是泛大众的，但它一定是与人互动过程中，人们心灵联想与情感上的一次美好体验。无论在什么时代的何种环境下生存，人们心中都会有很多追求美的渴望与诉求。就城市人居环境的审美而言，它也是人们追求更文

明、更完美城市体验的一种高级精神活动。

　　城市人居环境设施的审美表达作为其组成部分，它的主要审美职能更是对城市大众审美观念、审美习俗、审美形式（具象表达、抽象表达）等精神层面的一次引导与精神交互的表现。如城市雕塑作为城市人居环境中的一类设施，其所呈现的、所构成的具象或抽象的审美传达，均是面向城市大众于文化、情感精神等多重意义上的审美交互引导（图8）。而其审美表达的范式及其审美表现性，则

大体又可分为具象与抽象两种形式。如在以具象为主的审美交互表达中，城市人居环境设施大致呈现出一种现实的、直译式的审美交互传达，其所产生的审美性是较直白、通俗的。而以抽象为主的审美交互表达则需要调动城市大众的审美联想、情感以及与心灵深层次的意识互动方可实现。因此，在建构城市人居环境设施的审美交互理念时，其审美力的传达需要符合当今城市整体的发展背景与城市大众的审美趋向层次的交互特征。

图8　城市雕塑
（图片来源：作者自摄）

　　不同的城市就像每个不同的城市大众人一样，均有其自身不同的审美价值取向，城市人居环境设施与城市大众审美关系的建构也须遵循其地域性与多元的审美交互精神取向。在有关此项的研究中，还清楚地感到在现实诸多的城市人居环境设施中尤以城市人居环境中的装饰类设施为主，还较多是一种简陋、直白的审美呈现，也常会感到城市人居环境中的装饰设施在城市大环境中的精神作用和审美启发还较显苍白，其在提升现代城市审美广度与深度上的交互意义总还是显得贫乏无力。相反，一些具有鲜明活力及多样审美交互性的城市人居环境设施的审美传达，却能更好地彰显城市的审美更新和进步韵味，从而能在更广的层面唤醒和激活城市大众于情感上的交互共鸣。正如美国现代美学家比尔兹利有关审美意义及本质诠释那样，审美不仅是那些看得见的、具象物化的简单元素组合关系（如线条、形状、色彩等），也绝非对事物的一种简单具象呈现。它的审美性应该具有一种新表达形式所赋予的新优美，或是一种新审美力量。从他对审美定义的本质诠释中也可得出一个对

城市人居环境设施审美交互理念的延伸，即在城市人居环境设施的审美交互之中抑或在其理念建构中对城市人居环境设施审美交互所确立的具象或抽象表达的选择，以及对其相关城市人文背景、城市文化特性与城市大众多元审美交互的关注，才是提升当今整体城市人居环境审美力的可行方法。

结语

　　城市人居环境是一个呈现整体完善与细节不断丰富的庞大系统，而这个系统的持续必依赖于城市各系统间良好的运行及更新才能得以持续。城市人居环境设施作为运行其间的子系统，更是关乎整体城市人居环境优劣的一个重要影响因子。本文对于建构城市人居环境设施三种属性与交互结合的相关论述和分析是针对城市人居环境中一个细节问题的关注，而作为一名城市人居环境的设计者与实践者对城市人居环境的持续研究关注还不能仅限于此。

参考文献

[1] 于正伦. 城市环境艺术 [M]. 天津：天津科技出版社，1990.
[2] 冯纪忠. 意境与空间：论规划与设计 [M]. 北京：东方出版社，2010.

城市封闭住区边界空间柔化研究
——以大连市为例

■ 胡沈健　张铃羚　王鹤霖
■ 大连理工大学建筑与艺术学院

摘要 住区边界是中国城市居住空间结构的重要组成部分，承载着特色的中国城市文化内涵。通过对特定时代下封闭住区的内涵与特点的分析，总结出其与现阶段城市发展趋势不符的现象及问题。针对"打开封闭住区论争"的僵局和误区，提出改变的重点是要平衡开放与封闭的利弊。尽可能减少封闭住区的负面影响，吸取开放性住区积极的作用，为住区建设提供一种新的柔性边界的设计方法。

关键词 住区　封闭住区　边界　柔性边界

引言

中国城市的住区空间研究就其形态传统而言，常常被学者定义为"围城"或"门禁之城"。纵观中国围墙史的变迁，无论是聚落、城门还是院墙，从外部公共空间过渡到家族的半公共半私密空间直至个人私密空间中，空间序列都自行演化为围合结构。而在住区过去40多年的发展中，可以发现"依墙而居"逐步成为中国城市居住主流模式。封闭住区在我国发展地如此迅速与当时的社会背景有关。我国封闭住区建设的第一段高峰期是在计划经济时代背景下，单位院墙成为集体归属的认同。第二个阶段是1998年在"城市化"的背景下，门禁住区成为划分使用权空间的物权界限❶。表面来看，"院墙"和"围墙"是为了划明界限而形成的封闭住区边界，但其中包含了我国城市基因中严格的空间等级秩序、以人为本观念的崛起、个人私密安全诉求的心理场域等问题。

1 开放与封闭的论争僵局

1.1 封闭住区的问题

封闭住区在我国迅速普及和高适应性是否证明它仍能满足我国现阶段的人居模式？随着城镇化步伐渐渐放缓，彼时的封闭住区已然显现其弊端，而且由其构成的城市区域的问题也接踵而至。2016年《中共中央 国务院关于进一步加强城市规划建设管理工作的若干意见》要求"新建住宅要推广街区制，原则上不再建设封闭住宅小区""已建成的住宅小区和单位大院要逐步打开"的意见掀起了"小区开放与封闭之争"等种种议题。对比封闭住区建造前后的背景信息，尝试将封闭住区的问题归纳为三个方面：

（1）空间分隔。我国居民私有空间的范围被城市人口密度集中和土地资源有限的条件限制，这就使得街道成为居民进行社交活动的主要场所。然而封闭式住区的原理是隔绝"墙内"与"墙外"，房地产商为了标榜封闭楼盘，实现节约成本与实现效益最大化的目的，建设超大型封闭住区的时极力减少大门出入口。这就导致道路的毛细血管不发达，流线不畅。没人时空空荡荡产生消极空间，街道丧失活力，一旦人口集聚，又极易拥堵。事实上，一个城市的路网细密，服务设施才可以在道路交叉口密集分布，从而形成积极空间。如果封闭住区的架构路网不够密，没有考虑到现今小区汽车拥有量的激增，则会致使早晚高峰时期人流、车流都无从疏散。这也被认为是封闭式小区最大的弊端。封闭小区不仅对城市和街道的交通产生阻碍，也对城市居民的日常生活造成不少的麻烦。由于我国居民通常以步行或公交为主要交通方式，小区规模过大，使得大门离住户距离较远，迫使居民增加了利用汽车代替步行的意愿。这样的心理行为就会导致更为严重的拥堵及环境污染现象。

（2）公共空间私有化。我们通常可以看到封闭住区将绿地景观、游戏场所、健身器材等设施放置在小区内部的中心。将具有公共和商业功能的且本应开放的住区临街界面划分到小区内部，忽略与周围城市脉络的互动，以期实现"圈地自足"的小社会。另外使用者的收入水准、社会阶层和文化背景也较为单一，服务设施未能激发不同人群之间的交流互动，致使街区丧失活力，成为乏味无趣的公共场所。

（3）社会隔离。城市设计理论家Allan Jacons认为，最好的街道在它们的边缘上有一种透明感与雅各布斯在《美国城市的生与死》中提出的"街道芭蕾"❷的展望一

---

❶ 1998年7月《关于进一步深化城镇住房制度改革加快住房建设的通知》，宣布实行住房分配货币化后至今的门禁住区，此类住区成为划分使用权空间的物权界限。

❷ 雅各布斯在《美国城市的生与死》中描绘了一幅"街道芭蕾"的理想图景：孩子们在公共空间玩耍嬉戏，邻居们在街边店铺前散步聊天，街坊们在上班途中会意地点头问候。

脉相连。反观现实,居民有限的开放空间仅仅是街道岔道口符号化的点状空间、特定时间的活动空间(例如集会早市庙会)或是高端封闭住宅自诩的"一方天地、自得其乐"的院落空间。住区边界物质的墙会加强社会的墙,导致一个四分五裂的社会。

1.2 封闭住区的论争

1.2.1 开放式住区的内涵

由于封闭住区产生诸多问题,学者将视角转向国外的住区开放式空间。如以步行距离为尺度的"新都市主义"、将新住宅与老建筑保持良好的邻里关系的同时又强调新旧区别的"德国城市补丁"和城市功能设施完整的住区功能复合化的"日本街区住宅"。基于这些优秀的建造实例,开放的住区空间凸显其优点:在空间结构层面,一方面保证住区功能复合化,另一方面实现了城市界面的完整性。使得住区与城市环境互为和谐的基础上,保持文脉肌理的存在,改变"千城一面"的局面。在社会资源的层面,利用过渡的手段实现住区功能复合化。完善社区中心配套设施,提高公建配套的利用率,不会造成资源浪费的情况。从社会交往的层面上看,开放性会激发住区活力,复合住区会产生多样化的人群。不同的人群会促进社会交往,利用年龄层次的差异,可以有效调节活动峰值,有利于解决住区交通、设施、安全等问题。

1.2.2 "开放"与现实的矛盾

虽然封闭住区对城市发展不利,但现实却呈现出相反的情况。

(1)公共安全缺失。开放式住区会吸引多样化的人群,没有封闭的住区边界是否会保障小区居民的生活安全和公共安全?这成为人们对开放住区最大的质疑。通过调研大连开放式住区,发现任何车辆和人员都可以随意进出入小区,这大大增加了街道内交通事故的安全隐患和财产损失的危险。其次对于居民而言,客流量大且商业密集的住区,人流混杂难以确认居民身份及保障安全(图1)

图1 开放住区人流密集
(图片来源:作者自摄)

(2)住区管理混乱。开放式住区的管理模式主要有两个方面:第一点是车辆管理,外来进出车辆不规范,影响居民生活安全也使得外来人员办事不便,车辆在小区内滞留导致交通拥堵,人流量小的住区,缺乏安全管理和有效监督;第二点是公共设施管理,例如停车场、篮球场和足球场等运动设施的时间管理和收费标准。

(3)生活环境的干扰。开放式住区拥有居住、办公、商业、娱乐等多样化配套公建,热闹的商业环境在提高社区活力的同时势必会产生噪声影响到居民的正常起居。另外,由于住区内外空间的性质不同,围墙打开后两地边界产生了模糊的变化,这会涉及业主物权以及公共利益方面的问题,势必会在公共空间从属关系上产生矛盾。

1.3 目前研究的误区

许多学者对开放住区的优点大为赞扬而形成否定和批判封闭住区的主流观点。仿佛在这种情况下,人们确实应该拆除"围墙",建设大量开放住区。再观我国20世纪建成的开放式小区现如今纷纷"砌墙安门"加建封闭区域的围墙,这样看来,封闭式的小区所表现出的强适应性、安全性、专属感似乎是最符合国人需求的一种形式。这不禁引发我们的思考,我国住区的未来到底是谋求开放还是封闭?

封闭与开放双方的博弈都纠缠于其利弊,如果将其认定为简单的"拆围墙"和"建围墙"的观点,就是将所有的边界都认为是无差别隔离功能的物质形态:一是低估物质边界形态的多样性;二是片面地认定边界为一条线性形态,而非面域空间;三是忽视地区性差异,没有结合现实;四是没有结合具体住区所在城市特定背景的研究。所以本文的重点探讨如何减少封闭住区的不利因素,同时吸取开放性住区积极的作用,在开放活力住区的同时保证封闭地安全得当,攻破这一难题的突破点就在于提出柔性边界的方法对住区边界进行处理。

2 一种新的模式——柔性边界

2.1 柔性边界的内涵与方法

扬·盖尔认为人在户外活动的行为具有流动性,如何在住宅空地前为居民提供从事活动的机会保证其良好的生活体验和交往行为成为提出柔性边界理论的契机。他在《交往与空间》中通过列举住宅区边界优化的案例提出日常活动的地方需要为户外逗留创造一种广泛的机会,这也与现今打开封闭住区的观点一脉相通。

在本文中柔性边界被定义为景观层面的物理边界和社会交往的心理边界两方面的设计手法。物理边界指道路系统、物质要素、边界界面、景观装置小品、公共设施等,心理边界指城市文脉、历史文化象征、空间活力、人际交往等非物质要素。

(1)空间上,柔性边界可以用以表达住区与周边环境之间的关系。两地异质能力越强,则边界需要封闭的程度越高。反之,封闭的程度越弱。要因地制宜,判断场地是否需要使用柔性边界。在本次调研中观察到沙河口区中城公园里住宅与周边检察院临近,根据现有场地情况,这就需要用强边界表达两地的异质性,而不是使用柔性边界(图2)。强边界并非私有特征的象征,柔性边界同样可以表现出私密感。如若二者场地性质具有相似性，就可以用柔化手段模糊二者的边界空间，同时也可以体现出私人空间。柔性边界的作用就是界定微妙的领域感的同时柔和两地区域的界线。

图 2　强边界表达异质区域
（图片来源：作者自摄）

（2）封闭程度上，根据不同的封闭需求，边界的柔性也有所变化。柔性边界中的物理方法有三种：在视觉方面，可以采取物质要素隔断，例如景窗式隔断、绿植隔断、道路界面隔断等，隔断的设计风格应与城市文化相协调，塑造生动的景观环境使步行具有意义且富有趣味性。声觉方面从源头考虑可以对小区开放时间进行控制，从传播途径考虑则是通过一些吸音材料作为隔断或是在小区消极空间和无人地带建立一些可移动空间，成为一类阻音的弹性隔断（图 3）。行为方面，优化路网结构和控制路面尺度，规范车流动线；积极利用阴角空间，为居民提供丰富有趣的公共空间；严格规范停车及组织流线，对人流线和车流线合理规划。

（3）功能上，住区外部增加边界交叉口的触点，以此开发边界的商业娱乐及交往活动；将住区的开放空间与多种社会性活动融合，提高住区复合化的同时也增添城市活力；住区内部可在人流密集区搭配活动性遮阳挡

雨等构件，为居民营造"春雨宜读书，夏雨宜弈棋，秋雨宜检藏，冬雨宜饮酒"的活动空间，提高不同天气时段空间的利用率。还可以搭配一些弹性的可折叠移动街道家具，以备住区组织活动、集会、聚会之需。

图 3　住区弹性隔离
（图片来源：作者自摄）

（4）管理方面，从时间层次上，考虑到早晚高峰时间段，住区可以建立在高峰时间段允许通行的贯穿步道或是增加多道边界，将主路段及高峰路段与次要路段及步行路段予以区分，实现人车安全的住区管理办法；对于小区公共设施及公共空间的使用则可以根据工作日或双休日节假日等情况进行合理调配，并适当与其他住区合作，创造互惠互享的城市住区环境。

（5）心理方面，一个最为典型的例子是日本代官山集合住宅，在边界设计中利用横向和竖向的设计手法使得住区两侧的边界都具有透明性。它将边界与住区、商业、娱乐空间串联得如同一个活力和生命的有机体，让使用者对住区及周围公共空间产生不同的心理反应，从而促进一种完全迥异的社会空间互动模式。在大连住区边界设计的整体过程中还融入大连本地的文脉特色使边界成为构筑公共空间界面的积极因素（图 4）。

图 4　住区边界改造为城市界面
（图片来源：作者自摄）

2.2 柔性边界应用于封闭住区

针对于封闭住区的现有问题，通过柔性边界的方法可以实现以下目标：

（1）空间复合。首先，柔化封闭住区边界线能够打破居住区空间的围敞，提高土地利用率。其次，增加贯穿住区的道路使得路网疏密有致，道路交叉口的商业密集避免早晚高峰时间段人车流量拥堵，鼓励居民出行的选择更加丰富，那么社会资源和土地资源就不会浪费。以类似传统四合院进门处的影壁的空间设计使人们在通行过程中发生转向或是停留的行为，使住区出入口和大门具有缓和穿越行为的过渡作用，防止直接性的穿越行为对边界内部的冲击。

（2）空间共享。让小区景观和宅间绿地不再被社区内部居民独享，而是成为面向所有人的城市景观。有效地解决了封闭住区空间因分割导致生活不便、消解住区边界中私有化成分等问题从而形成开放弹性的城市空间结构特征。

（3）空间包容。小区的公共设施规定时限向外界予以开放，致使小区公共资源合理配置，满足日常生活的同时增加业态，将边界改造成生活型街区或生活性广场。边界空间的包容性消除社会群体之间的社会隔阂与矛盾，建立平等开放的城市社会。

2.3 柔性边界应用于开放住区

将柔性边界的方法应用于开放住区的现有问题，归纳如下：

（1）安全保障。为了弥补开放带来的公共安全的顾虑，可以利用人脸识别技术或是监控等设施实施有效监督，保证公共安全。在空间上采取多样边界，合理规划住区内外人流与车流动线。一方面保证安全，另一方面为人们提供多样行动路径的选择。在时间上根据不同时段，开设不同的路段，缓解早晚高峰压力。柔性边界逐渐打开边界的同时保障居民的安全感和归属感，并且将人们城市生活品质放在首位，打造私人生活和公共生活和谐共融的城市。

（2）优化管理。深化扬·盖尔的观点，进行土地价值的细分，将一个整体匀质的地块分成不同价值的地块。每个地块都有其独有的功能，这样会避免忽视消极空间和残余空间，更好地为居民维护生活环境的权益，提高住区经济效益。

（3）优化生活环境。柔性边界不单单是空间上的改变，更是对我国文化中"各扫门前雪"这种封闭思想的反思。在外部空间方面，柔性边界要形成一种"并联感"，也就是将边界拓展为内外空间的延伸空间的同时保留私密空间，最大化地利用转角、消极、阴角等空间，使得彼此之间互为遮挡又互为作用。

结语

现时代下根据我国的国情及社会发展的背景，封闭和围合作为我国城市文化的基因具有普遍性和普适性。不应该忽视封闭住区的缺点，更不应该夸大开放住区的优点。开放绝不是简单的"拆"围墙，真正的开放是住区自身结构融入城市整体结构。要运用柔性边界的手段辩证地看待二者关系。一个"自知自觉，自治自制，自我实现"的理想城市应该是"无边界的城市"。我国住区发展现在正需要打开封闭的边界，逐步通过柔性设计探索无边界城市居住的理想状态。

参考文献

[1] 梁思思. 有界无边：传统城市住区边界演变及内涵探析 [J]. 城市设计，2017（5）：62-69.

[2] 赵钟鑫. 基因视角下的城市特色传承 [C]. 中国城市规划年会，2016.

[3] 徐苗，杨震. 论争、误区、空白—从城市设计角度评述封闭住区的研究现状 [J]. 国际城市规划，2008（4）.

[4] 袁野. 城市住区的边界问题研究 [D] 北京：清华大学，2010.

[5] 扬·盖尔. 交往与空间 [M]. 北京：中国建筑工业出版社，2002.

[6] 张潮. 幽梦影 [M]. 北京：中华书局，2008.

[7] 蒋亚静，吴璟，倪方文. 从"边界"到"边界空间"：代官山集合住宅外部空间设计解析 [J]. 建筑纪实，2019（9）.

[8] 商宇航. 城市街区型住区开放性设计研究 [D]. 大连：大连理工大学，2015.

[9] 徐苗. 从门禁社区看中国"围"城史：传承和嬗变 [J]. 建筑学报，2015.

[10] 陈敏. 开放式住区的实践研究 [D]. 上海：同济大学建筑城规学院，2006.

[11] 缪朴. 城市生活的癌症：封闭式小区的问题及对策 [J]. 时代建筑，2004（5）.

[12] 王英，曹蕾. 城市住区边界的空间实态研究：以北京为例 [J]. 可持续住区研究，2020.

[13] 周扬，钱才云. 友好边界：住区边界空间设计策略 [J]. 规划师，2012（9）：40-43.

[14] 周俭. 城市住宅区规划原理 [M]. 上海：同济大学出版社，1999.

后疫情时代居住空间设计探索
——以 100m² 刚需户型为例

■ 蒋维乐　杨紫嫣
■ 西安交通大学人文社会科学学院

摘要 2020 年初开始，新冠肺炎疫情在国内乃至世界范围内大暴发，室内居住空间在空间布局、空间功能、空间形态等方面存在的问题逐渐凸显。后疫情时代，需要解决室内空间质量问题，适应人们的新需求，探寻人与空间的和谐关系。本文通过对 100m² 刚需户型进行改造提升设计，针对当下室内居住空间的不足，探索高性能住宅，适应后疫情时代人们的新需求，营造功能复合化、空间利用高效、布局动线合理，有利于身心健康的居住场所。

关键词 室内设计　城市公共卫生　后疫情时代　空间功能

引言

新冠肺炎疫情的流行，改变了人们的生活状态，也使人们对室内居住空间的要求发生变化。目前的居住空间在疫情防控过程中逐渐显现出不足，如何设计高性能住宅，适应后疫情时代背景下人们的新需求应引起重视。病毒的迅速传播，与区域住宅发展不平衡、居住空间设计的不合理存在一定关联。重大城市公共事件的发生给人们的生产生活带来挑战，也是建筑空间设计的有力推手，是室内设计发展的挑战和机遇。

1 疫情下的思考

疫情防控成为常态化，将改变人们的生活方式和发展趋势，与新冠肺炎疫情未发生前有所不同。在后疫情时代背景下，对于空间设计的思考可以从历史视角和专业视角切入，做出整体的和全方位的反思。

1.1 公共卫生事件与建筑空间设计的又一次结合

在近代城市发展史上，重大公共事件与建筑空间设计紧密相连，有过多次结合（图 1）。流行病对人们生产生活产生巨大冲击，暴露各类城市空间的设计短板，同时也引发人们进行反思，助力设计学的发展，带来空间设计理念的转变与更新[1]。

19 世纪初至 20 世纪中叶，城市大规模扩张，住宅数量激增，生产生活空间拥挤不堪，卫生条件差，缺乏排污系统、采光和通风，助长霍乱、黄热病、肺结核等传染病的传播和肆虐。随着工业化进程的不断加快，传染病在大城市工人群体中大规模流行。针对健康城市建筑设计，1901 年纽约在颁布的《租房法》中提到，严禁有关部门设计和建造缺少采光通风的建筑。再后来的空间规划条例中则又提到建筑间距和建筑退线等问题。可以说，当代建筑中一系列的基本要求就是来自对瘟疫、传染病的防治，从空间设计和整治的角度保护居民健康，使空间设计与公共卫生的发展相互促进[2]。

到了 20 世纪下半叶，传染病的问题得到了有效遏制，新的全球性公共卫生问题出现：慢性非传染性疾病的无声蔓延。此时，人们的健康意识显著增强，对于疾病的态度也逐渐从治疗和遏制转变为提前预防。工业化

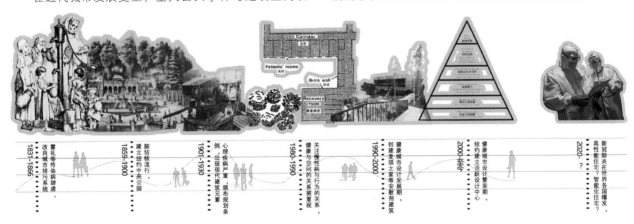

图 1　历史上公共卫生事件与建筑空间设计的结合
（图片来源：作者自绘）

进程进一步加深，出现郊区化和无序化等新的城市空间设计问题[1]。20世纪末期，健康城市设计理论开始清晰而渐进地发展，涌现大量相关学术成果，建筑空间作为"安慰剂"在作用逐渐被认识和强调[3]。

2020年，新冠肺炎大暴发，严重影响世界经济发展，也再次对焦于空间设计。在居住空间智能化和数字化迅速发展的背景下，疾病防控设计也应成为常态。为应对疫情中暴露出的种种空间问题，公共卫生与空间设计的矛盾显现，两者的再次结合正在发生[1]。管控和预防，封闭与开放，空间与健康……作为聚集性突出、与疾病防控密切相关的空间要素，在后疫情时代，对居住空间设计策略的思考应引起人们的重视。

1.2 当下室内空间设计的不足

在疫情防控期间，人们减少外出，居家隔离，在家

中办公、学习、娱乐……居家时间的延长和居家行为的变化使人们更加重视健康与住宅的深层关系，住宅空间的问题也逐渐显现。发生公共卫生事件后，人们对自身、对生活有了不一样的感受和认识，也产生各种新需求。此外，空间使用者具有显著的主体差异性，不同的人群对住宅的需求也表现得各不相同。在后疫情时代，应探寻不同住宅产品的特性，同时认识居住空间设计升级的重要性，探索健康空间和更科学的功能布局[4]。

1.2.1 空间布局单一，缺乏灵活性

大部分户型产品中，空间属性固定，功能缺失（图2），布局单一，空间之间关联性弱。后疫情时代下，更多的人有了办公和娱乐等多样需求，居家空间需要进行重新定义，空间的使用率和利用率需要得到提升。

图2 疫情后暴露的功能缺失问题

（图片来源：作者自绘）

1.2.2 入户玄关功能性弱

从健康空间设计出发，入户玄关是外界与家居之间的第一道屏障，应具有一定的缓冲和隔离作用。经历大规模疫情的暴发，人们的健康意识和卫生意识日益增强，而许多户型的玄关只具备存储功能，且区域感弱，不利于阻挡病菌。可考虑在玄关处设置洗消设施，并增大存储空间，有利于防止二次传播和物品分类。

1.2.3 无法满足办公、休闲需求

疫情之下，人们居家隔离，减少外出，居家时间延长。后疫情时代，数字化加快发展，居家办公学习的趋势显著。对于大部分家庭来说，夫妻二人以及子女都需要相对独立互不干扰的办公学习空间，而传统的常规书房则难以满足人们的新需求。另一方面，外出时间的减少，行为习惯发生变化，还易带来心理上的影响，增加健康隐患，人们对于休闲、健身的需求也更加明显和突出。

1.2.4 流线刻板，空间体验感弱

空间设计应具有一定人文关怀，同时满足人们的生理需求和心理需求。大部分户型布局方正，流线单一，空间尺度变化微小，缺少空间互动，空间体验感弱。

1.3 基于新功能需求的改造设想

在空间功能规划上，投资和改善型住户需要增加专用的家用消毒清洁空间和一定的运动空间，刚需型住户需要增加适当的清洁区域和较为独立的办公区域（图3）。此外，存储空间也是后疫情时代的关注点，可以考虑利用使用率较低的空间和剩余空间；最后，要将空间尽可能地转变为复合化的多功能空间，提高空间利用率并提升空间体验。总的来说，清洁区域、复合空间和独立的办公空间是后疫情时代居住空间的重要功能要素[5]。

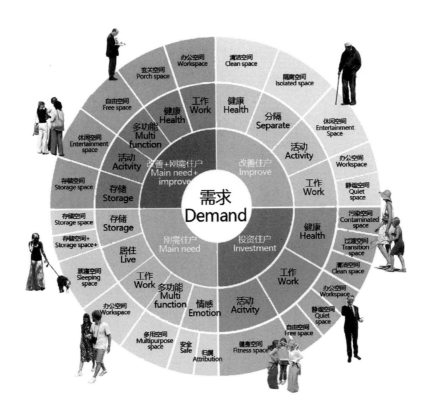

图 3　不同住户的新需求

（图片来源：作者自绘）

2　后疫情时代居住空间改造提升的设计探索——以 100m² 刚需户型为例

2.1　项目背景

选取保利渭南锦悦和府的 100m² B 户型作为改造对象。项目位于陕西省渭南市高新主轴敬贤大街与新盛二路旁，占地面积 66995m²，建筑面积 241325m²，容积率 2.80，绿化率 35%，定位为新中式低密住区。

面积在 100m² 及以下，适用于大部分国内"三口之家"家庭结构的中小型住宅，往往是很多居民的购房刚需，并且在很长一段时间内都将是我国居民居住的主体户型[6]，选取这类空间进行改造更具有代表性。

2.2　基于新功能需求的改造设想

2.2.1　平面布局优化

原始平面玄关狭小，功能性弱，办公空间、存储空间、休闲空间不足，次卧对于刚需型用户利用率不高。空间功能单一，流线简单，体验感弱。改变厨房布局，使玄关独立，产生一定围合感，成为入户清洁区；结合用户需求，将其中一间次卧改造为与主卧连通的多功能书房。采用立体集成存储，同时形成洄游形流线，丰富空间体验；结合家具，使儿童房居住存储娱乐一体化（图 4）。

将需求细分，同时补全疫情后缺失的功能（图 5）。家庭成员之间互不打扰，各按所需，满足人们不同时间或同一时间的不同需求。

2.2.2　单一空间复合化

空间需求的变化促使着空间功能的提升，传统的客厅、玄关不能适应后疫情时代下较高的空间使用效率需求，空间之间独立的状态需要改变。

在客厅放置由方块消减而来复合功能体，创造更多的空间可能性，增强人与空间的互动。靠近入户门的台面可作为餐桌或吧台供人们就座用餐，同时惬意的观看一侧的视频投影；高度最低、深度最深的大台面像榻榻米一样供人们卧下休息；另一侧靠近阳台的台面较为独立，不易被干扰，可作为办公空间或读书空间；剩余空间就像加厚的隔断，可作为存储、展示空间……由此，单一的空间有了更多的可能性，空间领域更加模糊，空间关系更加紧密（图 6）。休闲空间、就餐空间、交流空间、办公空间形成空间组团，彼此有一定独立性又相互连接。丰富的空间尺度在解决复杂需求的同时，也满足人们的心理需求。

而玄关应承担的不仅仅是存储功能，更是缓冲过渡空间。改造后的玄关带有一定区域感，更衣区连接洗手台，所有入户后的行为动作在一条动线上顺畅的完成。入户后更衣换鞋，将外穿衣物悬挂或直接放入洗衣机，防止接触污染；医用口罩、消毒用品、酒精棉片放置于玄关柜，进出都易拿取；在洗手台做好手部清洁，进入厨房或客厅，转换为居家模式（图 7）。从"污染区"到"半污染区"，再到"清洁区"，将玄关功能扩大化，营造卫生健康的居住环境。

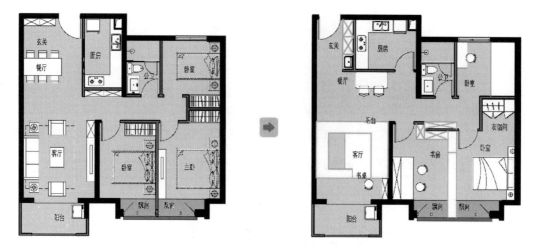

图 4　平面图改造前后
（图片来源：作者自绘）

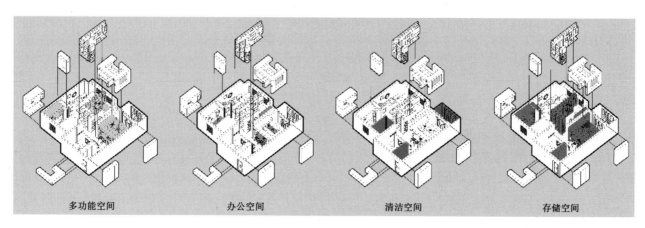

多功能空间　　　　办公空间　　　　清洁空间　　　　存储空间

图 5　改造后的功能分布
（图片来源：作者自绘）

图 6　多功能客厅效果图
（图片来源：作者自绘）

图 7 玄关功能示意
（图片来源：作者自绘）

2.2.3 空间体验丰富化

空间需求的改变也促使着空间观念的转变，人们对于空间的态度也将更加成熟，衡量标准由简单的空间面积大小转为空间体验感。在空间流线上，常用的增强体验感的手法之一是设置洄游型流线。洄游空间有利于缩短交通流线，提升空间利用率，扩大空间感，也有利于空间的采光通风、功能复合。

同时将立体集成存储与洄游流线结合，强化空间的功能性和体验感（图 8）。将书房与卧室之间的隔墙替换为加厚书架，存储、展示、交通、分隔功能一体化。利用竖向空间，在同等占地面积下，存储空间容积可提升约 178%（图 9）。

图 8 洄游型流线与一体化书架
（图片来源：作者自绘）

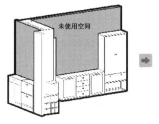
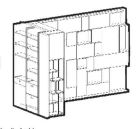

图 9 立体集成存储
（图片来源：作者自绘）

结语

每一次空间设计的发展，都与社会发展和人们的身心健康密切相关。疫情使我们更加意识到空间设计发展的不健全和不平衡，使我们发现居住空间中的薄弱环节，调整设计思路，关注人居健康。在后疫情时代，应重视解决当下空间环境投射出的设计问题，也要更深入地思考未来室内空间设计的发展趋向，促进城市人居环境的进一步发展。

参考文献

［1］李煜，侯珈明. 公共卫生与建筑学的三次结合［J］. 建筑创作，2020（4）：30 - 37.

［2］Campbell M. What tuberculosis did for Modernism：the influence of a curative environment on modernist design and architecture［J］. Medical history，2005，49（4）：463 - 488.

［3］Mirko Zardini，Giovanna Borasi. Imperfect Health：The Medicalization of Architecture［M］. Zurich：Lars Miiller Publishors，2012.

［4］窦方，彭玉蓉，韩现国. 探讨后"疫"时代房地产住宅产品的升级与调整［J］. 城市住宅，2020，27（7）：74 - 76.

［5］孙钰洁. 后疫情时代下建筑室内空间设计的现实思考［J］. 中国建筑装饰装修，2020（9）：120 - 121.

［6］汪丽君，舒平. 内在的秩序——对建筑类型学形态创作特征的比较研究［J］. 新建筑，2010（1）：67 - 71.

儿童中心论视角下的小学室内活动空间改造设计

■ 王清颖
■ 华中科技大学建筑与城市规划学院

摘要 随着人们的教育理念和教育方式不断更新，我国小学越来越强调基础素质教育，德智体美劳五育共同发展，其室内活动空间设计也得到了重视。本文正是基于这样的研究背景和发展趋势，将教育学和心理学相关理论知识结合，以儿童中心论为视角，以武汉华侨城小学室内活动空间改造为案例，针对其在设计中出现的问题，提出改造正负空间、深化边角空间、营造光影环境、塑造复合空间的改造策略，来创造适合老师和学生教与学的优质成长乐园。

关键词 儿童中心论 小学 室内设计 活动空间

引言

6～12岁是我国大部分小学生的年龄段，这个阶段正是基础素质教育的起步阶段，学校教育在儿童成长过程中起主导作用，儿童的行为发展的双重趋向性受小学校园室内和室外环境设计的影响较大。小学室内活动空间作为儿童上学期间使用频率最高的区域，该以何种方法和策略进行设计，以何种呈现方式来满足儿童的兴趣、需求，以何种途径发挥学校教育有意义、有目的地培养人的积极作用，是本文研究的主要内容。

1 重点概念解析

1.1 儿童中心论

作为现代理论教育的集大成者杜威（美国）在20世纪初期提出了区别于以往的新"三中心论"，其中"儿童中心论"强调以儿童为中心的教育值得提倡和推广，教师要引导儿童自愿参与到学校的显性课程❶活动中，使儿童如"润物细无声"般的在活动中修正自我和汲取知识，以升华道德感、美感和理智感，同时学校为儿童提供隐性课程❷物质场所，通过校园室内外空间环境氛围的营造，激发儿童在不同领域的好奇心，促进全面发展。

1.2 活动空间

活动空间是一个立体的三维空间，主要是指为人体提供生理活动的场所[1]，其中包括社交、健身、游戏等活动。小学室内活动空间是指除教学空间外，为儿童提供休憩、娱乐、交流、学习的封闭或半封闭式场所，入口大厅、走道、楼梯井都被囊括在学校活动空间设计研究的范围之内。

2 国内学校室内活动空间发展历程

夏商周时期奴隶社会的"校、序、庠"❸是中国学校教育的最早渊源，是指具有私立教育特色的地方学校。夏朝时期注重习射这一类的身体教育，以培养善战的武士，学生的活动主要在室外进行。直到商周时期把主要教育内容集中在思想政治教育、礼乐教育和道德教育之后，室内活动空间才初具雏形，这也是重视学生精神教育的开端。

无固定场所和形式的私学兴起于封建社会春秋战国时期百家争鸣，两汉时期则实现了私学的统一。在隋唐期间，私学与官学相得益彰，其办学形式种类都十分多元化。两宋时期至清代的教育制度虽进一步完备，但教育并不是从学生本身出发，而是成为了统治阶级的工具，这一阶段学校室内活动空间并没有得到较大的发展。近代社会以来，我国开始学习西方先进的教学模式，创办新式学堂，这个阶段我国的教育观念转变较大，国家加大了对教育的干预力度，逐步发展公共教育，普及小学义务教育，但学校室内活动空间的发展仍被忽略[1]。

19世纪末，一系列儿童研究运动在欧洲和美国掀起，作为先进运动的引导者，杜威提出了教育应优先以儿童个体为主的重要概念。当杜威的新教育理念传播到中国后，迅速形成了一阵"儿童中心"的热潮，陶行知先生结合我国当时的国情和儿童教育现状去粗取精，并对此进行升华，陶行知先生后来提出的"创造教育""生活就是教育"等教学思想，影响是非常广泛的。校园内除开基本的教学空间外还需要让儿童自己去创造、去体验、去感受的空间[2]。由此室内活动空间设计渐渐受到大众的关注，带有中国本土化特色的设计形式也逐渐被各地学校广泛应用。

中华人民共和国成立后，我国教育先是由照搬苏联模式逐渐发展到实行九年义务教育制度再到坚持"德智体美劳五育"并举，国内小学的室内活动空间已成为和

---

❶ 显性课程包括教师传授知识的各门学科课程以及拓宽学生视野的课外活动。
❷ 隐性课程包括班风学风建设、校园环境设计、师生关系培养以及规章制度的完善。
❸ 《孟子·滕文公上》：夏曰校，殷曰庠，周曰序。学则三代共之，皆所以明人伦也。

日常教学空间同等重要的教育场所，重点关注儿童身心健康发展，设计上也更具有前沿性。

3 具体案例研究

3.1 武汉华侨城小学校园概况

武汉华侨城小学位于武汉市风景名胜区东湖北岸，学校采用"阳光教育"的办学理念，以"生态东湖"为出发点，挖掘地方特色文化，用"生态文明教育"观念办校，让学生沐浴在阳光教育之下，学校总占地面积约为1.6万㎡。

3.2 武汉华侨城小学现状问题

3.2.1 自然采光条件欠缺

受原始建筑设计影响，部分室内活动空间朝向不佳以及照明设施缺失，导致室内采光严重不足（图1），昏暗的光线容易使儿童产生恐惧感，同时产生一定的抵触心理，对于培养儿童阳光的心态有阻碍性。

3.2.2 活动空间利用率低

前期规划未从儿童行为特点角度出发，进行有效设计，导致部分室内活动空间闲置，单一的活动空间无法吸引儿童自发前往。除教学空间和主要的活动空间外，室内还存在一些未被利用的边角空间❶，若这些空间加以利用，面积非常可观，对儿童的课间活动行为也能加以引导（图2）。

3.2.3 空间指向性不明确

本应有针对性的设计和多元化的体验，从而提高空间的趣味性，但部分室内活动空间设计古板甚至没有设计，功能大同小异，缺乏特色活动空间的打造（图3），对儿童没有足够的吸引力。除此之外，对德智体美劳的体现较少，针对五育进行综合设计的程度不够。

3.2.4 装置造型美感不足

活动空间色彩饱和度较低，不符合儿童对于明快色彩碰撞的强烈心理需求。部分装置具有一定的趣味性，但是造型不具备美感和灵动性，较为生硬（图4），部分甚至有一些隐藏的不安全因素，设计之前这些都应在大脑中做好统筹规划。

图1 自然采光条件欠缺

图3 空间指向性不明确

图2 活动空间利用率低

图4 装置造型美感不足

---

❶ 边角空间是指室内空间中缺乏设计、易被忽视的角落地带。

4 基于深化儿童中心论的改造策略

4.1 促进儿童积极发展，改造正负空间

正空间（教学空间）和负空间（活动空间）的组合，构成了武汉华侨城小学的完整结构。教学楼总建筑面积约 12468m²，负空间分布位置具有规律性，总面积约 828m²，在重要位置设置活动节点，以形成每层的活跃中心。除规定的学时外，其余时间为武汉市小学生安排活动的自由时间，总在校时间不超过 6 小时。所以，活动空间对儿童来说具有特别的意义，例如在教室外的走廊（图5），在走廊天花板镂空结构层中挂上色彩缤纷、造型新颖、材料安全的英文知识点标语，方便儿童在课间短暂的休息碎片时间中，不经意间习得常用性英文单词，以此来推动儿童能动性发展。他们在这个空间中，能结交到新的伙伴，大家一起玩耍交流，很多年之后再回忆起小学校园时光，还是会感到阵阵温情。这些标语牌作为一个个微型活力点，集中打破了以往走廊的冗长无力感。

图 5　华侨城小学走廊活动空间改造设计

4.2 正确引导发展心理，深化边角空间

重视作为两种不同功能空间连接的中介——边角空间的打造，有利于校园内部形成一个完整的界面。楼梯下的空间可以做成小型的读书角（图6），靠近楼梯一侧放置斜面木质书架，摆上儿童最感兴趣的读物，对面则放置一排休息座椅，致力于建设书香校园，顶部也就是楼梯的底部布置梦幻森林的生态景观，在室内却似在室外，绿植的融入柔化了室内空间和室外空间的界限，视觉上两者相互交织，凸显自由开放的氛围，使该空间变成了儿童心中秘密的小小世界；同样，楼梯间的墙面也可以被利用（图7），我们将其改造为弘扬中国传统文化的展示学习空间，传承地域文化和校园文化，将其延伸为第二课堂，例如将儿童在美术课上的手工剪纸作品装裱起来，大小不一的边框组合成节奏感极强的画面，为一面面白墙增添了中华文化色彩。通过对这些空间的重视，可以推动儿童的情绪朝着好的方向发展。社会心理学家沙赫特（美国）提出的情绪两因素理论认为，个体必须在认知上唤醒生理状态的变化，而空间氛围的良好

烘托引导儿童情绪往正向发展，同时培养他们的道德、智慧和美感，增加其爱国情感和集体骄傲，激发他们未被发现的兴趣和好奇心。

图 6　华侨城小学楼梯下活动空间改造设计

图 7　华侨城小学楼梯墙面改造设计

4.3 加强学习认知基础，营造光影环境

自然光和人工光的结合使用有助于打造高品质光影环境，自然光线更容易渲染出温馨的氛围，极大增强了孩子们沉浸式的空间体验感。通过增加不同造型的灯具，提升空间趣味性，冷暖光源的融入将视觉中心集中，自然光和人工光是相辅相成的，两者缺一不可。室内空间和万物产生关联，带来强烈的场所认同感，创造一个包容的环境会激发孩子对知识的渴求。以乐高为主题的活动空间里设计了植物墙、展示墙和活动桌（图8），乐高的底部反过来就成为了植物的家，排列的植物墙在一定程度上有效地降低了卫生间开窗的尴尬。展示墙用来摆放各科教学用具，让儿童在课下自己动手，主动去巩固课上的知识。活动桌有高有低，桌面上有围棋、象棋等棋类活动的图案，不仅活跃了儿童的思维与想象，也使儿童在这个有限的空间里感受到更多的学习和娱乐的方式。室内的主要饰面材料仅为环保涂料，空间中不同的色彩和材质，同时刺激了儿童的感觉和知觉[3]。保持原有的玻璃窗使人可以无遮蔽直接望向室外景观，植物墙体量中的凹凸与虚实对比，创造出了明亮而变化丰富的空间形态。

图8　乐高主题活动空间效果

图9　华侨城小学弹性活动空间改造设计

图10　华侨城小学活动空间墙面改造设计⑤

4.4　培养儿童良好品德，塑造复合空间

弹性设计的重要性不言而喻，赋予小学室内的活动空间一定弹性，让儿童在学习进程中根据自身的需要灵活改变空间的布局和功能（图9），这样的"多面体"对儿童形成交叉性创新思维能产生良好影响。校园家具经过定制，采用圆角设计，使不同年级的儿童自己就可以移动，校园家具材料上选择安全环保的材料，儿童可透过不同的材料去探索外界的空间。让复合空间具备了更多的可能性。活动空间的平面和立面上运用了泡沫板、纸箱、瓦楞纸板等废旧或环保材料（图9），让孩子们对其进行创意手工绘制，引导孩子们脑洞大开，增加动手能力，"与世界对画"系列旨在让儿童对世界名家名画进行初步了解，了解一些基础绘画艺术知识，提高审美，再对名画进行简单临摹，最后老师和学生一起对走廊进行艺术化的布置，整合空间，提高使用效率。同时基于严谨的几何审美原则和大胆的色彩对比，来点亮不同的小空间，也对较出色的作品进行鼓励，提高儿童的自信心。通过改造设计，复合空间可以同时拥有校园文化宣传、生态景观布置、班级风采展示、优秀事迹分享等功能叠加，有助于扩大空间的视觉效果，在有限的空间内最优化利用资源[4]，帮助儿童形成正确的三观，约束自己的行为，形成良好品德。

结语

华侨城小学室内活动空间设计极大地满足了儿童的兴趣与需求，以多种手段发挥学校教育的意义、有目的地培养人，教育教学环境的高品质能让孩子们更加快乐、自由地成长。学校践行阳光、生态、科技、可持续的设计目标，旨在为师生提供多样的活动类型、高效舒适的工作学习环境以及绿色人性化的成长空间。目前，以儿童中心论视角为基础的校园设计逐步深化，呈现出一个良好的发展趋势，如何在智能化学习和体验下使儿童寓教于乐，则是下一阶段的重要设计内容。

参考文献

[1] 丁中杉. 促进儿童活动的城市小学校园活动空间设计策略研究 [D]. 南京：东南大学，2017.

[2] 邸培芳，任强. "儿童中心论"影响下的陶行知儿童教育观 [J]. 江苏第二师范学院学报，2017，33（7）：97–100，123.

[3] 窦伯祥. 小学教学空间色彩环境设计研究 [D]. 南京：南京工业大学，2013.

[4] 陈思吟，徐钊，徐忠勇. 探析中小户型住宅的室内空间复合设计 [J]. 艺术科技，2015，28（6）：223–224.

大型商业体外部步行系统设计研究
——以芮欧百货为例

■ 王仁杰 陈新业 杨璐璐
■ 上海师范大学

摘要 随着我国经济的快速发展，大型综合性商业体之间的竞争越发激烈，其所提供的商业服务与空间氛围也日新月异。本文选取了拥有四种不同外部步行系统空间特征的上海市静安区芮欧百货为研究对象，通过现场计数法、观察法、影像记录法等城市公共空间调研法为研究手段，分析了大型商业体外部步行系统中步行系统实际使用宽度、人流量及大型商业体立面设计之间的联系。希望通过研究分析城市主要商业街大型商业体外部步行系统的"多样性"特征，为大型商业体的更新设计做一些有益的探索。

关键词 大型商业体外部步行系统 外部步行系统实际使用宽度 大型商业体立面设计 多样性

引言

在商业活动没有进入空间内部的集市时期，步行便是构成商业活动的重要条件。步行与商业活动之间的关系是一种自发性的行为，商业活动与步行系统相辅相成，构成了现如今发达的商业氛围。

1 步行系统

1.1 步行系统的概念

步行系统作为 2014 年公布的建筑学名词，专指城市中为徒步通行设置的各类步行空间和设施的总称。步行系统通过其组成部分，如道路、街道设施、绿化带等满足市民步行交通所需。一个好的步行系统可以通过尺度宜人的步行空间，绿化系统和其他设施共同来营造步行者所需要的地域感、归属感与参与感。

1.2 步行系统的研究现状及研究意义

步行系统的空间类型是由空间的功能来定义，具有步行交通、步行休闲、非机动车（自行车）通行等多重功能。1986 年扬·盖尔在《交往与空间》中提出人与人之间的沟通交流的产生与人们在公共空间中的活动方式息息相关。2002 年马克·韦尔在《城市与汽车》中提出了通过控制车辆的数量和其行驶速度来建立一个以步行为主的城市。2003 年扬·盖尔等在《公共空间·公共生活》中展示了以汽车为通行为主的哥本哈根是如何逐渐转变为以步行为主要出行方式。

随着商业活动形式的丰富，大型商业体的空间组织形式也从平面形态转变为垂直形态。大型商业体中的步行系统主要由室外步行系统以及室内各楼层之间的商业步道共同构成。本文将大型商业体中的步行系统分为三类：地下步行系统、地面步行系统和空中步行系统。

大型商业体地下步行系统一般与城市的轨道交通相连接，主要包括以轨道交通枢纽站为中心，十分钟步行距离为半径的地面以下所有与轨道交通换乘和城市公共活动相关的步行空间。在一定条件下整合地下商业、娱乐功能以及其他的地下交通，通过垂直系统与地面步行系统进行连接。在地下步行系统的研究中，2014 年王佳杰在《城市轨道交通枢纽区地下步行系统设计研究》中提出了以步行理念为指导以枢纽大厅为主建立地下步行系统整合的长期规划方案。

大型商业体空中步行系统一般情况下建立在高密度城市中心城区，将周围的商圈节点及交通线进行相互连接，给予消费者一定的便利，进而带动整个片区的商业发展。空中步行系统在以地面为基础的前提下，建立一个整体连通的活动层，已达到无缝连接的城市商业空间。在空中步行系统的研究中，2018 年林倬民在《高密度城市中心区空中步行系统设计研究——以深圳福田中心区为例》中提出以竖向系统来整合城市空中、地面与地下步行系统，从而形成一个系统的、宜人的、通达的城市步行系统。

大型商业体地面步行系统一般情况下由城市规划时所预留的人行道与建筑退界组成。因此，由于商业体所处的位置不同以及建造的年代不同，外部的步行系统呈现出多样的特性。在地面步行系统的研究中，董翠霞、于炜、王英力 2020 年在《基于 15 分钟生活圈行动规划的上海新华街道慢行（步行）系统构建策略》中指出了综合交通体系中慢行交通系统的重要性不容忽视。

通过对步行系统理论发展的梳理，不难看出，目前关注的步行系统研究大多位于商业发达、且人流量大的中心城区，以竖向系统来整合城市空中、地面与地下步行系统，以达到满足周围商业需求的、适合人们出行的步行系统。步行作为完成商业交易活动的主要方式，在城市更新的进程中，对于商业体外部地面步行系统的研究有助于我们明晰步行与商业之间的关系，更有助于在商业体更新设计的实践中构建以满足人类活动功能为主的大型商业体步行系统。

2 项目概况

与其他商业体相比，芮欧百货不仅有着十分独特的地理优势，建筑与周边场地关系的处理上也有特别之处。通常的商业体会将与主要道路相邻的界面作为主要迎客界面，而建筑物的背面则作为员工通道或者货物进出通道使用。芮欧百货在设计过程中不仅关注了主要界面的设计，对于在一般商业体设计容易忽略的背界面也进行了相应的优化，从而形成了芮欧百货所特有的四条处理方式风格迥异的界面以及步行系统，这也是芮欧百货在众多商业空间中脱颖而出，成为本次调研对象的主要原因。

在零售商业高度发达的上海，成立于2010年的芮欧百货历史不算悠久，但是地理位置却十分有利。地处上海市静安区的繁华路段南京西路与常德路交叉口芮欧百货，直接与地铁2号线和7号线相接，周围的商业设施十分丰富。除此之外，芮欧百货毗邻静安公园与静安寺，周边有优质城市绿地和知名旅游资源（图1）。

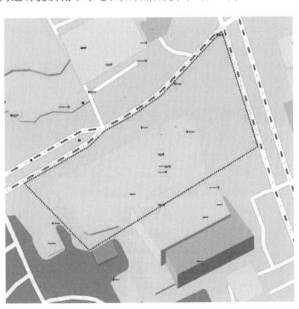

图1 研究范围
（图片来源：作者自绘）

芮欧百货东侧毗邻常德路，在东侧有三个可以进入内部的入口，其中最南边的入口与南侧的越洋广场共用，该入口其实也成为了两栋建筑中间的中庭，贯穿了东西两侧，分别形成了东西侧的入口。东侧作为芮欧百货的主要立面，入口广场安置了西班牙超现实主义萨尔瓦多·达利的传世铜塑名作《时间的贵族气息》为地标，在达利雕塑的旁边设置了一个椭圆形的喷泉。芮欧百货西侧与静安公园一墙之隔，环境幽静，透过栏杆公园内的植物景观一览无遗。因地制宜，将此僻静的通行

空间设计为芮欧百货的室外内街，成为了一家餐厅的室外餐区。南侧是芮欧百货与越洋广场共用的中庭，采用了玻璃天窗的形式，形成了芮欧百货的室内的商业步行街，其室内饰材多为粗糙的室外石材，以此营造室外空间的氛围。北侧是历史悠久的商业街南京西路，由于红线位置的局限，室外步行空间较为狭窄。虽然其主入口不在北侧，但由于南京西路的大量人流、地铁出入口以及西侧所紧邻的静安公园，使得北侧成为人流量最大的一侧。

简·雅各布在《美国大城市的死与生》指出城市的多样性在城市发展中有着不容忽视的作用，直接确定了这个城市是否拥有足够的活力。结合本文的研究对象，从空间形态的多样性、功能的多样性、色彩的多样性这三个方面出对芮欧百货的外部步行系统进行分析来探究城市的多样性。

3 芮欧百货外部步行系统空间形态的多样性

空间形态的多样性由构成空间的垂直界面、水平界面承载的设施及关系所决定。在对于芮欧百货外部步行系统空间形态多样性的研究中，把重点目光放在了宽高（D/H）比、步行系统的实际使用宽度。

3.1 宽高（D/H）比

日本建筑学家芦原义信在《街道的美学》中提出，街道的宽高比（D/H）影响着街道空间的氛围，D/H之间的比值以1为界定。根据作者现场测量数据显示，芮欧百货东侧的D/H为：20/16 = 1.25＞1，虽然东侧的比值大于1，根据现场的实际情况来看，东侧的街道空间更符合人们对于街道的需要，满足人们对于步行空间的需求。北侧的D/H为：10.6/16 = 0.7＜1，因此北侧会给人一种接近感，并且在实际观测过程中，北侧的步行空间较为拥挤。南侧的D/H为：6/16 = 0.4＜1，在南侧比值较小的情况下，设计师在顶界面的处理上选用了玻璃天窗的处理手法，使得该空间的压迫感降低了不少。西侧的D/H为：5/16 = 0.3＜1，西侧的比值为四条步行系统中最小的，但是在实际情况中，由于西侧紧邻静安公园，有着天然的景观元素以及较好的天际线可以吸引人们的视野，空间反而显得空旷。

3.2 步行系统的实际使用宽度

由于步行系统构成的复杂以及需要容纳多样的市政服务性设施，在实际使用过程中，并不是全部的步行系统都表现为步行空间。为了在有限的步行空间内保证良好的步行行为、短暂休憩行为以及方便人们在关注周围商业空间与道路景观过程中的驻足行为，需对特定范围内的步行者的密度进行统计与分析。在统计分析前，首先需要明确除去商业橱窗、花坛、垃圾桶等阻碍步行者通行的设施后的人行道实际使用宽度。只有明确了用于满足步行需求的实际使用宽度后，才能对步行系统进行定量的分析（表1）。

表 1　芮欧百货步行系统实际使用宽度数据

位置	机动车道	非机动车道	人行道/m	建筑退界/m	地面设施	实际使用宽度/m
东	常德路 双向五车道	有 与人行道分离	3.2	17	1.5m方形树池、 达利雕塑、喷泉景观	18.7
南	越洋广场	无	6	无	售卖空间	4
西	静安公园	无	5	无	三级台阶	3
北	南京西路 双向四车道	无 非机动车驶入人行道	5	5.6	1.5m方形树池、 室外吸烟区、圆形树池	9

北侧作为次要入口，作为城市主干道南京西路拥有着双向四车道的配置，北侧并未设置非机动车道，使得非机动车在人行道上通行。北侧的人行道宽度达到了5m，除了原有的路边1.5m树池，在原有路边树池与建筑之间增加了第二排树池，第二排树池距离建筑有着5.6m的宽度。虽然并没有以高差进行划分，但是对人行道的实际使用尺寸仍有影响，因此北侧的步行系统实际使用宽度为9m（图2）。

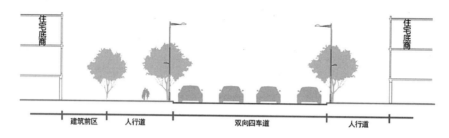

图 2　步行系统北侧道路截面图
（图片来源：作者自绘）

西侧作为该栋建筑的休闲空间，与静安公园之间的距离为8m，但是在该侧餐吧的桌椅占据了一部分的使用空间，在靠近静安公园的一侧，地面作出三级台阶的地面高差。因此，西侧的步行系统实际使用宽度为3m（图3）。

东侧作为主要入口，道路交通方面设置了双向五车道、非机动车道和人行道，人行道与非机动车道通过路沿石在高度上进行空间划分。根据步行系统实际使用宽度的要求，经测量该侧人行道为3.2m，人行道边设置了1.5m的方形树池，该侧人行道的实际使用宽度为1.7m。

在大尺寸的建筑退界中，除去地面设施达利雕塑与喷泉景观所，步行系统的实际使用宽度为18.7m（图4）。

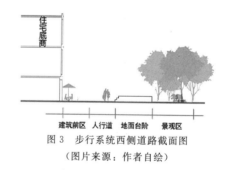

图 3　步行系统西侧道路截面图
（图片来源：作者自绘）

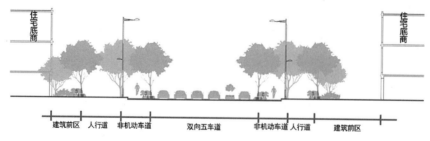

图 4　步行系统东侧道路截面图
（图片来源：作者自绘）

南侧作为两栋建筑之间的室内步行道，拥有着将近6m的宽度。但是在该通道内设置了一排商业售卖空间，占据了一部分的人行道宽度。北侧的步行系统实际使用宽度为9m（图5）。

通过对芮欧百货四条不同特征步行系统实际使用宽度的分析，可以得出东侧为18.7m，南侧为4m，西侧为3m，北侧为8m。从现场测量数据所呈现的 D/H 比以及步行系统实际使用宽度来看，芮欧百货的四条步行系统

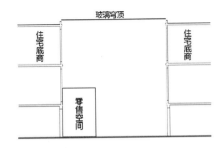

图5　步行系统南侧道路截面图（图片来源：作者自绘）

有着明显不同的特征。根据数据分析可以得出，芮欧百货东侧的步行系统更加符合人们对于街道的要求。

4　芮欧百货外部步行系统功能的多样性

作为大型商业体的步行系统，满足人们最基本的通行、驻足、休闲、交流等功能一定是最重要的。在对于芮欧百货外部步行系统功多样性的分析中，采用了扬·盖尔在《公共生活研究方法》中提及的现场计数法、观察法、影像记录法为研究手段，重点关注了人在该侧区域不同时间段一分钟内人们的活动状态来分析步行系统实际使用宽度对人流量的影响。由于本次调研场地处于南京西路与常德路交叉口，绿灯状态下的人流量比红灯状态下有明显的增高（表2）。

表2　芮欧百货步行系统人流量调研数据

位置	时间 行人状态	2020年11月9日				2020年12月12日			
		红灯时		绿灯时		红灯时		绿灯时	
		下午1：00	下午2：00	下午1：00	下午2：00	下午1：00	下午2：00	下午1：00	下午2：00
东	通过	21	41	49	46	44	61	72	89
	停留	4	9	2	5	6	16	11	9
南	通过	63	73	81	102	75	84	95	102
	停留	1	3	0	1	5	8	2	7
西	通过	8	15	12	9	8	17	25	22
	停留	3	1	2	4	3	8	6	4
北	通过	88	78	133	174	105	114	122	136
	停留	10	13	6	12	19	15	25	16

东侧作为该商业空间的主入口，步行系统的实际使用宽度高达18.7m，拥有足够的避让空间，在几组数据的对比看来，非工作日下午两点钟绿灯状态下的通过人流量高达89人，有9人在该区域停留。除去商场保安外，有大部分人在此停留拍照或驻足观看橱窗。

南侧作为一个商业步行道，步行系统的实际使用宽度虽然只有4m，但是在正常情况下，通过人流量与东侧相比，有着明显的提高。实际通过人流量高达102人，有7人在该区域停留。在该侧步行系统内设置有一系列的商业售卖空间，所以吸引了一些人群在此进行商业活动。但是该侧的主要功能仍是作为沟通东西两侧使用。由于该步行系统的人流基本上为从东到西的单向通行，步行系统的净宽虽然只有4m，但是在102人的流量时并不显得拥挤。

北侧在步行系统实际使用宽度只有9m的情况下，南京西路丰富的商业活动、地铁出入口、室外吸烟区以及静安公园的活动广场等功能的存在都使得北侧成为人流量最大的一侧。在最高峰的情况下，通过人流量达到174人，停留人流量也达到了25人。在174人的通过人流量中，有35人选择进入商业空间，25人的停留人流量中，除了商场保安、环卫工人以及抽烟人群外，12人在观察该商业空间的展示橱窗，其中4人在驻足观看后选择步入商业空间。

西侧作为该商业空间的休闲空间的设置，步行系统的净宽仅有3m。在调研期间，西侧的室外餐吧处于歇业状态，因此西侧的人流量与其他三侧相比并不占据优势。

作为拥有四条不同步行系统的商业空间，根据人流量调研数据可以看出，北侧人流量＞东侧人流量＞南侧人流量＞西侧人流量。虽然东侧作为该商业空间的主要入口，步行系统实际使用宽度也高达17.8m，但是其中17m的避让空间以及北侧所依附的南京西路的人流较大，使得北侧虽然作为次要入口却拥有了最高的人流量。南侧与西侧是该商业空间与其他空间所不同的地方，虽然西侧的室外餐吧处于歇业状态，但是相信等到重新营业，凭借静安公园所带来的自然景观，仍然可以为该商业空间吸引大量人流。

5　芮欧百货外部步行系统城市色彩的多样性

简·雅各布在《美国大城市的死与生》提出每个城市都有着属于自己的色彩，上海的基础色调便是红、灰两色。芮欧百货的外立面设计很好地延续了上海的整体色调，与城市的色彩和谐统一。

在芮欧百货的外立面设计中，主要的装饰手法为玻璃幕墙与白色大理石幕墙。大量的玻璃墙的使用使得整个商业空间的内外形成了较为通透的效果，对建筑的外墙有着一定的虚化效果。在东侧大范围的玻璃幕墙中

Gucci 店铺的外立面单独采用了白色大理石幕墙，厚重沉稳的效果与玻璃幕墙的通透感形成一定的虚实对比（图6）。在广告位的设置中，东侧在屋顶设置了供远距离观看的屋顶式商场 logo 以及吸引周边道路顾客驻足观看的墙面海报。由于 Gucci 处于商业空间转角处，大理石幕墙的效果延伸到了北侧。北侧的广告位除了 Gucci 的门头设计外，还有着大量的展示橱窗，成为北侧吸引人流的主要手段（图7）。南侧作为一个室内步行道，在立面设计中选了粗糙的灰色室外石材作为主要手段，以较小的尺度的界面形成空间的节奏感（图8）。西侧的立面设计与整体统一，在此不做赘述（图9）。

图 8　南侧立面
（图片来源：作者自摄）

图 6　东侧立面
（图片来源：作者自摄）

图 9　西侧立面
（图片来源：作者自摄）

由于东侧与北侧所拥有的较大宽度的步行系统，在整体设计中以东、北侧为主，设置了大量的广告位以及商业展示橱窗。在保证外立面统一的秩序中，以充足的宣传手段来吸引人流进入商业空间。

结语

通过上述研究，可以明确的是步行系统实际使用宽度对该区域内通过的人流量以及商业空间立面设计存在着一定的影响。但是，人们在实际使用过程中会选择更加便利的、节约时间的方式来完成自己的商业活动行为。

图 7　北侧立面
（图片来源：作者自摄）

在城市现代化进程越来越快的当今社会，步行系统对于商业空间的影响也会成为长期的研究项目。首先，人们需要商业空间承担更多的综合性社会功能。其次，不管如何演变商业空间的最终目的还是为人服务，无论是临街的主要界面还是远离街道的界面，都应该在设计实践中充分的利用起来。在城市更新背景下，应该采取合理的设计手法，在高密度的中心城区以竖向系统整合地面、地下、空中步行系统，建立以人类最基本的步行活动为主的便捷的步行系统来促进商业空间的繁荣发展，同时营造以人为本的商业空间，努力达到人、空间、自然三位一体的和谐。

参考文献

[1] 全国科学技术名词审定委员会. 建筑学名词（2014）（精）[M]. 北京：科学出版社，2014.

[2] 罗韬. 居住社区步行系统分析 [D]. 长沙湖南大学，2006.

[3] 扬·盖尔. 交往与空间 [M]. 何人可，译. 北京：中国建筑工业出版社，2002.

[4] 卓健. 从步行城市到汽车城市：马克·韦尔《城市与汽车》评介 [J]. 国际城市规划，2005，20（5）：70-74.

[5] 扬·盖尔，拉尔斯·吉姆松. 公共空间·公共生活 [M]. 汤羽扬，译. 北京：中国建筑工业出版社，2003.

[6] 王佳杰. 城市轨道交通枢纽区地下步行系统设计研究 [D]. 北京：北京建筑大学，2014.

[7] 林倬民. 高密度城市中心区空中步行系统设计研究 [D]. 深圳：深圳大学，2018.

[8] 董翠霞，于炜，王英力. 基于15分钟生活圈行动规划的上海新华街道慢行（步行）系统构建策略 [J]. 交通与港航，2020，7（5）：13-19.

[9] Jacobs Jane，金衡山. 美国大城市的死与生 [M]. 南京：译林出版社，2005.

[10] 芦原义信. 街道的美学 [M]. 天津：百花文艺出版社，2006.

[11] 扬·盖尔，比吉特·斯娃若，赵春丽，等. 公共生活研究方法 [J]. 建筑师，2017（2）：113.

服务主导逻辑视角下的病房护士站设计研究

■ 谢思雯[1]　尚慧芳[1]（通讯作者）　王传顺[2]
■ 1　华东理工大学艺术设计与传媒学院　2　华建集团上海现代建筑装饰环境设计研究院有限公司

摘要　护士站是医院病房中各项活动的枢纽，它既是护士工作的空间，也是住院患者和家属与医护人员互动的物理站点。提升护士站环境质量不仅有助于提高护士的工作效率，更能提升患者的住院满意度。本研究基于服务主导逻辑，引入相关服务设计研究方法，通过对护士和患者进行多方面的调研分析，总结护士和患者对护士站服务属性的优先级需求以及对护士站服务的感知状况，并以此为依据提出护士站环境设计策略。本研究以一个更整体的视角探讨了护士站的环境设计，从多方面考虑使用者的需求，为日后病房护士站设计提供理论依据。
关键词　病房　护士站　服务主导逻辑　环境设计

引言

在医院病房中，护士站承担着重要的角色，护士站处于医院病房的核心位置，是护理人员工作并与其他护士、医生、患者、家属及其他医院工作人员互动的物理站点[1]。护士站作为一个集合多种功能要素的护理单元，其空间设计影响着护士的工作效率、护士之间的协作、病房的护理模式、护士对患者的响应速度、患者的住院体验等各个因素[2-4]。在中国的综合性医院中，病房护士站的形式以开放式护士站为主，以往研究表明，开放式的护士站可以通过提高患者的可用性和可及性来提高护士帮助患者的能力，从而提高患者的体验和满意度[5]。近年来，关于护士站的研究多集中于护士站的空间结构、空间布局等方面[6-7]，未从多方面同时考虑患者和护士的需求，缺少从服务主导逻辑的角度探讨病房护士站的环境设计。

医疗服务近年来受到了很大的关注，不断提高医疗服务质量，更好地为患者服务，已成为医疗机构和相关部门的重中之重[8]。根据中国第五次国家卫生服务调查分析报告显示，随着中国医疗卫生服务体系建设的不断加强，人们对医疗卫生服务的需求迅速增加[9]，医疗服务水平也需要不断提高以适应人们不断增加的医疗服务需要。以病房护士站服务入手研究环境设计，有助于用更全局的眼光审查当前护士站设计中存在的问题。利用现有的服务设计思维框架对医院病房护士站进行全面创新，需要将患者、医护人员、医院管理者等各个利益相关者共同纳入思考之中，强调以人为中心的理念，既要关注患者在护士站感知到的服务体验，还要关注护士在护士站的工作体验。由于护士每天的工作极其繁杂，护士站应布局合理，为护士创造健康的工作环境，当护士工作满意度提高时，就能缓解护士的倦怠性，从而更好地服务于患者，提高患者的就医体验[10-11]。

本研究基于服务主导逻辑，利用现有的服务设计研究方法对三家医院病房的护士站进行调研，并以调研结果为依据提出未来护士站环境设计的策略，以期创造一个以人为中心，提高护士工作效率和改善患者住院体验的护士站空间环境。

1　方法

1.1　方法框架

本研究基于服务主导逻辑，根据先前研究所提出的服务设计方法集成框架对医院病房护士站进行研究[11-14]。根据该方法框架，如图1所示在确定了服务域后，需要分别构建服务语义空间和服务属性空间，再进行问卷调查，通过数据分析建模综合服务语义空间和服务属性空间，最后建立关系模型，确定需优先改进的服务属性，并以此结果为依据提出针对现有护士站环境设计改进的策略。

1.2　构建服务语义空间和服务属性空间

本研究首先对护士和患者进行深度访谈，初步收集服务元素及部分感性词汇。在构建服务语义空间阶段，通过访谈和查阅文献资料共收集到了78个形容词汇，再

图1　研究方法框架
（图片来源：作者自绘）

使用 KJ 法和专家小组讨论对所收集的形容词汇进行筛选，最终构建了包含 6 组形容词汇对的语义空间，分别为亲切的-疏离的（K1）、高效的-低效的（K2）、可信赖的-怀疑的（K3）、专业的-业余的（K4）、功能齐全的-功能欠缺的（K5）、周到的-怠慢的（K6）。在构建服务属性空间阶段，首先根据高曰菖等对医疗家具服务维度的研究结合实际情况确定了服务维度，共归纳了支持性、可用性、技术性、便捷性四个服务维度[15]。其中支持性维度用于评估患者视角下护士站对患者需求的响应程度；可用性维度用于评估护士站的空间布局和护士站内家具功能问题；技术性维度用于反映患者和护士对于护士站智能化设备的需求程度；便捷性维度衡量护士站空间内移动、收纳、交流以及通往各个区域的便捷程度。根据以上四个服务维度，归纳出 18 个服务属性，并根据这 18 个服务属性制作调查问卷服务维度（表 1）。

1.3 调查问卷

本研究调查问卷共分为 3 个部分：①个人信息调查，包括个人身份、所在医院名称、性别、年龄、学历等信息；②根据 18 个服务属性制作的 KANO 问卷，该部分问卷主要用于调查患者和护士对这些服务属性的需求优先级；③7 点语义差异法问卷，这部分问卷根据 18 个服务属性设计了 6 个不同的服务场景，被调查者需要对每个场景做出感性词汇的评分，该部分问卷考察了患者和护士对服务属性的情感反应。

表 1　服务维度与服务属性分类

服务维度	服务属性
支持性	A1 当患者（家属）有问题去护士站询问时能得到护士站的答复 A2 当患者产生沮丧、焦虑不安、愤怒等情绪，去护士站与护士沟通时，护士能感同身受，并能够给患者安慰和回应 A3 当患者在病床按下呼叫铃或者与护士站的通话键时，能够得到护士站的响应 A4 患者去护士站能感受到热情而又积极的服务 A5 护士站尊重病人的隐私，不向外人透露病人情况 A6 护士站能够响应患者特殊服务（如导医服务、陪诊、提供轮椅等）的要求
可用性	A7 护士站旁边设置共享茶水间，供医护人员、患者和家属共同休息使用，增加医生、护士、患者、家属之间的交流 A8 对护士站进行区域划分，设置专供患者咨询的工作点 A9 采用高低台面的护士站吧台，确保负责医嘱等电脑工作的总务护士有安静的工作空间 A10 护士站家具具有安全性
技术性	A11 护士站墙壁上设置大型智慧显示屏，可以实时查看患者信息、护理计划安排等信息 A12 护士站内设置智慧显示屏，滚动播放有助于了解疾病、患病注意事项、检查流程等医疗知识的视频，以供患者查看学习 A13 为每位护士配备搭载医院护理信息系统的 iPad，护士可以随时随地查看和录入病人信息，及时查看医生下发的医嘱 A14 护士站具有智能引导系统，能够帮助患者指路
便捷性	A15 护士站拥有收纳空间和物品摆放位置标识 A16 病房离护士站很近，可以快速到达护士站 A17 护士站与其他医疗房间（如药房、检查室等）之间设置物流管道，护士无需跑各个部门取东西，在护士站即可接收物资 A18 患者或家属去护士站处理事务时（如出入院手续办理），流程简单，能快速处理完事务

1.4 数据收集

本研究共招募了 46 名护士和 35 名患者作为被调查者进行问卷填写，被调查者分别来自复旦大学附属肿瘤医院、郑州大学第二附属医院和余姚市人民医院这三家医院的病房内。本研究共发放了 81 份问卷，其中 81 份为有效问卷。对问卷进行信度分析，KANO 模型问卷部分 Cronbach 系数 α 为 0.928，语义差异法问卷部分 Cronbach 系数 α 为 0.980，Crobach 值均大于 0.8，说明该问卷整体研究数据信度质量很高，适合进一步分析[16]。

2　结果与讨论

2.1 KANO 模型评价结果

从护士站服务的必备属性来看，患者对在护士站进行咨询时所获得的服务体验更为关注，高效、快捷地为患者答疑解惑是患者的核心需求。结合访谈情况来看，当前护士站的吧台未设置专供患者咨询的站点，因此常导致患者找不到问询的护士，而在护士站核对和录入医

嘱的护士常常因患者咨询被打断工作，这种情况极大程度地影响了护士的工作。由此可见，解决患者咨询问题是当前护士和患者迫切的需求。此外，在护士的评价结果中发现，为每位护士配备搭载医院护理信息系统的便携式平板电脑是护士的核心需求。这是因为在我国综合性医院病房内的护士站常为集中式护士站，分管各个病房的护士常常需要在病房和护士站间来回奔波，除了取药外，护士还需要在护士站查看医嘱等信息，在智能化时代，为护士配备便携式平板电脑可极大地减少护士来回奔波的时间，提高工作效率。

从护士站服务的期望属性来看，在护士站环境设计中，使用圆润、安全的家具且增加科学的收纳空间，可以提高护士的满意度。护士在护士站内的各项活动都需要使用到家具，圆润安全的家具从心理上给护士亲切感、放松感，能为他们带来更好的情感体验。此外，护士站收纳问题是各家医院护士都面临着的痛点，从患者对于在护士站办理事务可以快速高效完成的需求来看，一个

整洁、收纳有序的护士站环境有利于护士更高效的工作，从而为患者提供更好的服务。结合目前各家医院病房护士站的实际情况来看，病房护士站内均面临着收纳空间不足、物品堆积杂乱的问题，这些问题也是在访谈过程中护士们最常提及的，有些医院的护士站自发改造，将一些护士站内的小空间变为储物间，而这些临时改造的储物间因未得到良好的收纳整理，在里面寻物品通常需要浪费大量的时间。

从护士站服务的满意属性来看，病房离护士站较近，能较大地提高患者的满意度。而当前医院病房布局常为"一"字形，护士站位于中间，这种布局使位于末端病房的患者感到不便。对于护士来说，为护士站配备大型智慧显示屏和高低台面的护士站吧台能够很大地提高了护士工作的满意度。这两种服务属性都是与护士自身工作效率息息相关的，配备大型智慧显示屏可以提高护士对于信息获取的效率，高低台面的吧台有助于工作分区，为负责医嘱工作的护士创造一个更安静的工作空间。

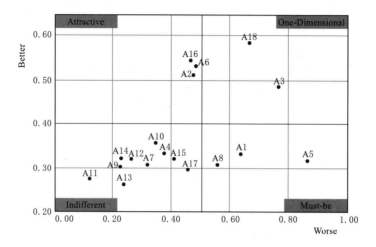

图 2　患者 KANO 评价 Better – Worse 系数分析

（图片来源：作者自绘）

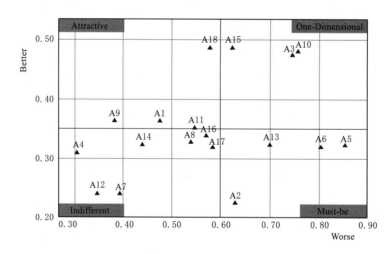

图 3　护士 KANO 评价 Better – Worse 系数分析

（图片来源：作者自绘）

2.2　综合语义差异法问卷和 KANO 模型评价结果

未来人性化的医疗空间不只能够满足患者和护士对功能的需求，更应进一步满足空间使用者的情感需求。这项研究通过逐步线性回归建模得到服务属性与使用者情感反应之间的关系，然后整合逐步线性回归模型和 KANO 模型的结果，将服务属性与受影响的形容词汇进行连接，并从左往右按照 KANO 模型优先级归类方法排列服务属性的优先顺序，如图4所示。

综合来看，支持性维度和便捷性维度的服务属性对护士站使用者亲切、高效、可信赖方面的感知情感产生更大的影响，可用性维度和技术性维度的服务属性对专业、功能齐全、周到方面的感知情感产生更大的影响。仔细分析每一项服务属性可以发现，"对护士站进行区域划分，设置专供患者咨询的工作点"是患者的核心需求，该项服务属性能够影响空间使用者6个方面的感知情感，因此无论从服务属性提升的优先级来看还是从感知情感的维度来看，该项服务属性是在护士站环境设计中需要重点考察的要素。为护士站配备圆润安全的家具以及规范护士站的收纳空间能让护士站的使用者感知到专业的情感感受。设置高低台面的护士站吧台能让使用者感受到周到的情感，这是因为高低台面的护士站吧台无

形中进行了吧台工作区域的划分，高台面的吧台暗示患者此处不是咨询点，因此能减少患者对办公护士的打扰，为护士创造一个安静专注的工作空间，而低台面的吧台处给人更强的亲和力和可接近感，在此处设置专供患者咨询的点能够方便患者快速找到咨询点进行咨询活动。

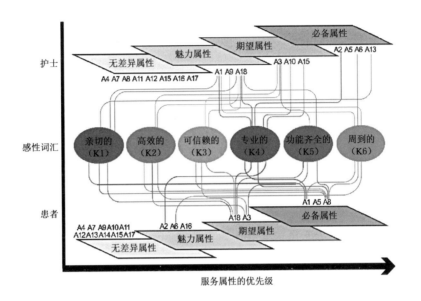

图 4　服务属性需求优先级与感性词汇的关系
（图片来源：作者自绘）

3　未来护士站环境设计策略

对护士站进行工作分区，设置专供患者和家属使用的咨询点。通过对三家医院护士和患者的访谈内容和问卷数据研究发现。关于患者咨询的相关问题受到了护士和患者的广泛关注。上午的时间段，是各病房护士最忙的时候，护士们常常在各病房间进行护理活动，往返于护士站与病房之间，而在工作时间段内常待在护士站的只有负责医嘱的总务护士，家属和患者频繁到访护士站进行咨询常常无法得到总务护士良好的回应，患者无法得到良好、顺畅的沟通体验，而高度集中核对医嘱的总务护士也常常因为被打断导致工作效率降低。面对这种情况，今后在设计护士站空间时应考虑设置专供患者和家属使用的咨询点，特别是在设计时应使用高低台面的护士站吧台，避免使用如图 5 所示台面平齐的护士站吧台，因为台面平齐的护士站吧台容易使患者及其家属找不到合适的咨询点而打扰正忙于工作的总务护士。

增加护士站存储收纳空间，规范物品摆放位置，提高护士站工作效率。未来在护士站设计的过程中，设计师应尽量避免从自我出发，主观臆断地进行设计，应多考察护士们的实际需求。在访谈过程中发现，护士站内摆放的物品除常规护理所使用的医疗器械、医药外，还有许多办公物品、纸质医嘱文件、电子设备等，对于收纳空间的设计应基于实际情况为各物品分配合理的收纳位置。

护理工作智能化需求提升，传统护士站向智能型护

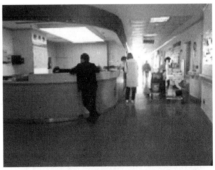

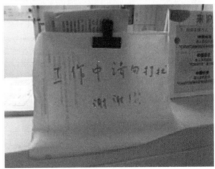

图 5　复旦大学附属肿瘤医院妇科病房护士站
（图片来源：作者自摄）

士站转型，护理空间设计应融入更多智慧化思考。当前正处于医疗智能化技术蓬勃发展的时期，国内外医疗互联网领域已取得了一定的成就，目前各大医院已经开始智慧医院建设的尝试。在本研究的调研结果中也显示，

护士对于智能化设备的需求较大。在未来护士站空间的设计中应考虑设置智能化设备，如在护士站中安装搭载病房管理系统的智慧显示屏，有助于护士实施查看最新情况；为病房护士配备搭载护理信息系统的便携式移动设备，有助于护士实时查看患者状态、医嘱、用药情况等信息，提高护理工作效率。此外，一些医院已开始尝试建立医院内部的智能物流系统，目前较常用的为管道式物流系统和物流机器人的运输形式，因此在未来新护士站环境设计中需考虑应用智能物流系统的空间。

在护士站的设计中也需考量人的情感因素，良好的环境体验是来自多个维度的，在人性化的医疗设计中，良好的情感体验是不可忽视的维度。例如使用线条硬朗的家具产品在医院环境中易使人感知到不安全感和冷漠感，更易让使用者产生对医院的不信任感和疏离感；使用圆润的家具能够营造亲切的感知体验。在使用智能化技术时，也应该考虑人的感知情感，在护士站使用一定程度的智能化设备能让人产生专业的情感体验，但过度使用，例如一律使用机器人接待患者提供咨询服务，那么容易让患者感知到冷漠的情感。因此，在护士站设计中，应综合考虑，确定需要提升的情感体验，并围绕该情感体验进行重点设计。

结语

综上所述，患者在护士站接受服务时希望能够得到专业、高效具有同理心的服务，以此所得出的护士站环境设计策略是对护士站进行更好的工作分区，设置专供患者咨询的站点。从护士角度来看，护士希望能够拥有一个更专业的、功能齐全的工作环境，以此提出在护士站环境设计时应考虑设置充足的收纳空间以及考虑护士对智能化设备的需求。另外，在护士站环境设计时，护士的工作福祉也应该纳入考虑，例如在访谈过程中发现许多护士提出护士站周围没有茶水间，忙起来的时候常常喝不上一口水，因此未来护士站环境设计中除了规划足够的功能空间外还可以增设一个茶水间。未来随着智能化技术的发展，医疗模式也会发生一定的转变，护士站的环境设计也应与时俱进，在实践中应以人为中心，根据具体需求调研进行设计，创造更为人性化的护士站空间环境。

参考文献

［1］ Fay L，Cai H，Real K. A Systematic Literature Review of Empirical Studies on Decentralized Nursing Stations ［J］. HERD：Health Environments Research & Design Journal，2018.

［2］ Gurascio-Howard L. Malloch K. Centralized and Decentralized Nurse Station Design：An Examination of Caregiver Communication，Work Activities，and Technology ［J］. Herd，2017，1：44-57.

［3］ Bayramzadeh S，Alkazemi M F. Centralized vs. Decentralized Nursing Stations：An Evaluation of the Implications of Communication Technologies in Healthcare ［J］. Herd，2014，7：62-80.

［4］ Zborowsky T，Bunker-Hellmich L，Morelli A，et al. Centralized vs. decentralized nursing stations：Effects on nurses' functional use of space and work environment ［J］. HERD：Health Environments Research & Design Journal，2010，3：19-42.

［5］ Shattell M，Bartlett R，Beres K，et al. How patients and nurses experience an open versus an enclosed nursing station on an inpatient psychiatric unit ［J］. Journal of the American Psychiatric Nurses Association，2015，21：398-405.

［6］ 陈希茜，宜晓东，李宗飞. 护理单元的空间结构对护士活动行为的影响：基于循证设计理论的比较研究 ［J］. 城市建筑，2018，301（32）：51-55.

［7］ 陈希茜，宜晓东，李宗飞. 护理单元空间满意度的影响要素研究 ［J］. 华中建筑，2019（10）：45-50.

［8］ Tian C J，Tian Y，Zhang L. An evaluation scale of medical services quality based on "patients' experience" ［J］. Journal of Huazhong University of Science and Technology ［Medical Sciences］. 2014，34：289-297.

［9］ 国家卫生计生委统计信息中心. 2013第五次国家卫生服务调查分析报告 ［EB/OL］. （2016-10-26）［2021-04-12］.

［10］ 格伦，罗璇. 基于循证设计理念的护理单元设计研究 ［J］. 城市建筑，2014，（25）：25-27.

［11］ 蔡敏，王倩倩. 基于感性工学的服务设计方法研究 ［J］. 设计艺术研究，2019，9（6）：60-67.

［12］ Chen M C，Hsu C L，Chang K C，et al. Applying Kansei engineering to design logistics services-A case of home delivery service ［J］. International Journal of Industrial Ergonomics. 2015，48：46-59.

［13］ Hsiao Y H，Chen M C，Liao W C. Logistics service design for cross-border E-commerce using Kansei engineering with text-mining-based online content analysis ［J］. Telematics and Informatics. 2017，34. 4：284-302.

［14］ Hartono M，Chuan T K. How the Kano model contributes to Kansei engineering in services ［J］. Ergonomics. 2011，54. 11：987-1004（2011）.

［15］ 高日菖，辛向阳，谢明宏. 基于开放式创新的医疗家具服务设计研究 ［J］. 设计艺术研究，2020，10（5）：55-61.

［16］ Eisinga R，Grotenhuis M T，Pelzer B. The reliability of a two-item scale：Pearson，Cronbach，or Spearman-Brown？ ［J］ International journal of public health，2013，58. 4：637-642.

迷宫在空间中的"趣味性"设计表达

■ 谢钧怡

■ 华中科技大学

摘要 自古以来迷宫被冠以多种身份和含义，而随着时代的发展，迷宫逐渐演变成了一种益智游戏，并且应用在一些空间设计当中。迷宫设计是一个充满挑战和智慧的设计，它充满未知和不确定性，可以给予人们充足的新鲜体验感。如今的空间发展趋势也逐渐变成功能多样化、形态多元化。经过优秀设计的空间环境不会让人觉得乏味，给人单调的感觉。那样的话，人们待的时间也会变长。本文将探讨迷宫形态空间设计中"趣味性"的表现。

关键词 迷宫 室内空间 "趣味性"设计

随着现代社会的高度发展，人们对空间的追求不再局限于舒适，对生活环境的美观性和趣味性的需求越来越多了。同时趣味性的设计可以让人们与空间的情感距离越来越近，不仅给人们带来视觉上的满足，也给人们带来更多新鲜的体验感。而迷宫作为一种有趣的游戏形式，可以成为"趣味性"设计的引入方式与表现手法，将其融合在一起可为空间营造有趣的环境氛围。

1 迷宫游戏与迷宫空间

我们在生活中，通常会通过玩游戏的方式获取一种有趣的体验感，一些有着丰富的视觉效果、有趣的操作界面的游戏会吸引我们去长久的体验玩耍，其实这对于空间设计中的趣味性有着异曲同工之处。如何吸引人们在空间中长久驻足，感受有趣的体验，可以将游戏的方式引入进来。所以在空间设计中增添营造趣味性氛围的一个基本方法是把空间中的元素与游戏结合起来，让空间产生灵活多变的游戏方式，以便让人们与空间互动，感受整个环境氛围。例如游戏纪念碑谷的界面采用丰富的几何元素与色彩营造出了许多幽深静谧的氛围，鲜明的视觉效果吸引了不少玩家（图1）。

图1 游戏《纪念碑谷》界面

1.1 迷宫与空间设计

迷宫的历史是从希腊语发展而来的，一般来说它的字面意思是"诱人的宫殿"或是曲道。迷宫的文字就英文来说，一个叫"Labyrinth"，一个叫"Maze"。"Labyrinth"是表示一种单径，一条线，从头走到尾；"Maze"的话就更为复杂些，会有比较多的分叉、分支。在古时候迷宫是跟一些希腊的神话相关的。

在艺术家莫里茨·科内利斯·埃舍尔（Maurits Cornelis Escher）的画作中常以惊人的意向探索空间营造的可能性，他是一位名副其实的迷宫大师。现在许多的建筑中设计师也会利用迷宫的这种多变、复杂或者曲折的特点来进行空间设计，营造特殊的氛围感（图2）。有时这就会要求游览者要把每个地方都转完了才能走出来，因为设计师设定的这个路线，就是希望游览者去感受这个空间多样化的体验，这也是对空间设计师的一个启发。例如西班牙雕塑家泽维尔·科尔贝罗（Xavier Corberó）在2017年去世后留下一座占地三千平方米的迷宫式住宅，整座宅邸共有九座相互连接的建筑，无数几何感强烈的楼梯廊柱和拱门像埃舍尔画中的建筑一般神秘莫测。泽维尔·科尔贝罗被誉为加泰罗尼亚地区继高迪之后最重要的艺术家之一，他的雕塑作品有着超现实主义的奇幻，又有着浪漫唯美的气质。这栋建筑原本的设计只是想拥有一个可以摆放作品的地方，但没想到越建越大，最终成为了一座精妙的迷宫式城堡（图3、图4）。

1.2 迷宫的空间氛围营造

当我们在游览一个景观的时候，设计师刻意在营造一个故事线，多数时候是会用一个轴线来表示，就是一个空间序列，如起承转合这样的一个序列来把它放在一个故事线上。而迷宫也有一条故事线，只是它的故事线是一个网状的，并没有一个特别清晰的、单一的线路，而是发散的、互通的，却又特别的不确定，有很大的迷惑性。

图2　莫里茨·科内利斯·埃舍尔（Maurits Cornelis Escher）的画作

图3　泽维尔·科尔贝罗（Xavier Corberó）的私人住宅

图4　泽维尔·科尔贝罗的私人住宅

其实迷宫这样迷惑性的路径以及戏剧化的张力可以说是活跃空间气氛的有力帮手，例如在泰国的一座立体迷宫，设计师把枯燥的攀爬登高转换成了充满趣味的迷宫游戏，这座混凝土制作的红色立体迷宫有几十组复杂的路线，人们可以在这几十组复杂路线寻找的过程中得到互动与交流（图5）。而这座立体迷宫可联想到西班牙建筑师里卡多·波菲（Ricardo Bofill）的作品，在他设计的《红墙住宅》中，结合了极具冲击力的色彩，高度几何化的构成，还有迷幻的空间秩序，仿佛让人们走进了一座异次元的迷宫（图6）。在他的另一座住宅作品瓦尔登七号中，里卡多·波菲营造了更为幽深的迷宫气质与神秘氛围，这座集合式住宅包括四百四十六间公寓，分布在18座异形高塔之中，不熟悉的人会觉得这是一座垂直向上的运动（图7）。而上文所提及的游戏《纪念碑谷》也与里卡多·波菲的作品息息相关，可以说里卡多·波菲的建筑作品正是《纪念碑谷》的现实版。

图6　里卡多·波菲（Ricardo Bofill）《红墙住宅》

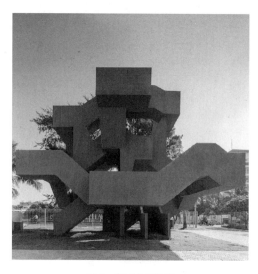

图5　泰国立体迷宫

图7　里卡多·波菲《瓦尔登七号》

2　迷宫空间的"趣味性"设计表达

生活中的空间组合形式有多种多样的形态，经过概括和抽象产生了许多规律性认识并形成秩序。在这些空间形态中如果有秩序，没有变化的话，就会变得单调乏味；即使有变化，没有秩序的话就会混乱。因此，空间秩序的基本原则是归入轴线、平衡、节奏、定位中，利用这些基本空间视觉手段，可以创造出各种形式和空间，在感性和概念上共享有秩序的逻辑统一体。例如我们在城市建设的过程中，也像是在建造一座迷宫，各种路网、建筑大楼、立交桥，地下还有一座迷宫，地铁、管道、各种网，在这样一座追求"效率"和"发展"的城市迷宫里，交通流线是核心基础，而复杂的交通系统和不确定的出行环境，很像我们身处在一座真实的迷宫之中，在其中体会各种情绪，许多未知的路、方向、空间等我们去探索。这也是迷宫空间最有魅力的特征。

道路流线在空间设计中有着指示性的功能，通过平直来引导方向，通过弯曲来分流，并且根据功能需要采用变断面的形式。曲直相济地改变道路形态，使之具有休闲、通行、运动等功能。道路如果与迷宫的空间形式相结合，将形成有趣的游戏空间，再对界面进行不同的设计，可使人在迷宫中感受到不同空间氛围，将增加整体环境的趣味性。

2.1 "趣味性"设计的认知

"趣味性"从字面上可理解为"情趣""意味"，具体而言，指带有娱乐性，能激发人们的兴趣，令人感到愉悦、有趣，耐人寻味，有强烈的吸引力的主观感性。而所谓有趣味性的空间即是指人为营造的具有浓烈的生活气息，追求生活乐趣的空间环境，这样的趣味情境能够激发出人们对情趣的感知，令人们身心愉悦。另外，"趣味性"设计的表现力是多种多样的，而有两点共性是可供人们识别和界定的：一是它的"愉悦性"，这是"趣味性"设计在空间表达中的首要特征，当人们能够从空间环境中实现身心愉悦、精神放松的艺术价值时，才可以将其界定为"趣味性"设计；二是"互动性"，"趣味性"设计在空间中的表达具有较强的互动性特征，具体表现为人们能够参与到艺术设计作品中去，与之发生互动行为，感受新鲜的体验感。总体而言，一个充满趣味性的空间会具有风趣幽默而又新奇的创造性，而空间作为人们日常生活中交流的形式，注入新奇的装点，营造别样风趣的空间氛围也能够促进人与空间环境的相互交流。

2.2 "趣味性"设计的共性在迷宫空间中的体现

不同空间之间的多种交流途径会给人们提供从多种角度认知同一空间的机会，也使得空间体验中充斥着惊喜和丰富的故事线。迷宫虽然是一个物质空间，但是它其实更多的是一种精神的象征，人们在中间体会各种情绪，有很多未知与不确定性是等着人们去探索的，这也是迷宫吸引人的特点。当人们进入一个迷宫空间时，时刻都要在选择，并且也不会马上知道选择的路径是对的还是错。这样的迷宫是特意设计的，它有一些迷惑性，忽近忽远，人们以为到了，且眼睛能看到，声音也能听到，但是路是不通的，其实离得很远，这样的处境下人们会瞬间缺少对现实的一个把握，或者说一种控制感，所以会瞬间产生一些各种各样的情绪变化。

一座迷宫越往里走就会越复杂，而当界面反过来时就会变成一番有趣的景象。在2014年，丹麦建筑师比亚克·英格尔斯（Bjarke Ingels）在美国国家建筑博物馆设计的"迷宫展厅"，这是一座反转的迷宫，迷宫的墙体从外到内逐渐降低，让人们在到达迷宫中心时反而迎来豁然开朗的体验（图8）。所以当人们行走在迷宫中时，惊奇和担忧的情绪并存，但也正是在这样的变化情绪中，在找到出口，抵达终点的瞬间，柳暗花明、拨云见日的欢悦感正是迷宫空间给予人们精神上的愉悦。

再从体验感方面来说，"趣味性"的营造在于对一些奇特事物的体验，通过经历与其过程得到有趣的体验与感受。例如通过融入一些游戏化设计引导人们参与进来，感受不同的游戏体验，从而促使城市公共空间环境中的趣味形成。以比利时建筑师和艺术家二人组 Gijs Van Vaerenbergh 合作搭建的一个大型的实验性质"迷宫"雕塑装置为例，这个设计作品专注于利用人们对空间的体验，在其中添加了许多像是城门、桥、圆顶、墙壁这样的建筑类型元素，增加了人们与空间的互动和交流，让人们在这处"迷宫"空间中体会意想不到的空间与体验（图9）。

图 8　美国国家建筑博物馆的"迷宫展厅"

图 9　比利时迷宫雕塑装置

2.3 迷宫空间的"趣味性"设计表达实践探究

2.3.1 迷宫界面设计

在设计中通过引入迷宫空间形式来展现趣味性设计，进行整体设计之前需通过对迷宫设计进行探究并设置出一个迷宫界面，以便在后续的设计中通过此基础界面进行引入（图10）。

（1）组成部分：边界与路径。

（2）探索定律：

1）迷宫第一定律。从入口开始总沿着一侧走，可以到达相邻的出口。这个法则适用于一般的迷宫。具体的走法是进入迷宫后，选择任意的道路前进。当走到穷途末路的死胡同里，马上往回走，并在这个路口打上记号。如果有十字路口的话，请确认一下还有没有走过的路，如果有，请选择通道往前走；如果没有，就请沿着原路返回，做个记号。然后，重复第二条和第三条的走法，直到找出出口为止。

2）迷宫第二定律。从入口开始每到一个分岔口总是选择从另一侧对未知的路径进行探索，总可以到达终点。

具体的走法可以表示为优先考虑新路径，遇到经过的岔路的话，马上回头。每条路最多只能走两次岔路口（各个路径都没有新路，后面的某条路走三次的时候也一样。）

（3）路径长短解。若迷宫不只有一条路径的情况，可分为最长路径和最短路径。

（4）绘制方法：

1）先确定要绘制的区域和从起点到达终点的路径。

2）在区域内绘制围绕路径的边界，部分形成岔口。

3）补充完所有路径的边界，并做好起点、终点标记。

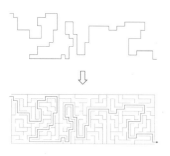
（a）迷宫界面绘制

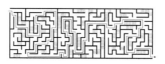

（b）最长路径（上）；最短路径（下）

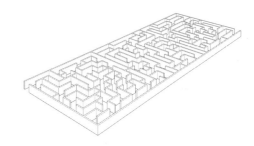
（c）模型框架

图10　迷宫基础界面绘制
（图片来源：作者自绘）

2.3.2　"城市迷宫"装置设计

上文中提到在城市建设的过程中，很像我们身处在一座真实的迷宫之中，城市中有各种路、建筑大楼等元素，所以在设计中将"城市迷宫"这一形式引入进来。这个空间的整体流线配置导入了"迷宫空间"的布局形式，并创造一个"微城市"空间，以迷宫边界作为城市中的建筑，在其中所形成的路径则是城市街区中的道路，形成一个微型城市，营造一座超现实迷宫［图11（a）、图11（b）］。

通过对城市的建筑提取一些图形语言，将其以高矮不一的墙体作为"城市迷宫"的边界，引导人们走向中心活动场地。在墙体上以涂鸦艺术的方式喷绘出街边建筑外立面的场景，如窗户里的小人在做什么，将画面营造出邻里间的热闹氛围。生活中在一些建筑较为拥挤的街区可以发现邻居之间有时会不经意之间在窗户、阳台相遇打招呼、聊天，所以在设计中利用窗户这一图形语言，将部分墙体进行挖空，制成矩形窗户的门洞效果，让人们互动，增添人们与空间的互动性与参与度［图11（c）］。

在"城市迷宫"的中心活动空间设置了城堡游乐区，城堡这一建筑在城市中总是会在街区、广场、庄园、花园等环境中作为一座标志性建筑物设置在一个场地的中心区域，所以利用这一特点将城堡这一建筑语言运用进来作为针对儿童人群的一个游乐场，儿童可在其中上下穿梭玩耍（图12）。

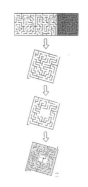
（a）平面形成（红色线型为正确
　　迷宫出口路径；粉色线
　　型为其他探索路径）

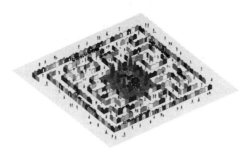
（b）整体模型

（c）"城市迷宫"内部装置效果图

图11　城市迷宫
（图片来源：作者自绘）

(a) 中心城堡效果图　　　　　　(b) 内部效果图　　　　　　(c) 内部效果图

图 12　城堡游乐区

（图片来源：作者自绘）

3　迷宫空间在"趣味性"设计中的更多表现形式

在现今的空间设计中，设计师们开始注重空间和人们之间的互动行为，希望让人们参与到空间中去，此外一些多感官的互动设计也成为空间设计当中的一个新颖的设计趋势和方向。因此设计师也赋予迷宫更多的表现形式，通过应用相关现代化的技术令空间产生生动灵活的游戏环境，从而达到"趣味性"设计中的"互动性"这一特点，并把人们带入到整个环境以放松心情，达到令人身心愉悦的特点。例如光影迷宫的应用，在中国海南省鲁能三亚湾光影艺术节的照明装置"宇宙"中，设计师利用色彩绚丽的玻璃板围成一座具有灯光效果的迷宫，当人们走进其中会看到光线折射出彩虹的七种颜色，通过不同的颜色交错，在视觉上形成不同的效果，给人们带来另类的空间体验（图 13）。

图 13　中国海南鲁能三亚湾光影艺术节中的灯光装置"宇宙"

结语

在多元文化背景和全球化趋势下，空间设计也朝着多元化发展，并且开始引导人们主动融入空间环境并且与之发生互动联系。迷宫是一个充满趣味性的空间形式，在设计中融入迷宫的形式可以让空间充满趣味性，吸引人们参与，也能很好地抓住人们的好奇心理，同时这种趣味性的设计可以激发人们与空间的互动和交流，丰富的视觉效应也能给人们带来新鲜的体验感。

参考文献

[1] 吴文超，李媛. "趣味性"公共艺术品的创作方法研究 [J]. 大舞台，2015（3）：253-254.

[2] 扬·盖尔. 交往与空间 [M]. 何人可，译. 北京：中国建筑工业出版社，2002.

[3] 辛艺峰. 室内环境设计原理与案例剖析 [M]. 北京：机械工业出版社，2013.

[4] 武晋科. 迷宫空间的营造：《纽约三部曲》多层故事结构探析 [J]. 吕良学院学报，2015（5）4：23-26.

[5] 侯飞. 浅析公共空间设计中的趣味营造 [J]. 设计，2014（7）：65-66.

透明性视角下小学室内空间设计方法的研究

■ 李晶晶[1]　徐结晶[2]
■ 1　华中科技大学建筑与城市规划学院　2　湖北省城镇化工程技术研究中心

摘要　后疫情时代背景下，人们更加关注环境对健康的影响，小学校园作为学生学习和生活的场所，应该为儿童提供一个健康支持性环境。本文概述了透明性的发展历程，阐述了透明性空间对儿童身心健康的意义，总结了将透明性理论应用于小学室内空间的设计方法。其中，物理的透明性提高了室外景观的曝光度以及儿童恢复注意力的效率，而现象的透明性增加了空间的通透程度从而激发了儿童在室内活动的积极性。最后文章结合实际建筑案例介绍了小学室内透明性空间的具体应用，并对透明性在四维空间上实现的可能性进行了探讨。

关键词　透明性　小学建筑　室内空间设计　健康校园　支持性环境

引言

小学教育是九年义务教育的开端，随着素质教育的不断创新与发展，小学教育正朝着多元化和有利于儿童身心发展的方向发展。全国各个城市正向一个高密度的趋势发展，如何在有限的地块中高效地利用空间建设复合型小学校园是一个亟待解决的问题。除此之外，疫情过后儿童的健康问题备受关注，如何在小学校园促进孩子的健康并为其提供一个支持性环境是目前小学校园的研究方向。而透明性空间可以使小学校园各个功能空间相互渗透，从而形成边界虚化的暧昧性的空间，空间的相互融通可以促进儿童的身心发展。因此将透明性理论应用于小学建筑空间的营造中，可以增加空间的开放性、通透性和层次感，并且能够很好地契合儿童全新的教育需求与空间需求。

1　透明性的发展

1.1　起源

透明性最开始是从绘画中提取的一种艺术特点，后来演变为一种建筑设计的理论[1]。"现代绘画之父"塞尚为绘画界带来了一种全新的视觉属性——透明性，他将构图空间加入到了二维平面，从而增添了画面的三维空间错觉，例如在他的作品《圣维多利亚山》（图1）中形体的重叠使图面形态充满了模糊暧昧的感觉。

随后，立体主义绘画流派通过色彩的拼贴使画面具有透明性和氛围感，其中法国画家莱热受到了柯林·罗的关注，促使他出版了《透明性》一书，并将透明性定义为图像叠加形成的一种模糊不定的状态[2-3]。因为视线不同程度的遮挡导致人们的视线受阻，这时空间便出现了。而透明性可以使空间彼此之间叠加渗透，从而在一个定位点同时看到多个空间[4]。这时便类似于数学集合论中的交集（图2），集合 C 同时包含 A 和 B 两个集合中的元素。

图1　塞尚《圣维多利亚山》
（图片来源：费城美术馆藏）

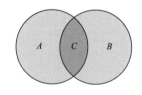

$$C = A \cap B$$

图2　交集

1.2　物理的透明性与现象的透明性

柯林·罗在《透明性》一书中定义了两种透明性：第一种是物理的透明性，主要关注二维空间上视线是否可以穿过材料，如玻璃材质；第二种是现象的透明性，主要关注三维视角下空间之间的渗透关系，空间是否产生了流动性。而建筑界物理的透明和现象的透明的区别可以以两个建筑实例来阐释，见表1。包豪斯校舍利用了玻璃材质组成建筑立面，人们透过玻璃可以看到室内空间的概貌，这是物理的透明性的体现；而勒·柯布西耶的作品加歇别墅花园将楼梯扶手、屋顶侧墙和立面开口设计为前景、中景和背景，营造出和立体主义绘画相似的层次感丰富的图面关系，这是现象的透明性的体现。

表 1　建筑作品透明性分析

作品名称	建筑师	作品解读	透明性	图　片
包豪斯校舍	格罗皮乌斯	立面上采用了大块玻璃	物理的透明性	图 3　包豪斯校舍
加歇别墅	勒·柯布西耶	互为前景、中景和背景的空间关系	现象的透明性	图 4　加歇别墅

1.3　透明性对设计教学的影响

1968 年霍伊斯里提出了广义的透明性的定义——在任意空间中，只要某一点能同时处在两个或更多的关系系统中，透明性就出现了[5]。霍伊斯里提出将透明性作为一种建筑设计方法[6]（图 5）。后来，相关的设计训练在各个建筑学院的基础课程教学和设计训练中不断被强调和发展，促进了透明性理论的成熟。霍斯利提出了当代建筑便利和快速获得透明性的方式，埃森曼进一步发展了"九宫格"式的设计手法，他的作品 HOUSE Ⅱ 具有层次分明的立面和充满矛盾的空间。

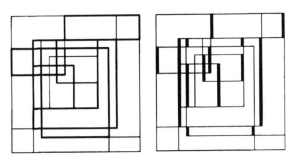

图 5　霍伊斯里的建筑设计教学案例
（图片来源：柯林·罗《透明性》）

2　透明性空间对儿童的意义

小学校园是影响儿童身心发展的重要场所，而小学室内空间是其长期所处的环境。对小学室内环境的塑造可以满足儿童对空间认知能力的需求，其中室内透明性空间的设计可以使儿童在一个方位同时感受到多个空间的存在，这种叠加空间的渗透感提升了儿童的空间认知能力。在小学校园室内空间的设计中运用透明性空间的

设计原则，不仅可以缓解高密度城市用地紧张的现状，而且可以满足该年龄段的儿童身心对空间的需求。

2.1　儿童的身体

1998 年世界卫生组织（WHO）将促进民众身心健康的自主性环境定义为健康支持性环境[7]。建筑立面上透明的材质可以从视觉上增强儿童与室外环境的联系，模糊内外空间的界限，并将天光和景观引入室内空间，从而促进孩子的成长，为学生提供一个健康支持性环境。儿童长期在阴暗的环境中生活会导致视力下降，而透明的材料可以将室外的阳光和景观引入到室内空间，阳光中紫外线的照射可以促进学生的骨骼生长，提高孩子的健康水平。

2.2　儿童的心理

具有透明性的空间可以在小学室内空间营造通透的视线，满足孩子探索新世界的好奇心并促进学生的交往行为。让·皮亚杰提出儿童的心理发展与环境是相互作用的[8]，6～11 岁这个年龄段的儿童喜欢有通透视线的空间，而透明性空间可以增强儿童的空间感知能力，进而促进孩子之间的交流，从而提升孩子的沟通能力[9]。

3　案例阐释小学室内透明性空间营造的方法

结合实际案例探析透明性空间在小学室内环境营造的方法，同时通过空间的叠加渗透可以将空间的趣味性体现出来，从而吸引儿童的注意力并而提升儿童对空间的认知能力，透明性理论在小学室内空间的设计，主要可以分为两个方面。

3.1　材料实现物理的透明性

光线可以透过室内透明性材料（如玻璃材质）到达室内，进而削弱室内空间的封闭性为儿童学习提供明亮的环境[10]。例如，日本的一所透明学校——基督教会学

校（图6）。为了将周围的自然环境引入室内，学校立面运用玻璃材质作为建筑的外墙，模糊了室内外空间的界限，保障了室内空间的明亮，学生可以时刻感知光和绿植的变化，满足了孩子对外面世界的好奇心。同时在建筑内部插入了5个庭院，并围绕庭院形成了透明性空间，为学生提供了在阳光和树影下学习、玩耍和休憩的机会，消除了儿童和自然景观之间的隔阂。

图6　日本基督教会学校
（图片来源：谷德设计网）

3.2　空间营造现象的透明性

透明性空间具有的层叠多义、同时性与矛盾性的特点，使空间不再单调，甚至随着身体的介入而产生变化，界限的模糊使原本边界分明的空间交叠、延展与渗透，为学生学习娱乐的空间增添趣味性。例如，东京的圣心国际学校临时过渡建筑（图7）。学校在一块有限的场地

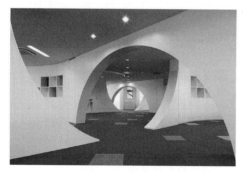

图7　东京的圣心国际学校临时过渡建筑
（图片来源：谷德设计网）

上建了一所临时建筑，7个功能房间由中央的大厅连接，教室被可移动的∞形状的墙体进行分割，这些墙体可以进行自由组合，并且可以作为书架存储物品而被反复利用起来。透过墙壁可以看到多个功能空间，这时便出现了现象的透明性，可以促进孩子思维的发散并且有利于对学生的监督。孩子们可以穿过∞形墙面形成的廊道，宛如穿梭在时光隧道中，增加学生交往的偶然性，在这里孩子们可以随意追逐、打闹和躲藏，尽展孩童的本性。

4　总结与展望

通过对前面两个实际案例的分析，在小学校园中运用透明性理论可以为学生创造出富有趣味的空间，并且营造出积极的支持性环境，从而提高儿童的认知能力，促进孩子的健康。如何将透明性引入到空间营造中，主要总结为以下两个方面：

（1）打破室内外空间的界限。儿童对于环境的感知大部分来自其主观的视觉、直接的体验和真实的内心感受。已经有研究表明，自然景观可以改善学生的视力，而透明的材质可以增加孩子看到大自然的机会，从而促进儿童的健康。

（2）实现复合空间的渗透。小学建筑包含了学生学习、玩耍和休憩等多种功能空间。在小学建筑中运用透明性理论可以打破空间的界限，使多种功能空间在同一区域下叠合，营造出模糊暧昧的空间，增加空间的趣味性，促进儿童对空间的感知和想象能力，让儿童不受空间的限制，在流动的空间增进彼此之间的交往。

经过前文的分析发现透明性理论可以在二维平面和三维空间上成功运用，如果加上时间，透明性是否可以在四维体系进行实践尝试？假如"0"维度是一个点，则其可以在X、Y、Z三个方向进行线、面和体的拉伸以及在第四维度时间上进行拓展。而建筑领域中的时间便是使用者与光影在建筑中的位移，所以透明性理论在四维体系的运用上，不仅可以使小学建筑室内的空间联系光影这个物理信息，而且可以增加空间的流动性与体验感。

（本文为2021年度中央高校基本科研业务费资助项目"基于健康促进的中小学校园支持性环境影响机制研究"的中期成果，批准号：2021JYCXJJ008。）

参考文献

［1］王盈盈，叶鹏. 解读透明性［J］. 中外建筑，2007（7）：59－61.
［2］柯林·罗，罗伯特·斯拉茨基. 透明性［M］. 金秋野，王又佳，译. 北京：中国建筑工业出版社，2008.
［3］赵鑫甜. 基于透明性理论的建筑空间设计研究［J］. 城市住宅，2020，27（3）：89－91.
［4］王炳龙. 日本建筑的透明性对儿童空间的影响［J］. 设计，2018（21）：76－77.
［5］范明溪. 现象透明性：SANAA建筑作品的另一种解读［J］. 建筑与文化，2019（8）：50－53.
［6］韩艺宽. 再读透明性［J］. 华中建筑，2015，33（9）：17－20.
［7］Nutbeam D. Health promotion glossary［Z］. Geneva：WHO，1998.
［8］皮亚杰. 发生认识论原理［M］. 北京：商务印书馆，1981.
［9］孙晶晶. 注重心灵感知的儿童康复景观设计［J］. 中国园林，2016（12）：58－62.
［10］黄超. 色彩与材料质地在小学室内空间设计中的应用研究［J］. 艺术与设计（理论），2019，2（3）：55－57.

基于 C-READI 模式的历史文化街区既有建筑活化设计策略探究
——以龙兴酒厂改造设计为例

■ 蔡　祯[1]　汪　佳[2]
■ 1　重庆大学建筑城规学院　2　中国建筑西南设计研究院有限公司

摘要　随着城镇化的快速发展，历史文化街区面临空间与社会多重发展逻辑的转型。本文介绍了 C-READI 的更新模式，提出了历史文化街区文化-产业导向协调发展的关键因素。同时以龙兴酒厂的整体的改造设计为例，作为对该更新模式的设计应用，从而进一步从设计方法上总结历史文化街区既有建筑的活化策略与设计启发。
关键词　历史文化街区　文化导向更新　活力再生　更新策略

引言

内涵丰富类型多样的历史文化街区（以下简称历史街区）承载着我国地域特色的空间基因。与各类法定文物保护建筑不同，历史文化街区以非法定历史建筑为主要建筑类型，其特质体现为从建筑-地块-街巷的耦合连续肌理与地域特色建筑风貌[1]。更重要的是，历史街区大部分仍保留生产与生活功能，反映出历史与文化在人们生活中的活态映射与交互。然而随着我国城镇化的快速发展，历史街区旅游化的转变使原本的空间形态面临重构与重塑：一方面拆旧建新导致部分街区与建筑形态单一化与同质化；另一方面，旅游业的商品与资本引入也导致对原街区职能产业的驱逐，街区逐渐丧失文化原真性与生活的日常性。因此，如何在历史街区的更新中结合形态基因与本地文化，实现形态、业态、生活三位一体的共荣共生，并保留街区原真文化与日常，成为本次设计思考的关键问题。作为对以上问题的回应，本文基于 C-READI 文化产业协同更新模式，试图从设计层面回应上述思考。

1　C-READI 历史街区更新模式

1.1　C-READI 更新模式概念的提出

C-READI（Culture-Ready，文化准备）的概念由韩国学者牟钟璘在其著作《巷弄经济学》中提出，旨在探究历史街区如何摆脱单一化千篇一律的发展模式。作者通过调研中日韩成功的历史街区发展历程，提出以巷弄为空间载体的文化更新模型 C-READI 模式（图1）。该模型提出街巷的文化与产业复兴有 6 大关键因素：文化基础设施（C）、租金水平（R）、商业规划（E）、可达性（A）、空间设计（D）和整体性（I）[2]。其中文化基础设施（C）是由文化艺术者、工坊工艺者及地方匠人等文化生产者组成的展现地方文化与日常文化的复合空间载体，

具体表现形式为艺术工作室及工艺工坊等创意空间。租金水平（R）与商业规划（E）则提出巷弄空间的发展同时满足经济发展规律，同时建构基于特色产业的商业策划。可达性（A）包括历史街区的整体结构、肌理与序列完整，同时也包括建筑与街巷空间内特有的连接顺畅。空间设计（D）则指街巷内的空间依托历史原型与地方意义通过从景观至建筑立面、店招及室内一体化表达文化特色。整体性（I）是指个体可共享历史街区的文化品牌，透过有形、无形的资源所体现文化传统与气氛，形成文化的共同体。其中文化基础设施、租金水平、商业规划与整体性决定了历史街区的发展方向与成长潜力，可达性、空间设计则注重特色空间基因的延续。

图1　C-READI 模式概念图解

1.2　C-READI 更新模式下的空间特质

1.2.1　自组织

C-READI 的更新模式强调自下而上的个体能动性，以本地匠人对生产生活空间的改造形成历史文脉和街巷空间的动态转译。这种动态转译的不确定性构成了空间的自组织与文化的复杂系统，使文化、产业功能自然地在生活空间中不断拼贴，产生丰富的柔性缓冲与界面。匠人与游客、市民的互动也在拼贴空间中自发地传播地域文化。

1.2.2 多元性

多元性则体现在"看点密度"与"灵活性"所决定的空间速度上，丰富的空间亮点提高了看点密度，让人放慢脚步；针对不同人群的文化内容生产与空间的灵活可变性，从而催生日、夜、节事多时段与多地点公共活动，激发整体历史街区的活力。

1.2.3 场景化

与一般概念的场景化不同，C-READI 更新模式下的空间突出场景的"感性体验"，在街巷之中偶然发现特色的商店与有趣的人群，形成片刻驻足，获得更深层次的享受。故空间以游径组织生活、体验、消费过程，人们从不同场景感知中形成文化意向、场所氛围的整体认知。

2 基于 C-READI 更新模式下的设计探索

2.1 更新背景

龙兴古镇位于重庆市渝北区，古镇历史悠久，文化多元——以宗教文化、移民文化、商贸文化作为核心文化本底[3]。古镇的历史街区（图2）以龙藏宫和禹王庙两大宗教空间为核心公共建筑节点，祠堂街、藏龙街作为古镇街巷最早支状开放空间骨架，向外链接至密街巷与院落形成多维尺度的肌理。两街南北末端分别分布以代表移民文化的华夏宗祠与刘家大院及大小戏台，成为多

点高密的文化源点[3]。传统商业空间在街区内分布与宗教空间呈耦合共生的关系：在整体分布上，两大核心宗教空间周边由于人流密集，在辐射范围内形成了一些以老字号商业为主的空间组团，其余商业文化空间则以触媒形式沿着老街点状分布；另一方面，历史街区的商业建筑大多保留川东民居的地域建筑文化，延续上住下店的立体空间混合，生产与生活紧密交织。

2.2 项目概况与价值

本次设计项目龙兴酒厂（以下简称酒厂）（图3）位于龙兴古镇的历史街区的核心祠堂街上，紧邻核心公共节点禹王庙。在文化本底方面，酒厂内部完整保留了传统生产流程，原真展现了以酿酒为载体的历史街区的生产职能与商贸文化。同时酒厂延续着上住下店的地域模式，酒厂的匠人同时也是老街的居民，本真反映了历史街区原住民的生活模式与日常活动，具有丰富的文化内容。在可达性方面，酒厂进深较大（48.7米），通过建筑内部存在潜在立体链接祠堂老街与新街（天龙路）的可能性。酒厂的面宽合并了三个独立街块，其中北侧郑家槽坊为传统地域的穿斗结构，墙体采用编竹夹泥墙，屋顶用亮瓦采光，具有一定的空间保留价值。综上所述，酒厂具有成为重要商业文化设施触媒的价值与潜力。

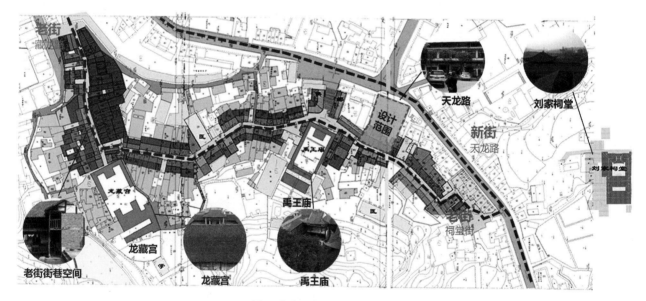

图2 街巷系统及文化要素分析
（图片来源：作者自绘）

酒厂之间的街巷通道　　　酒厂老街立面　　　酒厂的闲置天井空间　　　酒厂内部的生产空间

图3 龙兴酒厂现状照片
（图片来源：作者自摄）

2.3 设计的关键问题

作为对 C-READI 文化更新模式的设计回应，整体性更新如何延续龙兴古镇整体日常性，实现新老之间的无缝衔接，成为关键问题；同时酒厂本身为生产性建筑，文化更新中如何实现商业、文化、生产三者的协同发展，还复合一定展示功能；在空间方面，怎样激发酒厂内部剩余空间和闲置空间，酿酒流线混杂且封闭，如何结合酒厂自身的区位与形态，将酿酒的生产空间与街巷的公共空间衔接，实现更大程度的开放性与体验性；在租金与经济方面，节事与日常人流量不均衡，如何把握空间的分配与人群的活动周期，实现整体永续运营。

3 基于 C-READI 更新模式的设计策略

3.1 文化内容的协同赋能策略

在 C-READI 的文化更新模式的引导下，文化内容系统与功能重构策划根据尺度分为 3 个层面（图 4）。首先为宏观文化空间格局的结构强化，根据文化结构分析，酒厂本身是一个商贸文化的复合型节点，空间上与宗教文化节点禹王庙文化联系紧密，但同时可充当分散分布的移民文化空间中部链接点，故在宏观格局层面策划部分移民文化内容置入酒厂，形成以禹王庙为中心三位一体的文化释放；中观层面的协同体现为对文化单元的重构，酒厂共分为酿酒文化单元、日常休闲文化单元与工艺制作文化单元三个单元。设计将并置的文化单元，进行水平与立体混合，在原文化单元分布的基础上混合置入 30% 其他文化单元的内容，形成建筑内部文化重构；最后为微观层面的文化场景的挖掘，通过对街巷与酒厂的实地调研，总结出以阴米晾晒、基酒储存、原酒售卖、酒罐茶馆等 8 个独具场所日常与文化特色的微观文化场景，作为文化意向与氛围营造的原点。

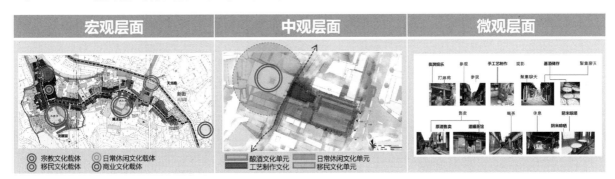

图 4 文化内容协同赋能策略
（图片来源：作者自绘）

3.2 肌理织补与文化触媒激活策略

3.2.1 老街-新街的肌理织补

龙兴历史街区的街巷肌理（图 5～图 7）呈现出以下清晰的特征：老街与新街作为两条主要的空间骨架，酒厂的建筑两侧与山墙的"边角料空间"构成两条潜在的毛细通道与新街老街相连。故肌理织补的目的即为设计打通以上两条毛细通道，同时联动建筑内部天井建构一条的新毛细通廊，形成两横三纵多点的网状空间结构。

同时在入口处底层释放部分空间，进行局部架空处理，形成入口的灰空间，增加酒厂文化空间入口趣味性与引入性。

3.2.2 文化触媒的场景化营造

在网状空间格局下，置入酿酒文化（图 8）、移民文化、市井文化三大核心文化触媒（图 9），结合空间立体流线叙事，将微观文化场景合理拼贴至游览体验路径，打造复合游径中的文化活力节点。

酿酒文化触媒，是整体更新的重点。设计通过空间重构将封闭的酿酒空间转化为酿酒与体验空间，以环形上升的文化叙事逻辑组织空间。在接地层打通酒窖隔墙将制酒的生产序列以场所以环形延续：浸米储藏、煮米、发酵混合、过滤、挤压做香、酒窖包装，以原建筑内的红砖进行分隔，延续老建筑丰富的材料肌理同时以酿酒

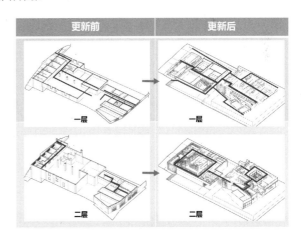

图 5 肌理织补策略
（图片来源：作者自绘）

过程重构文化节点的空间韵律。原酿酒空间二层为酿酒器具储物限制空间，设计制作展架将酿酒工具立体排列，形成 L 型围合的流动空间，使得器物与过程一一对应，如此便可形成二层空间的全面释放。在二层打通部分地面，在酿酒生产区形成通高两层的活力单元。生产区上空设计环形参观回廊，形成看与被看的互动关系，回廊周围的凹空间置入品酒、饮酒、售酒的休闲单元，形成生产空间的活力释放。

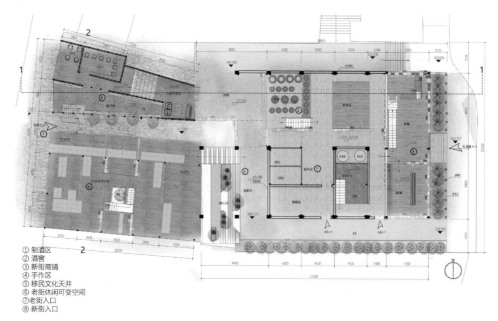

① 制酒区
② 酒窖
③ 新街商铺
④ 手作区
⑤ 移民文化天井
⑥ 老街休闲可变空间
⑦ 老街入口
⑧ 新街入口

图 6 一层平面图
（图片来源：作者自绘）

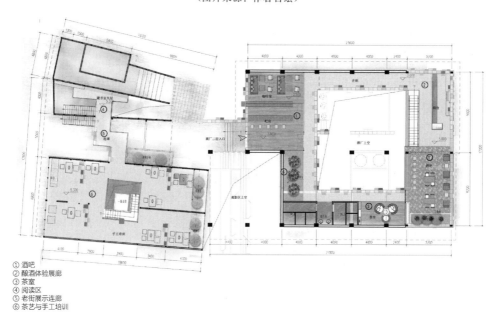

① 酒吧
② 酿酒体验展廊
③ 茶室
④ 阅读区
⑤ 老街展示连廊
⑥ 茶艺与手工培训

图 7 二层平面图
（图片来源：作者自绘）

图 8 酿酒文化空间效果图
（图片来源：作者自绘）

移民文化触媒，承接引入移民文化的总体文化策略，设计将建筑内的"街巷＋天井"作为文化触媒的展示区域。街巷与天井在建筑中的公共性和开放性可更好展示移民文化兼容并包、多元开放的文化内涵。设计将老街与天井的公共通道改造为主要的移民文化展廊，天井处存在 1.5 米的天然高差，利用高差，布置休闲台阶，形成休息展示的移民文化展厅。

日常文化触媒，是与老街关系最紧密的休闲单元。整合棋牌茶馆与郑家槽坊手工店铺两部分，营造茶艺、手作制作、棋牌一体的龙兴日常文化体验空间。设计构思时整体依然采用下动上静的地域空间模式，不同的是底层采用了动态可活动空间，形成对动态活动的更佳规划。对交通空间整合合并，改造狭小复杂的空间分割形成通透的公共可活动空间后，通过统一的平行分隔与伸缩座椅，形成多种交往空间与模式，更灵活体现市井日常。同时在中部引入天井，种植地域性植物，复合交通功能，形成两层的景观性立体联系，增加二层茶馆的文化氛围。

图 9　文化触媒结构
（图片来源：作者自绘）

3.3　从单元到构件的一体化营造

通过对建筑结构的分析与评估，酒厂采用复合式的结构改造方法（图 10）。整体建筑被划分为保护修缮、改建修复以及拆除复建三种类型。其中保护修缮型单元为老街一侧阅读手作单元、日常文化单元，整体遵循原历史建筑格局，对损坏构件加固更换，改变内部个别隔墙位置，打通部分隔墙将左右两边的建筑以廊道联通，增加互通性，最大程度保持建筑的原真形式。改建修复型主要为新街一侧的酿酒单元，通过对原型提取与再设计，拆除违章搭建部分，还原历史风貌。同时在保留原砖木结构的基础上，为了承担设计中二楼新增的荷载，采用"钢包柱"的加固形式，复合新增钢梁框架，保证结构整体稳定。拆除复建单元为酿酒单元新街沿街店铺，原结构以横墙承重为主，整体建筑形制保守，开间形式固定，故设计时予以拆除，采用钢结构结构，以酒架箱型形式灵活组织，将要素贯穿始终。

原建筑屋顶材料采用彩钢瓦建构，更新时将屋顶主体改为古镇亮瓦屋顶，与古镇风貌相协调。同时针对保温防热、通风采光性能的需求，部分建筑的屋顶中部新增采用电动玻璃屋顶，灵活可变。

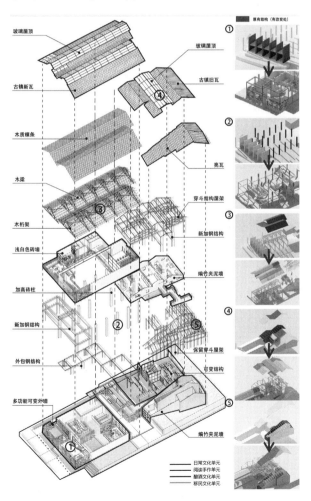

图 10　单元到构件的改造策略
（图片来源：作者自绘）

3.4　潮汐空间——设计与运营的全介入策略

C-READI 的更新模式需要设计师、体验者和业主三方主体在设计全周期充分沟通与反馈，空间逐步改进与之适配。根据不同人群的时空分布特征，满足多样行为需求；同时了解业主后续商业运营策划，在设计中一体整合。在调研过程中，设计团队发现平时游客人流量较少，主要以社区活动为主；而在节假日游客人流量大，主要以游客体验的商业行为为主。在商业策划中，希望进一步改善空间单一化造成的利用率不平衡与价值消耗浪费。故设计引入"潮汐空间"这一动态概念予以反馈（图 11），使有限空间内多空间潮汐时段不同使用方式成为可能，通过老街的展示立面设计、家具与空间分隔达到营造空间的多样性。

| （a）老街日常界面 | （b）老街节假日界面 | （c）新街日常界面 |

图11　潮汐空间效果

（图片来源：作者自绘）

对于老街一侧界面，设计灵活可变的动态滑轨立面。日常主要提供社区活动服务，动态立面部分展开，形成空间围合，营造有助于休息、饮茶、打牌等休闲活动的交流氛围。节假日，动态立面关闭，营造开敞界面为手工艺售卖、酒文化展示创造条件，同时增加空间渗透，功能流通。

对于新街一侧界面，打造商业的整体品牌，以酒架网格为系统，日常为酒文化的储藏与展示，节假日格栅可作为基础结构，自由组合形成不同大小的媒体立面，营造新街一侧的"网红打卡点"。

4　结语：基于C-READI更新模式的设计启发

4.1　尊重文化与发展脉络：构建共生系统

学者牟钟璘在书中提问"为什么巷弄需要经济学"。而其中的答案在于文化与发展协同体系构成的街区整体竞争力与活力。历史街区并非某个特定时期的切片式的僵化产物，而是随着时间组成文化-社会的叠加层积系统[4]。故历史街区文化维育应保持"多元与原真"的开放态度，结合时代发展逻辑，在把握主要脉络文化脉络的基础之上，为历史街区注入新的时代精神内涵，构建文化与经济的共同繁荣。如此在既有建筑更新时，承接整体街区的文脉与发展结构，便不会陷入"削足适履"的孤岛式开发。联系自身实际，作出适宜的文化与发展策划，建构关联文化场所，以更新过程来满足历史街区最佳的文化与发展供需。

4.2　多元要素一体化设计：维育整体性

对于文化基础设施的整体性（identity）营造，其内生要素由对街区肌理、公共功能、文化触媒、结构构件、景观家具等共同构成，设计时各要素宜彼此关联，进行一体化的整合式设计[5]。从可达性与街区形态组构中织补肌理，公共功能与文脉形态适配，文化触媒形成空间核心亮点，塑造打卡体验场景。结构构件宜建立科学的评估体系，把握各种要素的运用方式，统筹建立修缮与保留的空间分类。景观与家具等与空间氛围、场所新旧衔接协调。

整体性的维育，也是以人为中心的全民整体建构。全周期的评估与设计逐步适应性调整有助于适应不同人群需求，提升场所全龄人群活力。植入潮汐式空间，增加场所的动态可变性，满足商业与社区建设的共同需求。

4.3　坚持地域性的生活日常：留业也留人

C-READI模式的文化更新，其本质是为历史街区内的职能产业空间更新提供了一个适宜的方向——即历史街区的更新过程中也宜适当培育保护地域性特色产业，并建立匠人的长期成长的生态圈。保护地域性特色职能产业空间，以活态产业为慢生活创建空间平台。同时历史街区宜注重营造匠人共同体的培育，以创意个体的主观能动性使空间形态多元化，产业丰富化，从而吸引更多本地匠人集聚。历史街区的"留业与留人"，才能既保留了形态与空间的地域性风貌完整，同时维系了历史街区的社会网络资本，真正促进历史街区地域性日常活力的激发。

参考文献

[1] 王建国. 历史文化街区适应性保护改造和活力再生路径探索：以宜兴丁蜀古南街为例 [J]. 建筑学报，2021 (5)：1-7.

[2] 牟钟璘. 巷弄经济学 [M]. 台北：马可波罗出版社，2020.

[3] 李和平，肖竞，曹珂，等. "景观-文化"协同演进的历史城镇活态保护方法探析 [J]. 中国园林，2015，31 (6)：68-73.

[4] 叶露，王亮，王畅. 历史文化街区的"微更新"：南京老门东三条营地块设计研究 [J]. 建筑学报，2017 (4)：82-86.

[5] 杨俊宴，史宜. 基于"微社区"的历史文化街区保护模式研究：从社会空间的视角 [J]. 建筑学报，2015 (2)：119-124.

漫谈当代中国室内设计三十年

■ 叶 铮

摘要 改革开放深刻地改变了我国各个领域的发展，其中就包括当代中国室内设计。然而，在相同的历史背景与时段内，中国室内设计的发展却在整个设计大家庭中，完成了从零起点至世界一流设计大国的跨越。这一现象足以让我们重新看待"室内设计"——这一既熟悉又陌生的设计领域。

关键词 室内设计 1987 至 2017 当代中国 再认识

20 世纪 80 年代末，改革开放的最前沿城市已经开始步入现代室内设计的进程。在此同时，另两起标志性事件是：1987 年与 1988 年，浙江美院与中央工艺美院分别成立了以室内设计为基础的环境艺术设计专业；1989 年，中国建筑学会室内设计分会宣告成立。至此，叩开了中国大地以空间环境为主导意识的室内设计之门。

大约在 2010 年前，从一批率先来自西方发达国家的专业设计人士身上得知："虽然……还有相当差距，但中国一流室内设计师的表现与国际水准比较接近。"当时听到此言还颇为诧异，如果这样的评判仅仅是中国室内设计初显端倪的反映，那么，如今由四面八方汇聚而来的声音，已成为一股时代洪流。

回头试问，在整个本土设计大家庭中，是什么因素使得中国当代室内设计的发展，成为可以比肩全球室内设计的一支新生力量，以至它的迅猛崛起已然默默成为一种无声国家力量的象征，而展现在当今全球化视野中。

1 室内设计发展的时代缘由

当代中国室内设计的起步与发展有着综合性的叠加因素，包括文化心理、时代发展、人才分流、专业属性等。其中有显性与隐性因素，初步梳理如下。

第一，从 20 世纪 90 年代开始的大规模城市更新建设，历时 30 余年，规模之大，时间之久，为中国当代室内设计兴起提供绝佳的历史机缘。建设的范围从楼堂管所到区域开发、从公共设施到居家住宅，为室内设计创造了大量不同空间类型的实践机会，成为全球最大的室内设计建设基地。

第二，长期贫穷落后所形成的群体急迫感，与传统文化中存在的"好面子"观念，双双强烈推动了室内外装饰装修的盛行，并由此成为当代室内设计在中华大地全面铺开的集体心理基础。相对大型土木建设而言，装饰装修是最易裹上光鲜华丽的外衣，可快速满足"好面子"的潜在文化意识，且实施的周期与成本相对经济，对于脱贫之初的 90 年代，倾力选择以装饰为主导的室内外环境设计之路，不失为改善环境、提升形象、顺应社会心理的捷径与良药。也因此充分证明了：室内设计的发展定有其必然的文化土壤。

第三，早期沿海地区建设的五星级酒店成为时代装修的样板，打开了国人的视野。对奢华酒店的崇拜情结，一时深度席卷着人们的内心世界，酒店形象作为美好生活的向往，成为了一种集体膜拜的图腾。以致在相当长的时期内，即便面对的并非酒店空间，不少项目的业主仍然希望设计成五星级酒店的感觉，以弥合长期贫穷落后所导致的心理失衡。如此现象，对于 30 年前边学边干的本土室内设计师们，除去非理性因素的负面误导，其正向作用无异于社会给出了命题创作的标准，在技术操作层面上，对当时的室内设计提出了一个明确的要求，造就了特定时期推动室内设计起步的特定方式。

第四，室内设计作为一个时代的新生行业，在专业人才的储备上几乎是一片空白，所以大批有着美术理想或设计学其他相关专业背景的青年转身投入到陌生的室内设计师行列。丰富的学科背景之下，不乏收罗了一批"50 后""60 后"的时代优秀人才，这一宝贵的人才资源，构成了当代室内设计领域的中坚力量，同时亦为中国室内设计的腾飞奠定了人才基础。如此人才流变的多样化叠加，集中体现在 80 年代末和 90 年代初的岁月。

第五，处于 30 年前的社会现况，建筑装饰装修可谓是时代新型的经济增长热点。这一热点决定了大批人员为实现个人小康，完成原始积累，纷纷投入室内设计与装修的行列。经济形态出现新的增长点，往往都将大量吸引当时最富才华与抱负的那群人。从一开始，室内设计的从业之路便被社会赋予了追求富足的民间神话。

第六，"量身定制"作为空间设计专业的一大特征，决定了室内设计无法完全采取"拿来主义"的设计方式。面对不同空间条件之下的每一个设计主体，室内设计常见的借鉴方式，充其量仅限于对设计观念与形式手法的追求和模仿。这一专业特性决定了室内设计师必须具备系统扎实的专业技能与知识，并且随着新技术、新观念的发展而不断更新充实。否则，对于一位独立的职业室内设计师而言，几乎是不可能生存下去的。因此，作为一个优秀的室内设计师，能够独立、务实、全面、深入地面对所有来自不同项目、不同空间所需解决的问题，是一种不可或缺的基本职业素质。长此以往，这种专业属性造就了室内设计师不断提升的创造能力和日益厚积的专业知识。

第七，巨大的建设规模，使中国成为全球性的设计平台。来自世界各国一流的设计师团队，纷纷跻身于中国的建设舞台，其中不乏国际著名的设计大师。这一近距离强化学习的机会，在缺乏大量专业资讯，全球信息不对称的年代，从观念、审美、形式、技术、操作、管理、物料等众多层面，起到了教科书的作用，在当时，无疑全方位提升了本土设计师的整体能力。

第八，起源于空间装饰与陈设的室内设计，它的低技术含量与高艺术特征是其重要的专业属性。这一属性充分吻合了90年代，室内设计在我国发展之初的现实基础，低技术的入门要求和深厚的文化传统，室内设计优先成为赢得该领域快速提升的时代入场券。

可以肯定，关于当代中国室内设计何以高速发展的缘由，上述8点定有偏颇遗漏。却也从中窥见了导致30年巨变的一些因素：时代的选择、国力的提升、社会的要求、经济的导向、观念的推动、人才的流变等。在众多叠合的因素中，有的是显性因素，有的却是隐性因素。其中，有关人才格局的流变，就是快速迈向卓越的隐性关键因素。

事实上，始于20世纪末的时代选择，社会将一批优秀儿女推向了喷薄而起的城市建设大潮。那场对人才的历史分流与聚集，好比古代田忌赛马：全社会为起步之初的室内设计提供了上等品质的快马，并将其投放到中等品质的赛马跑道上，快马虽然起跑落后，但加速的能力使其最终处于赛道前列。

所不同的是，田忌赛马出于孙膑之谋略，而当代室内设计这场赛跑却是一场顺其自然的时代分流。这一人才分流的结果，导致进入室内设计领域的人才素养，优于该领域对执业所具备的常规要求，从而出现历史性人才流变与择入标准的错位。如此历史性错位才是今天中国室内设计能够进入世界高水平行列的潜在关键因素。

这般人才潜能与需求的错位现象，在其他设计领域似乎未见规模性出现而成为一种时代特例。恰巧是这一奇特错位所形成的时代人才红利，造就了日后近20年中国室内设计的腾飞。同时，亦是部分沉淀在"50后""60后"，这一批艺术理想主义者身上，传统教养与从业操守最后一次时代告白。

2 20世纪的最后十年 —— 扫盲与膜拜

20世纪的最后十年，大规模爆发的城市建设，更像是一场初醒后摆脱贫穷落后的文化运动。起步之初，根本容不得人们有时间做相应的知识准备，以致刚跨入这一洪流的成员对室内设计几乎一无所知。面对全新的开始，室内设计人员普遍缺乏应有的专业知识储备，缺乏应有的设计认知与判断，缺乏应有的从业基础与技能，缺乏应有的前沿资讯与资源条件，最好的老师就是所面对的项目和问题。在没有网络的年代，信息的高度匮乏严重阻碍了求知的视界。

这便是90年代，一个在设计界中处于"扫盲与膜拜"的时代，一个中国室内设计发展腾飞的前期准备时期。

当时的"60后"刚好是30出头的而立之年，时代赋予他们难得的历史机遇。一个更加特殊的现象是：鉴于大批从业人员自动打下的美术基础，加之市场比稿投标开始流行，手绘效果图作为这批人入行的主要渠道，打开了他们走向设计的大门。在那个时代无论甲、乙双方，如此以效果图思维来开启设计思维的方式，伴随着超乎寻常的各种压力，成为当时推动室内外装修设计的一项重要时代特色。

经过十多年的实践与积累，国内室内设计师在专业扫盲与对外膜拜的过程中逐渐成长，世纪末的最后时光已然蕴含着日后崛起的姿态。站在1997年的坐标点，在香港回归的同时，国内室内设计师在上海经过多轮国际竞争，得以全过程、独立地完成了大型五星级酒店的室内设计项目，这标志着中国室内设计师开始经受具有相当专业规模与难度的检验。由此，开启了从1997年至今的中国室内设计的腾飞。

3 21世纪第一个十年 —— 开拓与建树

处于世纪之交的千禧年，中国室内设计界出现两大变化。

首先，世纪末本土民营室内设计事务所的悄然而至，意味着自我觉醒的中国室内设计师开始诞生（如1995年成立的杭州典尚设计、1998年成立的上海泓叶设计等）。这一涌动的新潮在随后的10年中，纷纷花落全国一、二线城市，也相继产生了一批明星制室内设计事务所（如北京的清水、杭州的内建筑、深圳的水平线、上海的黑泡泡等），打破了长期以单一国有设计体制独占鳌头的格局，由此拉开了当代中国室内设计新生力量的序幕。日后的事实证明，这些民营设计事务所的诞生，成为本土室内设计先锋水准不可或缺的重要力量。

其次，千禧年之初，时代的发展结束了90年代以效果图思维来代替设计本身的弯路，进而开始直面空间设计本身。手工效果图的辉煌历史一去不复返，回归了它本应具备的功能角色。与此同时，同样告别传统手工表现的另一场巨大变革是：许多设计事务所开始放弃了数百年依赖的传统制图板，开始转向CAD绘制的全新方式。两场手工的转化均意味着，室内设计开始朝着与专业自身要求和时代发展接轨的方向跑去。

经过上一个10年的艰苦积累，以"60后"为主体的设计群体无疑成为21世纪之初推动中国室内设计进步的主导力量，逐渐结束以往"扫盲与膜拜"的设计状态，时代的话题开始将注意力转移到诸如"简约主义""地域文化""新理性主义"等有关室内设计道路与方向的讨论与思考。进而在大量具体的项目实践中梳理总结，填补之前专业建设的空白，无论是设计观念还是设计技术、专业理论抑或方式操作，在室内设计学科中全面开拓建树，以最短的时间浓缩西方百年室内设计的发展历程。

在此期间，一些设计师的手法与概念风格，一扫长期以来陈旧土气、琐碎无序的设计效果，出现了一批具有清晰语言与表现逻辑，富有时代个性的室内设计作品，使沉寂多年的中国室内设计脱颖而出。同时，作为对实践的思考总结，一批符合本土建设要求的室内设计专著与标准规范也相继问世，逐渐建立起"要什么""怎么做"的整体专业框架，最终完成了从零起点到全面崛起的第一次质变，为日后进一步发展腾飞奠定了专业基础。

随即在千禧年第一个10年中，中国设计界的面貌开始蜕变，诞生了一批行业有推动力的室内设计作品与代表人物（如王琼、叶铮、吕永中 等）和一批有代表性的室内设计专业媒体与媒体人（如《ID＋C室内设计与装修》、《室内设计师》、*INTERIOR DESIGN CHINA* 等），以及有代表性的全国性学术团体与行业活动（如：CIID中国建筑学会室内设计分会，以及其年会与大赛活动等）。

回望21世纪第一个10年，在"60后"为主体的作用下，当代中国室内设计实现了从一穷二白到全面开创的历史进程，更是本土室内设计界和谐共进的一段短暂而美好的时期。这一进程在2010年上海世博会召开之际，基本告一段落，同时，亦形成了改革开放后当代中国室内设计的基本格局。

4 21世纪第二个十年 —— 发展与超越

上海世博会之后的10年，可以说是"60后""70后""80后"们群星闪耀，厚积薄发的时期，是当代中国室内设计的黄金岁月。

至此，我国室内设计已经积攒一定的专业家底。在此基础上，"70后"室内设计师迅速登场，几乎清一色明星设计师的选择模式，且数量规模显超之前"50后""60后"之和。在互联网技术及其观念的助力下，"70后"室内设计师的崛起，伴随着强烈的阵营意识和市场战略，迅速驰骋于本土室内设计界的名利场。

在与时俱进的设计进程中，一批"70后"室内设计师寻求各自的设计方向，从不同的专业切入点，刷新了表现语言的视域或高度，诞生了一批有影响力的作品和代表人物（如琚宾、范日桥、吴滨等）。

新生的力量持有新生的观念。往日传统价值观主导下的行业秩序慢慢褪色，业界温良氛围随之消解，中国室内设计界面临执业诚信标准的分歧，这一对峙所直面的话题，对日后本土室内设计师从业操守的真实性与健康性产生一定的影响。

正当"70后"全面崛起之际，"80后"最新一代的室内设计师已经悄然出现，成为当下室内设计的巅峰水准。前20多年的设计开拓与"80后"崭新的意识，使他（她）在面对空间与语言的理解上持有更加清晰有力

的建构逻辑，设计亦获得更为超前的表现，其作品惊艳整个设计圈，足以激起本土室内设计新一轮震荡，由此出现了一批先锋代表作品与代表人物（如王鹏、余霖、谷腾等）。除却作品，他（她）们的自信，更反映在足够的低调与距离，面对热闹的室内界，可谓"洪流外的高峰"。

与此同时，老一批"60后"与"70后""80后"竞相争艳的过程中，又涌现出新的行业精英（如郑忠、杨邦胜、孙天文等）。

真正见证中国室内设计走向世界，似乎要将时间定格在2016年之后：即第二个十年中的后半段。一起标志性的事件是：上海黑泡泡设计的孙天文、广州东仓设计的余霖，于2017年分别荣获美国室内设计大奖（Best of Year Awards）。这一事件意味着中国本土室内设计师开始走出国门，获得世界认可。2017年之后，有更多的国内室内设计师，频频斩获大量不同类型的国际性室内设计大奖，短短两年间，获奖数量几乎超过全球半数之多（其中也不乏业内的质疑），中国作为世界及室内设计大国的姿态已渐渐崛起。

当某一事物不断走向巅峰之时，在全球化视野之下，它便成为一种国家政治力量的象征。

如果说，上海世博会召开前十年所出现的第一次当代中国室内设计的质变，是以"60后"为主体的专业成就；那么，世博会后十年，使得中国室内设计步入世界舞台的第二次质变，则是以"80后"为主体的各新生力量的爆发。两次质变实现了改革开放后，中国室内设计从1997年到2017年的20年腾飞。更是当代中国设计大家庭中，率先以群体姿态进入到国际视野的设计领域。

5 巅峰后的回落与平衡

当中国室内设计迎来千禧年第二个十年的成就，已然隐含着高峰后的回落 —— 泰极否来。是什么因素，导致未来室内设计的发展可能出现回落？

关键因素依然是人才队伍。始于20世纪末投身那场室内设计潮流的人，已是花甲之年，绝大多数也日渐退出职业舞台，当年的人才红利优势早被消耗殆尽。当下开始入行的从业人员，面对日益发展的职业要求，却出现人才的负红利趋势。似乎，这是一种历史的平衡。

"90后""00后"从业者与父辈们不同，他们基本都是从各大院校毕业的室内设计科班出身。问题就在于近30年来，为迎合大规模的城市建设，全国范围内催生了一大"环境艺术设计""室内设计"院/系，但缺乏专业门槛的建设与扩招的结果是大量专业水平、能力不高不断涌入室内设计行业，或者是毕业之日就是改行之时。这一现象恰如法国教育家卢梭所言："没有好的教育，还不如没有教育。"

不仅专业能力上有欠缺，上一辈所具有的吃苦耐劳的奋斗精神，在年轻一代身上也有淡化。室内设计职业的一个重要特质是它"艰难性"。如今，这一职业特质却被大批年轻的入行设计师所拒斥。与"60后"至

"80后"的设计师相比，时代的优秀分子迅速淡出室内设计的领域。田忌赛马呈逆向趋势，出现了三流品质的马参与到二流品质的赛道上，更何况原先二流品质的赛道经过一流马的参与，已然出现向一流赛道升级的趋势。

同时，城市更新的建设步伐也趋于理性缓和，加上2020年开始爆发的全球性疫情等因素，或许这一切可视为一种时代的平衡——高速卓越之后的平淡与回落。

6　室内设计再认识，理论的使命

中国作为世界级室内设计竞技场，经过30年高速发展，积累了相当丰富的设计经验。实践的推进使得我们对室内设计的认知产生前所未有的变化，不论对其内涵还是外延的深广程度，与百年前开始的那场室内设计运动已完全不可同日而语。当初室内设计作为空间附庸的包装手段，已发展成具有独立设计门类与强大执业信念的学科。但凡信念的出现，背后均有其神圣性的支撑因素。究竟是何种力量催生出室内设计背后的神圣性？这恰是当下理论的使命。站在今天中国室内设计的平台上，我们对这个领域有责任在理论上再次认识梳理，重新定义室内设计学。

当代室内设计的发展极大拓展了专业原本的承载含量，以致不断超越"室内设计"原有的认知含意。如今说起"室内设计"，更多意味着对一种设计现象与力量的含混划分。"室内设计"这四个字，已经构成对其自身认知的障碍。那么如何认识"室内设计"？对此问题作出回答之前，不妨看一下当下室内设计所具有的两大特征："过程的艰巨性"与"含意的超越性"。

首先，承载含量的提升反映在从事室内设计过程的艰巨性，即难度承载的拓展。具体而言，有如下几个方面。

如果单纯将事物做得合理或者是美观，并不难，但需要做得既合理、又美观，甚至还有创新，就不容易；如果某一方人员能完全决策某一事物，也并不难，但要赢得多方共识，作为相互博弈的成果，就很不容易；如果仅仅将对象诉诸计划想象或者理念思想，也并非难事，但需通过可视形象的空间建构来物化理念与想象，就会带来意料未及的难度；如果只是提供某一进程中的段落性表达或方案设计，亦并不太难，但需将所有细节精准化落实到底，成为现实存在，实现它相应的表现深度，就是难度的表现；如果单就本设计自身领域进行拓展，同样不算太复杂，但需从本领域出发，整合其他众多设计领域，甚至跨越设计本身范畴，整合跨界其他各专业领域，实现它相应的覆盖广度，就相当之难……

室内设计就是上述所有难度之总和，甚至还远不止这些因素。总结其难度，在于它能够完美化解相互对立的两极矛盾。

其次，室内设计承载含意的变化决定它不断持有的超越性，这一特质导致专业边界被一再突破。而且专业边界的突破又是如此迅速，以至我们无暇顾及其核心力

量，作出理论总结。

从20世纪早期出现的室内装饰业，到20世纪中期现代室内设计的出现，其承载含意的变迁简而概之，大抵如此：从历史风装饰到个性化装饰；从个性化装饰到室内机能；从室内机能到空间各要素整合；从空间各要素整合到设计战略；从设计战略到文化思想；从文化思想到后期营销操控。可以说，室内设计走过了从装潢师、艺术家、空间设计师、商务策划师、思想家，最后到营销师的职业过程，甚至超越职业过程，走向资本与权力。

这一室内设计含义的不断扩展，反映出起源于人类艺术冲动所导致的创造欲望的表现，以及对个体创造表现的集体崇拜；反映出室内设计对未及世界永无止境的渴求与整合。而且，对空间风格的创造，永远居于室内设计的核心使命。因为，时代风格的创建，是文明社会最伟大的产物之一，对个体设计师而言，是一种类似可以与神相媲美的才华。

由此可见，当代室内设计的超越本性，使得原本服务于建筑、服务于人的初始职能，悄然转向社会对它自身美好创造的崇拜与追求。由于室内设计是一个可以无限激发人类创造行为的领域，人类与生俱来就持有对形式创造，如同对神一般崇尚的天性。也因此使得对室内设计最终，也是最真实的评价，是一种导向对创造力与表现力的终极评价。不论你平时持有何种观点，在直面真正具有创造之美的对象时，所有的观念防线将是不堪一击，被抛到九霄云外。世上一切实用都是有期限的，而美的形式却是无期限的。有期限与无期限，反映出世俗性与神圣性之区别。

室内设计这种由功能的实用主义向精神的表现主义的跨越，非常类似于传统裁缝向时装秀设计的跨越；而这种表现创造向哲学思想的跨越，更类似于传统绘画向当代前卫艺术的变迁。如此对个人创造才华的显现与跨越，成为室内设计作为一门学科存在的潜在动能，其本质就是室内设计的核心力量。

至此，"室内设计"作为一种时代现象和文化力量的体现，它所承载的"艰难性"和"超越性"，足以支撑它存在的专业神圣性。

那么，什么是"室内设计"？室内设计是连接全设计领域的集成学科，需将问题的解决深入到空间中一切细节之中，并赋予空间环境以相应风格和人文理想。其深度与广度决定它是设计领域的集大成者。

然而，现实中的室内设计却长期面临存在的尴尬，一言以蔽之，社会对其学术身份认知的卑微性和表面性，与其现实承载艰难度与超越性之间的尴尬错位。这一尴尬错位严重影响了室内设计作为一门学科的正常发展，并片面评估了与其他相关设计学科的学术关系。

历史也不乏如此尴尬错位的先例。正如西方文艺复兴之前，艺术家与建筑师都是长期被知识阶层和贵族社会所低看的一般，而今历史的轮回却是如此相似，只是主角换成了室内设计师而已。

同样，现实中的室内设计也面临自身存在的尴尬。随着室内设计专业承载含量的提升，一批在行成员和团体对此入不敷出，甚至无从认知，作为一个庞大的职业群体，长期出现一些匪夷所思的现象，形成当下室内设计界另一种尴尬 —— 专业的神圣性要求与滑落的从业德行。

从 1987 年至 2017 年，回望 30 余年中国室内设计快速腾飞的历程，给我们带来了有关室内设计学科全新的思考基础，站在这一时代条件下，重估室内设计作为一门学科的价值，不论是其现实使命，抑或超现实功能，再次梳理室内设计学的理论，意义更为深远。

日常·景观——尤伦斯当代艺术中心空间改造设计研究

■ 陆　明　傅　祎
■ 中央美术学院

摘要　本文将从运营与空间两条线索对 UCCA 发展的历史脉络进行文献梳理，并进行纵向的分析对比，结合实地调研，重点讨论 OMA 操刀的 UCCA 第 3 次空间改造的策略方法和体验感受，以及空间改造与美术馆运营的关系，试图在城市、建筑和文化意义等层面，从"日常·景观"这一理论透镜解读尤伦斯当代艺术中心的改造设计，进而为一种基于当下社会需求的民营美术馆建筑空间转型进行理论上的思考并提供现实的借鉴意义。

关键词　UCCA　OMA　日常　景观　空间改造　民营美术馆

1　798 的"街道舞台"——UCCA 初探

尤伦斯当代艺术中心（UCCA Center of Contemporary Art, UCCA）位于北京 798 艺术区中心区域，从 2007 年正式开馆至今共经历了 3 次空间改造。作为中国民营美术馆运营的范本，UCCA 的 3 次改造顺应了时代变迁，代表了美术馆运营和展览空间使用的潮流，也代表了建筑师对城市、建筑与人关系的不同理解，其空间形式与运营策略都对其他同类型美术馆有着借鉴意义。

漫步在北京 798 艺术区的核心区域，会被不远处那 50m 高的砖红色烟囱所吸引，它是 20 世纪的工业遗存，和街道上还冒着蒸汽的管道一起暗示着 798 的工业历史。将视线向下平移，便会发现一栋 4 层楼高的鲜红色板楼，它便是尤伦斯当代艺术中心。如果在其他地方看见这样的红色建筑，大概率会过于特立独行与环境不相融，但在 798 这样多元混杂的艺术区内，人们不会感到一丝惊奇。若走近这栋建筑，会发现其特殊之处，一层的外墙被全部拆除，仅留下原有的结构柱作为结构支撑，长达 70m 的三维曲面玻璃如同帷幕一般向街道拉开了"舞台"的序幕，红色板楼似乎悬浮于帷幕上方，街道一侧的人行道地面，铺装了跳跃的马赛克，带有座椅和绿化，区别于周围，延伸到美术馆室内。傍晚过后亮起的灯光使建筑更加透亮，在带有厚重工业历史的 798 园区内呈现出了一种不常见的轻盈与通透。

根据欧文·戈夫曼（Erving Goffman）的环境戏剧理论，人们出于配合情景和适应在场的他人，在日常生活中的自我呈现会无意识的、自觉的进入一种合适的角色扮演，他人也不自觉地被充当成观众的角色，人们日常生活中的行为成为表演本身，生活如同舞台，而智能手机和移动互联网增强了这番景象。2019 年 OMA 设计改造了尤伦斯当代艺术中心，将非戏剧空间营造成为人们泛戏剧活动的场所，一个能够诱发表演的地方，一个被观看的剧场性空间。UCCA 面向街道的三维玻璃表面丰富且多层次的折射与反射，将街道对面的餐厅、广场的行人、远处的天空与内部的艺术品打碎又扭曲着重组在一起。连接室内外的阶梯、入口上方悬挂的三面旗帜、内部发光的长折线前台，UCCA 商店里驻足购物的人、前厅蜿蜒曲折买票排队等候进展厅的人、散坐在大台阶上歇息的人，隔着这一特别的玻璃帷幕，使观者无需进入便可知晓内部的场景与活动，前来观展的游客总会在此驻足观看或拍照打卡。这一系列元素、这一幕幕场景、这一重重的景深，一同向来往的路人发出邀请的信号，改造后的尤伦斯当代艺术中心又一次成为 798 艺术区内标识性的存在。

2　从工厂车间到民营美术馆——UCCA 历史回溯

2.1　前 UCCA：艺术大窑炉

UCCA 前身为 718 联合厂大窑炉车间，南侧两座厂房是 1957 年由德绍设计学院的德国建筑师主持设计的。20 世纪 70 年代，厂房北侧加建了一座行政楼[1]。20 世纪 90 年代，718 联合厂经营不善几近破产，园区内大量厂房开始对外出租[2]，大窑炉也因其大跨度的空间优势和低租金的经济优势吸引了众多艺术家。1995 年，中央美术学院雕塑系租用其为临时工作室。2003—2005 年，厂房主要作为展厅使用，期间举办了"蜕——荣荣和映里的影像世界""左手与右手——中、德当代艺术展"等多次重要展览[3]。此时，展览与空间是一种简单且直接的置入关系。从工业生产到文化生产的大窑炉是以工业遗产保护出发的适应性再利用，保留了具有历史价值的工业遗存，转向具有学术价值和艺术氛围的展览空间的初步尝试。

2.2　UCCA 1.0："白盒子"美术馆

2007—2011 年为 UCCA 1.0 阶段。首任馆长由中国先锋艺术运动的重要参与者费大为担任，第二任馆长为杰罗姆·桑斯（Jérôme Sans），前者注重展览背后的学术建构，后者致力于展览与观展者的互动性，以及艺术与大众之间的联系，开展了许多公众教育活动。同时尤伦斯艺术商店的总监薛梅开创了国内艺术商店运营的新模式，为尤伦斯艺术基金会分担了大量资金成本。此时的建筑空间由让-米歇尔·维勒莫特（Jean - Michel Wilmotte）和马清运全面翻新。保留了原始的混凝土框架结构和烟囱，并以通道连接南侧两座窑炉车间，入口位于西侧长廊内，没有设置建筑外立面，以放置艺术装置和树立广告牌的方式引导人流。最南侧厂房作为大展厅，用于举行大型展览及仪式活动，北侧厂房以"盒子式"的空间划分为中展厅、中央甬道、黑盒子和白立方，并配有报告厅、咖啡厅、艺术商店、大堂等基础设施。室内整体环境以白色为主，配以线性的黑色廊道，有意营造出艺术的崇高感。大窑炉转变为纯净的白盒子美术馆，为艺术品提供了更好的空间展示条件。

2.3 UCCA 2.0：街道家具

2012—2016 年为 UCCA 2.0 阶段。经过了 10 年的探索与发展，UCCA 的运营体系逐渐完善。现任馆长田霏宇（Philip Tinari）希望融合前两任馆长运营模式的优点，既有独立的学术主张又兼具美术馆的公共性[4]。2012 年

由非常建筑的张永和对外立面及主入口空间进行改造，他将主入口从西侧长廊移至北侧立面，虽面向主要街道，但仍需通过一条贯穿于最北侧板楼的狭窄走道才能进入内部展厅。张永和为留存工业记忆，以锈铁板和旧红砖为主要材料，设计了更具包容性的带有座椅的符号化立面，将品牌标识直接转换为立面装饰，增强辨识性。主入口转移至街道的策略是面向大众的初步尝试，也是运营策略转型的开端，但仍限制于老工业区的环境背景，停留在工业记忆的历史情境之中。

2.4 UCCA 3.0：街道舞台

2017 年至今为 UCCA 3.0 阶段。2016 年创始人盖伊·尤伦斯夫妇（Baron Guy Ullens & Myriam Ullens）退出，2017 年 UCCA 完成机构重组并更名为 UCCA 集团。重组后，OMA 的合伙人克里斯·范·杜因（Chris van Duijn）对建筑空间进行了全面升级，对以往空间模式进行了颠覆性的革新，改造了建筑外立面并扩建了一层公共区域。尤伦斯以全新的开放姿态面向街道，成为大众美育的街道舞台，起到广告效应和招徕作用。UCCA 作为一个开放的艺术综合体正式走向日常，成为文化消费的供应机构，成为未来民营美术馆运营转型的一种建筑空间形制的呈现（图 1）。

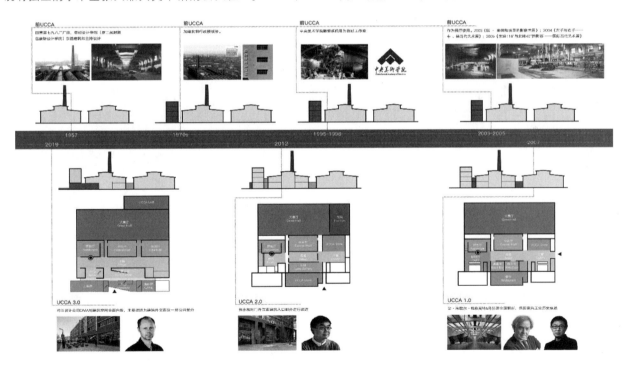

图 1 UCCA 发展时间轴
（图片来源：作者自绘）

3 日常·景观，作为一种理论透镜

"日常"作为一种对现代社会的反思，自 20 世纪成为西方世界关注的焦点。在文化研究领域，瓦尔特·本雅明（Walter Benjamin）关注的"日常"是作为一种"废弃物"的日常，并以日常碎片的拼贴组合对现代性进行理论批判[5]，对他而言，发现各种表述日常的形式就是

日常生活的政治；在亨利·列斐伏尔（Henri Lefebvre）的语境中，日常生活（Everyday Life）是一种"剩余物"，是被独特、高级、专业的结构性分析挑选后剩余的东西，暗示了普通、平庸，却蕴含了连续的重现与持续的重复，是"此时此地"非抽象化的真实性，是辩证且批判地进入外部世界与社会世界的连接处；在米歇尔·德塞尔托（Michel de Certeau）对日常生活的关注中，尝试将其研

究聚焦于人们的行为方式,人们"从事"日常生活"实践"的方式,他认为日常是一种"诗学",这里"诗学"一词来自希腊语中的"poiein",意为"创造、发生、生产"[6]。

建筑学领域对日常的关注始于 20 世纪 60 年代对现代主义建筑的反思,现代主义的功能至上和形式主义脱离了人体的尺度与实际的使用需求。史密森夫妇(Alison and Peter Smithson)将住宅、街道看作是满足日常生活的场所;文丘里夫妇(Denise Scott Brown and Robert Venturi)对现代主义运动英雄式的原初性立场提出质疑,并希望在日常生活的感知中做出积极的回应;简·雅各布斯(Jane Jacobs)在其著作《美国大城市的死与生》中,对现代城市规划的同质化和机器化进行批判,倡导一种非正式的、日常性的、发生于杂货店、门廊、人行道等公共场所的社会行为;而在坂本一成(Kazunari Sakamoto)"日常的诗学"(Poetics in the Ordinary)中,探寻的是一种日常生活中的"绝对平凡"(the absolute commonness),他打破建筑形式的枷锁,寻求建筑于生活本身的意义。

"景观"这一概念包括两方面的来源:情境主义国际(Situationist International)视景观(Spectacle)为一种社会革命的手段来深入日常生活以反抗和改造被异化的社会现实。其核心人物居伊·德波(Guy Debord)将"景观"分为"弥散的景观"和"集中的景观"两种对立的形式,而媒体将两种景观融合为"综合景观"成为控制大众的一种手段[7]。景观都市主义(Landscape Urbanism)提倡的是一种开放的景观效应,以此适应当时的城市活动。陈洁萍和葛明将景观都市主义分为三种倾向:关注城市的景观与生态问题的温和景观都市主义、关注于都市社会景观的激进景观都市主义、以及将两者糅杂的试图让自然生态与社会经济文化共存的景观都市主义。雷姆·库哈斯(Rem Koolhaas)、伯纳德·屈米(Bernard Tschumi)、MVRDV 等建筑师将景观视为观察当代城市的透镜[8]。

4 UCCA3.0:走向日常景观

如果说维勒莫特和张永和对 UCCA 的改造仍停留在

一种"佩夫斯纳式"[9]的、独立封闭的、供人观赏的"白色盒子";那么 OMA 改造后的 UCCA 便是去构建一种"非佩夫斯纳式"的、多元开放的、参与体验的"日常景观"。日常意味着大众平凡而普通的生活,随处可见却又被视而不见,作为日常的 UCCA 在不断拉近与大众的距离,美术馆从精英主义走向大众文化,从仪式感走向公共性;而景观暗示着一种控制、一种表演、一种观看之道,作为景观的 UCCA 在不断定义与大众的关系,景观不只局限于实体的物理空间,还体现为发生于空间中的行为与事件。

4.1 "日常",一种审美态度

公共性是 UCCA 在运营上一直探索的方向,经过 OMA 的改造与扩建后,UCCA 大幅拓展了公共空间的面积(图 2),走向了一种日常的审美态度——真实、琐碎且瞬时。公共空间在功能上走向多元,流线多层次的引导由此改变了以往进入的空间序列(图 3)。原本的人行道成为室外广场,在踏入室外广场的一刻便已经进入了UCCA,在广场和街道的任何角度都能清晰地看见新入口——在曲面玻璃中间置入的大型斜向钢质玻璃门,同时一组用于举行活动和日常休憩的大阶梯与玻璃门相交,模糊了内部与外部的空间界限,构建出视觉的连续性。当进入 UCCA 的内部,会发现室外马赛克的铺地以颜色渐变的方式延续到了室内空间,室内外的空间界限再一次被模糊,观众的心理防线也会随之降低,进入美术馆成为一种日常行为。

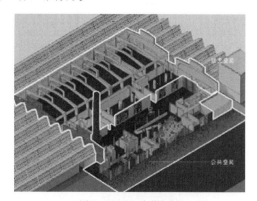

图 2 UCCA 公共空间
(图片来源:作者自绘)

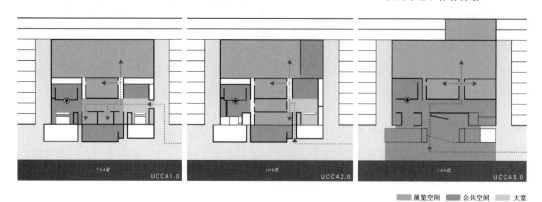

图 3 UCCA 观展流线演变分析
(图片来源:作者自绘)

相比之前的分散式展厅，UCCA3.0将展厅整合并全部归于南侧两间厂房，内部观展流线也随之简化清晰，观展体验得到提升。同时打通原甬道、长廊和大堂之间的隔墙，将一层公共空间贯通（图4），将原有厂房与板楼的空间关系裸露呈现，并强化其中商店、咖啡厅、书店等休闲消费或公众教育的公共性。单一的收藏展示已无法满足当代美术馆受众的需求与运营的需求，功能逐渐多元且向日常靠拢，UCCA转变为一种复合的艺术机构。

图5　UCCA立面分析
（图片来源：作者自绘）

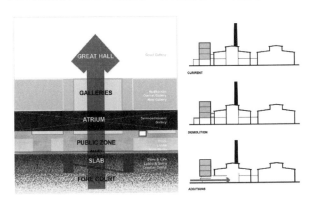

图4　UCCA改造策略分析
（图片来源：https：//mp. weixin. qq. com/）

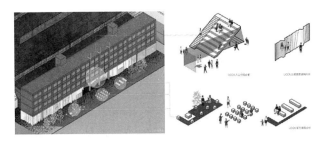

图6　UCCA入口及室外广场分析
（图片来源：作者自绘）

3.0阶段的UCCA不再是纯净、中性且充满距离感的"白盒子"，而是拼贴、日常且消解距离感的城市公共空间。木材、红色灰泥、马赛克地砖等构成了材料上的琐碎日常，一层的矩形灯带与外部红色建筑的窗户一一对应，像将原本一层的墙面进行90°翻转，打开建筑立面使美术馆全面开放面向行人及游客。暖光源的氛围与丰富的质感拉近了UCCA在空间感受上与人的距离，也将美术馆从"艺术殿堂"的顶端拉下，转变为更加日常化的审美态度。

4.2　"景观"，一种控制机制

"网红"立面打破了美术馆的边界、重构了人与艺术的边界，成为了消费功能的展示窗口（图5），吸引着来往的人群的注意力。如果不进入内部展厅，甚至无法辨别出这是一个美术馆。这些元素共同营造出了街道舞台的景观，将日常生活中的行为以戏剧化的方式呈现，观者透过玻璃看向内部，内部也因被观看而呈现出"表演"行为。入口处连接室内外的大阶梯除举行活动外，是日常中人们休息的场所。阶梯的正面直接面向入口，侧面直接面向街道，既是观看他者的观众席，又是被他者观看的表演席，每个人都扮演着观众与演员双重角色（图6）。

2020年UCCA与快手联合举办"园音"线上直播（图7）；在特展"幻景：当代艺术与增强现实"中运用AR的手段结合公共空间在移动端呈现虚拟展品（图8）；在展览"毕加索：一位天才的诞生"中邀请明星蔡徐坤担任"公益大使"；在即将展出的"成为安迪·沃霍尔"中邀请明星欧阳娜娜担任"推广大使"。前两者运用新型媒介对以往既定的艺术观赏方式发起挑战，消解了艺术

的等级性，使其成为大众文化的一种景观碎片，而后两者则是借助虚拟景观的流量带来实际的经济效益。真实的景观只是对人外部身体的控制，而虚拟的景观则是对人由内到外的控制，是物与人的双重异化。

图7　UCCA在快手直播"园音"
（图片来源：https：//www. zhihu. com/）

图8　太阳伙伴，奥拉维尔·埃利亚松
（图片来源：https：//ucca. org. cn/）

结语

当下大量民营美术馆进行改造更新的背后是建筑空间形式不再匹配运营使用的需求，而运营方也希望通过建筑改造带来额外的经济价值。UCCA 作为当代中国民营美术馆的先锋，其"日常"代表着审美态度从"高"到"低"的转换、是对现代性以来效率优先、功能至上的反思；"景观"则是在资本逻辑下民营美术馆向商业化、视觉化的倾斜，是艺术进入大众文化对人进行控制的手段。两者看似矛盾却以一种拼贴的方式并置在 UCCA 的建筑空间与虚拟空间之中，如何对待"日常"与"景观"的关系，是中国民营美术馆空间改造中需要去思辨的，如何构建一种平衡的更新策略是建筑师、资本方及相关群体需要去共同面对的问题。

［本文受中央高校基本科研业务费专项资金项目"室内设计及其理论教学研究"（编号：20KYZY025）资助。］

参考文献

［1］应昊. 798：真实与虚幻之间的浮游岛（上）［J］. 东方艺术，2009（3）：92 - 97.

［2］戎筱. 自发性空间实践研究：以 798 地区转型为例［D］. 北京：清华大学，2011.

［3］应昊，范尔蒴. 798：真实与虚幻之间的浮游岛（2002—2005）［J］. 东方艺术，2009（7）：112 - 115.

［4］王青云. 旁观者与建构者：田霏宇访谈［J］. 建筑知识，2012，05（December）：114 - 115.

［5］段祥贵. 本雅明的日常生活诗学及其当代意义［J］. 哈尔滨学院学报，2013（2）：23 - 27.

［6］本·海默尔. 日常生活与文化理论导论［M］. 北京：商务印书馆，2008.

［7］居伊·德波. 景观社会［M］. 南京：南京大学出版社，2017.

［8］陈洁萍，葛明. 景观都市主义谱系与概念研究［J］. 建筑学报，2010（11）：1 - 5.

［9］王骏阳. 日常：建筑学的一个"零度"议题（上）［J］. 建筑学报，2016（10）：22 - 29.

基于装配式 4.0 时代的城市青年公寓一体化设计策略探究

■ 陈　格[1]　范诗意[2]　吕勤智[1]
■ 1　浙江工业大学设计与建筑学院　　2　浙江绿城利普建筑设计有限公司

摘要　在我国建筑工业化发展进入 4.0 时代的背景之下，住宅产业不断更新迭代，建筑建造方式由传统生产形式迈向了标准化、工业化，装配式建筑成为了建筑建造的新兴发展趋势。本文以装配化以及建造手段为背景，阐述其基本发展背景、趋势以及特点。同时以城市青年公寓为目标对象，结合广大城市青年的居住现状问题与实际需求，总结装配化建造在青年公寓中应用的适配性与前瞻性。进一步从人性化设计、标准化设计、菜单化设计、信息化设计四个设计层面切入，为装配化 4.0 时代下打造"科技＋可变＋共享"的青年公寓提供一体化设计策略，旨在使未来的装配式设计不仅仅停留在部品的装配之中，更是能够让整个人类生活空间都能进行装配以及移动。

关键词　装配式建筑　青年公寓　一体化设计

引言

早在 20 世纪 60 年代初，英、法等国就已对装配式建筑进行了初探，使其得以实现。由于装配式建筑施工快捷、成本可控、维护便捷等特点，世界各国迅速对其加以研究与运用，现存许多优秀的经验可供学习。自2016 年《国务院办公厅关于大力发展装配式建筑的指导意见》发布以来，我国装配式建筑相关政策和指导意见相继出台。目前，不论是从国家战略布局还是具体政策导向来看，装配式建筑都有着美好的发展前景。

此外，随着城市化进程的加快，城市吸引了大批外来青年前来就业与居住，由此也引发了诸多社会问题，房价高、房源短缺、住房品质低等因素使住房问题成为了青年在城市生存所面临的首当其冲的难题之一。针对城市青年公寓建设规模庞大的特点，对其采用工业化体系建设方式，采用耐久的承重结构与可更换的内装结构来提升整体建筑的可变性，不仅可以改善建筑居住品质，解决民生问题，也对提高建筑建造技术水平、建筑产业转型升级具有重要的现实意义。

1　装配式建筑发展趋势及特点

建筑业是我国经济发展的重要支柱，正处于高速发展的阶段，建筑的建设规模也正在不断增长中。但目前传统建筑业的生产方式存在诸多弊端，比如建筑工地的粉尘污染对生态环境破坏严重；随着人民生活水平不断提高，劳动力日趋减少，人工成本的增加导致建设成本费用上升；伴随着现浇混凝土等粗放的施工方式出现，工程质量逐渐低下，导致后期维护不便利等问题出现。而发展装配式建筑是解决以上问题的重要手段之一，装配式建筑要求从设计阶段就注重"一体化"的设计思维，

标准化、集约化、信息化的生产流程要求从更加系统的角度来考察建筑产品的建造全过程，对于建筑品质的把控更严谨。此外，装配式建筑建造污染少、后期维护成本低，既是对我国绿色节能、可持续发展战略的响应，也对整个人居社会的发展有着深刻的意义。

纵观建筑工业化的发展历程，可将其分为四个阶段，分别是"新材料、新技术出现的 1.0 时代""预制构件模数制度趋于完善的 2.0 时代""以 SI 住宅为代表的集成、节能、信息化的 3.0 时代"以及"突破模数、利用科技使人与建筑产生感情的 4.0 时代"。装配式建筑作为建筑工业的重要部分，同样经历了 1.0 至 4.0 四个发展阶段。2015 年末发布的《工业化建筑评价标准》宣布了国内"装配式 1.0 时代"的到来，这一阶段的装配主要停留在建筑基本结构与金属构件上，例如墙板、空调板、预制梁、预制柱等；2018 年以交通为核心的集成模块的呈现，代表着"集成化 2.0 时代"的到来，核芯主要集成了内装空间与设备管线，相关空间围绕着核芯自由排布；目前，我国装配式建筑的研发正处于"集成化＋框架 3.0 时代"与"集成化＋框架＋移动 4.0 时代"同时的发展状态，3.0 时代的研究重点在于未来所有建筑房间都可以通过组装连接得以使用，任意建筑房间都可以进行灵活拆卸以及安装，也可以根据需求实现高效的定制与替换。而预计在 2050 年实现的 4.0 时代的重点在于使居住模块与建筑完全做到装配化生产，建筑无需再建造围护结构，而是成为框架式的停靠服务器，可移动的集成化居住模块通过接驳式连接与建筑联通，建筑内将不再是人们唯一的栖居地。

装配式建筑在"工业 4.0"时代将被赋予高度产品化与智能化的特征。相比较传统建筑生产过程，装配式建筑的建造不再仅仅是施工团队需要密切关注的阶段，

也更将是建筑设计师在设计过程中就需要对其进行"一体化"统筹的阶段，需要在设计之初注重个性化、菜单化的设计，以增强建筑的适应性与可变性。"工业4.0"和信息技术极速发展的当下，正验证着柯布西耶曾提出的"像制造汽车一样制造建筑"，这句话不仅仅在倡导通过建筑构件的预制实现建造效率的提高，更是要让建筑向汽车的设计生产流程看齐，强调设计与建造的一体化思维，使装配式建筑向个性化、智能化与可移动化迈进。

2 装配式运用于青年公寓设计的意义

在全球经济化与城市化快速发展的社会背景下，城市经济发展迅速，企业数量不断增多，城市就业机会持续扩张，留在大城市生活与发展成为了越来越多青年人的选择。然而，人口的大量涌入导致城市开始走向高密度化，城市用地紧张，房价不断攀升，青年群体很难在事业的起步阶段就购买属于自己的住宅，主要以租房居住形式居多，但由于"高租金"与"低收入"之间不平衡，"蜗居""蚁居"等居住现象层出不穷。随着人民生活水平的不断提高，人们不再只满足于能有一个可容身之处，青年人群对于居住品质的要求正在日益提升，不再愿意入住居住空间狭小、生活设施简陋、人员混杂，并导致回避交流的生活空间。"安居"才能"乐业"，住房问题成为了青年群体在城市生存所面临的最主要的难题，也成为了我国亟待解决的民生问题。

随着青年人过渡性住房需求量的增加，近几年青年公寓作为面向青年群体所开发的新型服务式住宅受到社会的欢迎，成为了国内城市住宅租赁市场的重要发展趋势之一。我国目前的青年公寓建造虽已有提倡，但还未做到各地城市发展规划方面的切入，主要还是以企业或者个人投资改建为主。而且，此类青年公寓开发更加注重商业盈利，追求房源套数的增加，而缺乏对青年人群特有生活模式的关注，公寓空间仅仅只满足基本的居住需求。但当下有一定文化素养与生活品位的城市青年更加追求个性化以及共享化的生活体验，对于住宅空间的多样化的需求逐渐变大，基于市场需求设计师应贴合青年群体，设计开发满足多样性需求的青年公寓空间，推动和引领青年人追求高品质生活的方向。

装配式建筑的可拆解安装以及菜单化定制的优势恰好能够满足目前青年公寓的可变性以及个性化需求。装配式建筑在青年公寓领域的应用也有着多方面的价值意义，从受众角度来看，青年人群是城市未来发展的主力军，在"装配式4.0"趋势下，装配化手段能够更加智能、快捷地针对青年人群个体特性进行生活空间的打造，由此提高青年群体的生活品质，对于青年在城市中长期稳定发展有重要作用。从产业角度来看，青年公寓建设体量庞大，但空间使用功能较固定，形式的重复性也较高，装配式的建造手段能够使其生产流程工业化，有效提升建造效率以及保证住宅精细化建设。同时装配式建筑模数化程度高，适合建筑后期的改扩建，且维护成本较低、维护方式简单，有利于节约社会资源，做到建筑

的绿色可持续发展。从社会角度来看，装配式能够高效与准确地应对社会过渡性住房的建设需求，在短时间内就可以大幅增加青年公寓的房源数量，缓解租赁房源"供不应求"的现象。此外，青年公寓是一个将不同领域的年轻人聚集在一起的场所空间，通过青年公寓的集中规划建造，不仅仅可以解决青年人群的住房难题，更能够促进人与人、人与空间的交流，对于社会的稳定与和谐发展有着举足轻重的作用。

3 装配式4.0时代的青年公寓一体化设计策略

3.1 贴合青年人特点的人性化设计

为了使空间能够承载青年人多样的需求，人性化是装配式4.0的青年公寓的设计核心。依据青年群体的共性需求，人性化主要体现在生理与心理两个层面上。生理层面的人性化是对日照、通风、尺度等基本的生理需求因素的考虑，心理层面的人性化指的是关注青年人群情感方面的需求。当下以90后为主的青年人群在城市生活中人际交往动机性强烈，渴望个体与群体有所联系，以期结交志同道合的朋友来缓解自己的孤独感，或者认识合作伙伴来拓宽信息搜集渠道，帮助自己成长发展。但伴随着新媒体的兴起，青年人更加擅长互联网社交，习惯依靠虚拟网络寻求情感寄托，在现实生活中往往有社交障碍，只能通过某一个明确的心理动机或者随机的活动契机才能够与他人在现实中建立交往关系。所以在装配式青年公寓的设计建造过程中，需要将社交空间融入居住空间之中，使人们能够无意识地进入到社交区域中，提供契机引发沟通与共享行为的出现，促发群体活动的产生，使人与人在空间中的联系更加频繁。

此外，就青年群体的个性需求来说，人性化体现在对个体特性的满足之上。不同的个体有不同的性格爱好，对于住宅的具体定义也不同，有人将住宅看作工作后宁静的避风港、情绪的缓冲地，但也有人将住宅看作是交友会客、社交休闲的主要场所。因此在装配式青年公寓中需要设立多样化、系统化的模块库以响应人们丰富的个性化需求，使青年公寓不再是千篇一律的封闭式、标准化户型，而是能够体现不同个体特征的独一无二的开放性住宅。

3.2 满足工业集成建造的标准化设计

3.2.1 建造体系标准化

目前市面上的青年公寓的改建过程往往需要遵循建筑原有格局再进行空间的划分，户型受限较大，经常出现空间利用不合理的问题。而装配式青年公寓建造遵循SI住宅体系（图1）的工业化流程，由不可变的"S"即支撑体（Skeleton）以及可变的"I"填充体（Infill）组成。"S"是由专业的设计人员经过精准测算设计而成的结构体与围护体，而"I"是设备管线以及由空间使用者自己选择与定制的内填体。这样的住宅既能保证建筑的安全耐久、风格统一，也能够使空间可变性提升，为空间使用者提供个性化创造平台，充分实现住宅以人为本的目标。

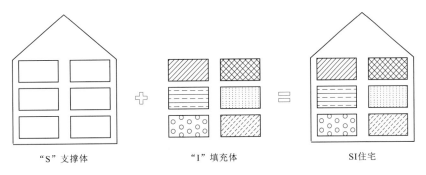

图 1　SI 住宅构成关系图
（图片来源：作者自绘）

"S"支撑体　　　　"I"填充体　　　　SI住宅

3.2.2　构件模数标准化

SI 住宅体系需要依靠构件模数标准化才能使建造过程更加容易被掌控，装配式青年公寓的标准化模数选取可以依据青年人群进行各项活动所需的最小生活空间大小来推演，在建筑承重结构以及交通系统部分以该大小作为最基本的模数标准确立轴网尺寸，将每个生活空间作为标准集成的空间模块与建筑进行联通。此外，明确构件部品的尺寸与生产标准，提高构件通用性与配套体系的整体性，以及简化空间模块单体各界面连接的流程标准，为后期模块之间的连接变化与空间内部交通组织提供更多可能性，促进多元化功能空间的形成，同时也能够提高构件循环利用率。

3.2.3　交通系统标准化

"装配化 4.0"时代中，建筑的可移动特性尤为重要，上述所提到的空间模块单体是一个独立集成的产业化复合构件，不需要与建筑的基础设施有复杂的联通方式，仅需要依靠建筑中的轨道交通系统实现同层横向移动与楼栋纵向移动，主要可以有以下三种形式：①建立地面网格轨道系统，既用于模块的固定安装，也可设置吊轨使模块进行平行移动；②建立楼层顶部的移动轨道系统，可将模块拾起，由顶部轨道自由运送至目的地；③在建筑交通核心筒区位设立箱型货梯，可将模块进行垂直运输。

3.3　个性定制的菜单化设计

3.3.1　单体功能菜单化

据调研结果显示，在目前的经济条件下大多数青年会选择分室合租的青年公寓形式，个人居住空间大小选择在 15～60m² 范围内，相比普通的住户，后勤类生活空间例如厨房、洗衣房等对于青年人群来说不是必需的，通过总结归类青年人群对于各类空间的使用率，装配式青年公寓的空间模块可分为个人居住模块、辅助功能模块以及社区服务模块三类，在这三类模块之下将每个空间的进行功能细分，形成单个功能对应单个模块的标准化形式（图2）。每个青年的生活空间由个人居住模块和辅助功能模块组成，可自由进行单体功能空间的菜单化选择。如果住户对辅助功能模块的使用率不高，可将此类功能空间外置于公共区内，与他人共享，节约空间与资源的同时能够创造新的社交空间。

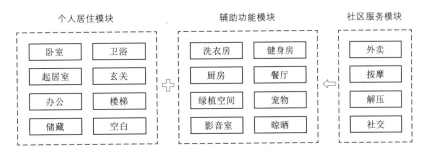

个人居住模块　　　辅助功能模块　　　社区服务模块

个人居住模块		辅助功能模块		社区服务模块
卧室	卫浴	洗衣房	健身房	外卖
起居室	玄关	厨房	餐厅	按摩
办公	楼梯	绿植空间	宠物	解压
储藏	空白	影音室	晾晒	社交

图 2　单体功能菜单化示意图
（图片来源：作者自绘）

3.3.2　户型组合菜单化

住户在根据个人需求选择了适合自己的个人居住模块与辅助功能模块后，在线程序会将这些模块进行排布，调整模块界面的连接形式，提供最优的户型排布方案。由于住户选择的多样性，模块组合会产生不同的可能性，青年公寓社区中将会出现各种形式的"家"，比如宠物之家、健身之家、绿植之家等。然而青年群体的生活方式会随着时间的推移发生改变，住户可以根据自己的新需求增加住宅的功能空间，比如 A 住户需要在家办公，他就可以通过在线程序进行菜单化定制与租赁，经公寓管理人员审批后，专业的安装人员会上门拆除部分模块墙板界面，将相应的办公模块安装连接完成，使该住宅的户型得以扩展出一个独立办公空间。此外，这种改变并不会带来资源浪费，所有拆卸下来的构件都能够得到回收保存、循环利用。

3.3.3　楼栋社区菜单化

在入住之初，管理人员就会对住户个人性格、爱好进行录入，系统能够精细化筛选出相似的邻居并加以推荐，住户也可自行对意向的楼栋位置进行菜单化选择。当住户个人的"家"加入到相应的楼栋社区之中时，相似性质群体的集合能够使青年公寓中出现不一样类型的社区，例如爱好相似或者经历相似的青年们聚集在一起，会有各具特色的小型社区以及生活场景发生，这样的建筑空间不仅能够促进人与人之间的分享与交流，久而久之青年人们也会因可以和自己兴致相投的人生活在一起，对于这座城市产生安定感与归属感。

3.4 运行机制的信息化设计

对于装配式青年公寓该如何进行设计、建造、安装以及管理，以及青年们如何选择自己合适的模块空间，结合物联网发展的背景，这一切都可以通过一个在线程序实现信息化的设计、管理与运行。

3.4.1 设计建造信息化

在装配式青年公寓设计建造的全过程中，需要利用BIM（建筑信息模型）实现设计建造的一体化，通过BIM平台在设计初期就对承重结构与内装系统的安装全过程做设计引导，录入每一个构件的信息，方便后期通过在线程序监管构件在订单响应、生产加工、制造安装、循环利用的过程。使装配式青年公寓的建造以信息集成为基础，推动多方面的集成管控，提高建造效率与住宅品质。

3.4.2 入住流程信息化

如需入住装配式青年公寓，住户可先通过在线程序完善个人信息，包括兴趣爱好、共享倾向，借此相关信息将录入大数据库中。接下来可在线上选择自己理想的居住模块、想要居住的楼栋位置、家具模块、材质颜色等，确认好以上信息之后，系统会为住户所挑选的模块调整合理的界面，使空间的功能排布、交通流线是合理且舒适的。接着系统会通过VR技术将模拟拼装后的住宅

效果展示给住户，也会进行舒适度评价以及生活功能分析，使住户对自己的选择有一个快速直观的感受。最后在线程序上会将整个住宅的安装流程可视化，住户可随时在线对自己的住宅的安装进度进行追踪，等待施工完毕，方可入住。

3.4.3 移动共享信息化

在装配化4.0的青年公寓中，信息系统会定期更新，对社区居住群进行匹配度评估。如住户与周围邻居匹配度高，则会推荐彼此之间进行空间融合，如匹配度较低，系统则会推荐匹配度较高的社区位置。青年们可以通过系统申请将自己的住宅移动至其他的楼层社区、外置自己使用率不高的模块至公共区域，也可以和他人进行住宅户型的融合，达到空间共享的目的。同时住户也能进行精神共享与物质共享，精神共享的对象为用户的知识、技能、时间等抽象事物；物质共享为用户闲置的空间或者物品，将社区内住户愿意共享的物品通过RFID技术进行标记，共享信息就能上传到云端，其余住户在有需要时可进行搜索与分享。

结语

本文以青年为特定对象构想了未来青年公寓该如何通过装配式思维进行一体化的设计与建造，探讨迈向建筑结构框架化、内装结构集成化、空间模块移动化的装配化4.0时代，为青年人提供满足各类居住需求的生活空间。相信未来的装配式建筑会不再只停留于零部件的装配之中，而是实现整个人类生活的建筑空间的装配式生产。未来的居住空间移动也不只在单体建筑中实现，城市中也将设立庞大的居住网络，我们可以带着自己的住宅停泊在城市的每个角落，使城市可到之处，处处为家。

参考文献

[1] 周燕珉. 住宅精细化设计 [M]. 北京：中国建筑工业出版社，2015.

[2] 勒·柯布西耶. 走向新建筑 [M]. 陈志华，译. 北京：商务印书馆，2016.

[3] 李文军. 建筑工业4.0：装配式住宅建筑属性回归 [J]. 城市建筑，2020，17（20）：73-76.

[4] 莫洲瑾，蒋亚静，蔡钢伟. 技艺平衡：装配式建筑一体化设计思维初探 [J]. 建筑与文化，2021（5）：48-50.

[5] 叶浩文，周冲，樊则森，等. 装配式建筑一体化数字化建造的思考与应用 [J]. 工程管理学报，2017，31（5）：85-89.

[6] 顾炜，康锦润，陈萍. 基于工业4.0时代的建筑预制装配发展趋向初探 [J]. 改革与开放，2017（13）：25-26.

[7] 朱金海. BIM技术在装配式建筑中的运用 [J]. 建筑科学，2021，37（1）：161-162.

[8] 孙悦昕，李翅，钱云，等. 集中式青年公寓的社区文化分析：以北京市YOU+国际青年社区为例 [J]. 城市发展研究，2018，25（4）：125-130.

[9] 李晨，都伟，范晶. 基于群体需求的青年长租公寓公共空间设计研究 [J]. 建筑与文化，2019（5）：160-161.

[10] 卫泽华，周静敏，袁正，等. 青年公寓的户型可变设计与技术应用探索：基于开放建筑理论的工业化住宅设计（下）[J]. 住宅科技，2017，37（5）：1-7.

基于环境美学理论的大运河文化遗产景观设计策略研究
——以江南运河嘉兴段为例

■ 倪圆桦　吕勤智

■ 浙江工业大学设计与建筑学院

摘要　本文基于环境美学的视角，以大运河嘉兴段文化遗产景观作为研究对象，深入挖掘研究对象的审美特征，提炼概括其美学价值。针对运河遗产景观保护、传承与利用中的现状问题，由表及里地提出以"文化景观"和"审美体验"为核心理念，依托审美体验突出运河文化遗产景观的价值与意义，形成主客体交融的对象性结构等可持续发展的设计策略。以此建立起大运河文化遗产景观的美学研究基础，探讨大运河文化遗产景观保护与文化传承的设计思路与方法，弘扬和发展运河文化精神。

关键词　大运河　文化遗产景观　大运河嘉兴段　环境美学　审美体验

引言

环境美学作为一种在环境危机的推动下所形成的审美思潮，是研究人类和环境关系、主客体审美体验的实践美学研究理论，对当今世界环境的建设和可持续发展具有重要指导意义，是欣赏美和创造美的环境设计法则。本文从环境美学中的审美场域、审美参与、审美批评3个方面来展开论述大运河文化遗产景观环境的保护、传承和利用的设计策略。具有2500多年发展史的中国大运河见证了历史的繁荣和变迁，承载着中华几千年的精神文明，具有深远的意义和价值。

2019年7月中央审议并通过《长城、大运河、长征国家文化公园建设方案》。方案指出要用科学的方法保护、传承利用好沿线文物和资源。大运河嘉兴段所涉及的流域广、里程长，所涵盖的遗产数量多、等级高[1]，但目前还存在管理长期缺失、运河遗产价值被埋没、保护与可持续发展工作开展较为缓慢等现状问题。因此，本文基于环境美学的视角，探索分析研究对象的审美特征，深入挖掘其文化内涵与美学价值。以"文化景观""审美体验"作为核心理念，提取出文化元素运用于景观设计中。以期打造具有地域特色的大运河文化遗产景观，促进功能更新和人居环境的改善。在审美体验中激发主体对文化遗产景观内涵价值的理解，以实现主客体融合的对象性结构，激发深层次的意蕴美。本文针对运河现存问题，依托环境美学理论，提出相应设计策略以实现大运河文化遗产景观的振兴与发展，以及更好地弘扬大运河文化。

1　以审美场域重塑大运河遗产景观空间活力

1.1　建立有机融合的审美主客体关系

在阿诺德·柏林特的环境美学理论体系中，审美理论以及美学思想都以审美场域为基础，只有在审美场域的语境中才能进一步明确和理解审美体验、审美对象以

及审美价值的概念。审美场域作为审美体验的一种语境，是生物体在社会中感受到的感知体验和生活体验[2]。审美体验活动往往是积极主动的，且与日常生活、人类活动无法割裂。审美场域强调审美的完整性和连续性，以艺术对象、感知者、艺术家、表演者为4大要素，各要素之间相互作用、相互依存[3]。本文在经过实地调研与文献分析后，归纳总结出了大运河嘉兴段文化遗产景观历史维度、现在维度上的美学体现和价值意义，以期通过丰富的审美体验构建有机融合的审美主客体关系。

大运河嘉兴段属江南运河，自隋朝开凿以来，逐渐形成一河抱城，八水汇聚的独特水网体系，产生了数量庞大的运河文化遗产，可分为3大类：①运河水利工程遗产，包括河道、闸坝、桥梁等；②运河聚落，包括运河城镇、运河村落、历史文化街区等；③其他运河物质文化遗产，包括古墓葬、古遗址、产业遗存等。石桥和闸坝等水利工程设施，形成了江南水乡的独特运河景观。沿运河形成的聚落、村庄促进文化、经济的交流，产生了众多具有代表性的古建筑与历史文化街区等。历史上的大运河嘉兴段盛况繁荣，历史文化价值巨大。

在审美体验的感知过程中，审美场域的各种元素都被综合在其中，各元素之间的界线区别不再明显，功能也更为交叉融合，成为连续统一且与日常生活密不可分的整体[4]。因此，首先要利用好具备形式美、文化美、人文美等审美体验设计条件的客体场地；其次，通过艺术活动的介入以及原住民日常生活的体现，提高审美对象的整体环境水平，增强对审美主体的吸引力，促使审美主体感受人、遗产、环境之间的关系；最后，使人在审美环境中既可以是审美主体，又可以成为他人的审美对象，即"你站在桥上看风景，看风景的人在楼上看你。"审美要素之间互相转化、互为依存，审美主体主动介入其中，通过丰富的审美体验去感受大运河文化遗产景观的科技美、功能美、形式美、环境美，建立起主体

的审美感受和审美心理，最终形成审美场域，获得环境体验的广度与深度，从而达到主客体审美关系的融合。

1.2 系统联动激发区域内在活力

审美体验能将审美主体与被感知的审美客体融合起来，而审美场域能更进一步地将审美体验过程以及审美创造者融为一体。从审美主体来看，大运河嘉兴段的审美主体可分为原住民与外来游客。经调研分析所得，原住民中少有熟知大运河嘉兴段文化遗产景观的历史与价值，普遍了解程度不高，认知层面较浅。但对于运河的建设工作他们有审美体验上的需求和审美心理上的期待，有较强的积极性和自豪感。外来游客对当地大运河文化遗产景观的审美认知同样也是较为薄弱的，但他们渴望融入当地生活、感受运河文化。

大运河嘉兴段中包含的水利工程遗产例如长安闸、长虹桥等代表了当时水利航运设施的先进水平，有极高的历史价值、技术价值。运河的繁荣发展也极大地促进了运河聚落的壮大，出现了圩田景观、以河为街、枕水而居的民居建筑。形式多样的运河文化遗产景观对构建多元化的审美体验活动作用明显。大运河嘉兴段是活着的、流动的重要文化遗产，其网状河道体系至今保持畅通，仍用于航运、输水、灌溉等，造福着运河沿岸的人民。现如今大运河嘉兴段整体存在诸多问题，例如缺乏科学合理的管控，民众缺乏遗产保护意识，遗产保护与再利用状况不理想、遗产价值被埋没等，因此对运河文化遗产的保护再利用工作刻不容缓。

通过梳理大运河嘉兴段遗产空间序列，概括出其在材质、形态、结构等不同层次性质等方面的审美特征，在尊重历史文脉的基础上，提出再生运河文化活力的场地主题，结合科技手段进行现代化演绎。利用文化遗产资源，发挥历史延续的功能作用，与历史进行对话，以此唤醒审美主体的运河记忆。选择特色鲜明的文化遗产景观作为单元节点，以历史街道为线，以功能区为面，形成点、线、面系统联动的审美场域，以此塑造有活力、可持续发展的运河文化遗产景观。

2 以审美参与把控大运河遗产景观空间营造

2.1 审美参与下的大运河景观空间

"审美参与"是一种关于环境经验的参与模式，具有交融性，提倡审美主体要积极参与到环境中去，要全身心地投入到审美活动中，做到身体与环境有机融合，各种感知器官联合体验，这还包括感知者身体之前所经历的记忆和来自大脑的联想。其特点是身体在场、连续性和知觉融合[5]。在大运河嘉兴段文化遗产景观空间的设计中，注重形式美的基础上，提倡加强审美主体的参与感和体验感以促进审美感知的生成。在不同类别的遗产中设置特色单元，增强场景的感受性和互动性，促使全身心投入式参与审美的实现。最大化利用运河文化遗产，通过多样的活动开展和环境打造，使周边居民和游客参与到其中，成为休闲放松、文化科普的场地，赋予其新的价值和意义，成为民生工程。

对场地进行功能分区，划分为生活休闲区、公共活动区、历史保护区、核心娱乐区。其中生活休闲区主要以"赏"的审美方式参与到其中，体验居民的生活氛围；公共活动区中随着户外设施、活动的加入成为人们休闲交往的区域，提高场地的使用价值，促进公共活动的发生，通过交往活动感受场地的环境美；历史保护区中通过提取历史文化元素来运用到景观设计中，增强地域性。在该区块中可以感受建筑的历史美、空间形态美，展现历史诗词中的盛况，提高主体的参与性并引发审美想象，可形成文化展示、生态博物馆等不同形式的活化保护方式；核心娱乐区中利用独具地域特色的遗产资源和可览可玩的活动空间，结合现代科技和文旅资源，形成有较强互动体验感的区块，能够多感官地感受到丰富多变的体验和轻松的氛围，达到身体感受的完整性与运动性。审美主体在不同功能区块中感受运河文化遗产景观的功能美、科技美、形式美、人文美、环境美，建立起审美感受，以此获得不同广度与深度的环境体验，构建起积极主动、形式多样的大运河文化遗产景观空间。

2.2 日常生活下的大运河景观空间

在审美泛化的今天，审美参与的研究逐渐拓展到日常生活美学，人们的审美方式也逐渐转向日常生活。日常生活在多数情况下以生活氛围给人美感，这种生活氛围是人人都能感受到，且直击心灵深处，成为我们的生活环境。美的活动最深层的本源就是本真的生活，如何把美学和日常生活相结合，探究平凡景观中所包含的意蕴成为新时代的课题[6]。

大运河嘉兴段的文化遗产景观具有线条、结构、比例等方面的审美特征，是能给人美感的生活之物。独立的生活之物可以是审美对象，由多个生活之物构成的生活环境也可以成为审美对象，能带给主体双重审美体验。多个生活之物相互配合创造出意境时，作为审美对象的生活环境就不只是物理空间意义上的存在，而转化成了生活情境，能够使得主体产生情感与精神上的愉悦，具有审美价值。生活之事是动态的，更有鲜活的现场感。生活之物构成生活环境，生活之物被生活之事所处理，生活之事又必然在生活环境中发生和实现，三者相辅相成[7]。在大运河嘉兴段景观空间的设计规划中，将日常生活中的事物、环境、事件等作为审美对象。生活之事的实施者是他人，虽然不是亲身经历，但他人做事的过程也能激发我们审美上的愉悦，看他人忙于生活之事如同看一场场关于日常生活的演出，也能从中得到审美的享受。在这一过程中，原住民积极主动的参与到环境的建设中，营造具有生活气息的场景，能从中获得归属感和自豪感。游客在如画场景的观赏过程中能获得认同感与愉悦感。总之，营造日常生活下的大运河景观空间，需要建立起审美体验的活动，实现艺术性的审美模式。梳理活动区域，整合零碎空间、增加休憩设施，创造更多的观赏驻足点等设计手法构建良好的审美体验形式，营造出具有诗意美和人文美的日常生活景观空间。

3 以审美批评挖掘大运河遗产景观深层意蕴

3.1 审美批评完善客体内在发展

感知体验是我们检验环境的标准，而环境批评的主要贡献在于发展和增强欣赏。环境批评是指对环境进行阐述、解释、评价、评估等，可以加深主体对所在环境的理解，对环境的内涵和价值有更深层次的理解。环境的价值又可以分为肯定的价值和否定的价值。具有肯定价值的环境能够满足主体物质需求的同时还能在精神文化层面给予主体享受，能够给主体幸福愉悦感。具有否定价值的环境多是人类对自然的过分干预或者是不当干预产生的，并且会给主体带来不适的感受，破坏主体对环境的体验。环境批评有利于设计规划者了解和建构人性化的景观环境，环境批评好似是衡量景观有无价值的尺度，能够推动人类对有价值的环境进行保护和完善。

本文在通过问卷调查和实地调研后，总结出大运河嘉兴段的现状和问题：滨河岸线开发粗放；沿河景观界面单调；历史文化体验不佳；公共服务设施匮乏；主客体互动链缺乏；运河遗产活力不足；遗产间各自为体，少有联动。以上诸多问题使主体忽视了对客体内在价值的探究，因此在规划设计中，要利用好有价值的遗产资源，发挥运河文化遗产的历史延续功能，针对具体问题，提出不同的对策和解决方案，找出场所的特征，将抽象的意境与实践相结合，确立场所的意蕴。转变主体对研究对象只停留在表层外在美的感受，通过设计深入探究与完善发展大运河嘉兴段文化遗产景观的内在价值。整合遗产资源，使得空间场地更加丰富多样，形成多元化的遗产互动链，赋予废弃场地新的价值和意义。通过不断地发展和完善来提升该区域遗产内在文化意蕴的水平，并形成辐射外溢的效应，推动文化旅游产业、现代生态型产业等新兴产业的衍生，推进复合型生态城市空间的形成[8]。构建具有连续性、完整性、多样性特征的运河文化遗产景观空间，通过环境批评来提升场地的价值和意义，完善客体的内在发展。增强主体对客体的审美欣赏，引发民众对客体内在价值的关注，由表层的视觉感受转变为深层的精神享受。

3.2 审美批评激发主体体验意识

环境批评在促进客体内涵挖掘的同时能够增强审美主体对环境的预期体验。环境批评使主体更深刻地认识到客体的文化内涵，引发更深层次的审美思考，激发主体对客体的体验意识，实现审美主体对客体深层意蕴的审美认知与感悟。

在大运河国家文化公园嘉兴段文化遗产景观设计中，依托原有的文化遗产和资源，将"文化"和"体验"作为设计的核心与主体，以此营造审美体验环境。首先，欣赏"一声水际笛三弄，几处梅边竹四围"的诗意美、环境美，以及沿岸居民日常的生活美等，营建表层的视觉审美体验环境；其次，通过视觉上的审美感觉、互动体验的审美知觉、空间体验的审美统觉等内容带来多层次的审美体验，使审美主体的情感融入环境中，实现情景交融，引发联想，达到深层次的审美认知；最后，主体通过对审美对象的回味与反思，充分调动一切因素激发审美意蕴的产生，获得更高的审美感受与文化体验，实现深层次的审美感悟。大运河嘉兴段文化遗产景观环境在一系列的审美体验设计后，形成具有地域性运河文化特征的空间意境，传达出嘉兴段大运河文化遗产景观独有的意蕴美。审美批评激发主体的体验意识，促使审美主体积极主动地参与到审美客体中，实现从被动地欣赏到主动介入的审美体验行为的转变，有效提升审美主体的文化自豪感和归属感，通过注入文化的基因，调动审美主体的感知想象，获得精神层面的享受，由此激发审美情感共鸣，更深层次地融入审美客体中，由此产生文化的自信力，提升对运河文化遗产和价值的敬畏感和认同感。

结语

大运河作为中华民族精神的载体，是珍贵的文化遗产。大运河国家文化公园建设正是保护大运河文化遗产，传承发扬运河文化精神的重要举措，以此提升文化自信和民族自豪感。以环境美学理论作为理论指导，探究人与环境、自然与人文、主体与客体之间的关系，分析审美主体的行为需求，挖掘运河文化遗产的资源特征与美学价值。以审美场域确定活力再生的场地主题，以审美参与营造场地空间环境，以审美批评激发场地意蕴的设计策略，从表层的视觉审美经由审美参与和批评联想，达到深层次的审美意蕴感悟。旨在促进大运河嘉兴段遗产景观的保护、传承与利用，引发当地居民对大运河文化遗产的重新认识，实现主客体的有机融合。在大运河文化公园建设中，强调引导游客了解运河文化遗产背后所蕴含的文化价值，提升自豪感和认同感，推动大运河国家文化公园嘉兴段的建设与可持续发展。

（本文为浙江省哲学社会科学规划课题"大运河国家文化公园"浙江段文化遗产景观的环境美学研究阶段性成果，编号 21NDJC046YB。）

参考文献

[1] 傅峥嵘. 京杭大运河（嘉兴段）遗产构成与价值研究 [D]. 杭州：浙江大学，2009：14.
[2] 史建成. 从"一个经验"到"参与美学"：杜威的遗产与阿诺德·伯林特的经验环境观 [J]. 郑州大学学报（哲学社会科学版），2019，52（6）：9.
[3] 代君洁. 阿诺德·柏林特的环境美学思想研究 [D]. 临汾：山西师范大学，2019：18.
[4] 宋艳霞. 阿诺德·伯林特审美理论研究 [D]. 济南：山东大学，2014：43.
[5] 阿诺德·柏林特. 环境美学 [M]. 张敏，周雨，译. 长沙：湖南科技出版社，2006.
[6] 张敏. 阿诺德·伯林特的环境美学建构 [J]. 文艺研究，2004（4）：93.
[7] 田军. 《长物志》的生活美学研究 [D]. 上海：华东师范大学，2014：125-131.
[8] 王晓. 杭州市大运河国家文化公园建设研究 [J]. 中国名城，2020（11）：93-94.

新时代公共场所母婴室人性化室内设计

■ 姜培培

■ 同济大学建筑设计研究院（集团）有限公司

摘要 随着全面放开二胎到如今放开三胎，新生儿逐渐增多，带宝宝出门的家庭也越来越多。尽管随着我国城市水平的迅速发展，母婴室的建设逐渐受到重视，但公共场所母婴室的建设还未完善。本文拟通过对国内外母婴室应用现状的分析，从母婴的使用需求和心理需求出发，探讨新时代公共场所母婴室室内空间的人性化设计要点，为母婴室的设计提供参考。

关键词 公共场所　母婴室　室内设计

引言

近年来，公共场所母婴室的建立已成为社会越来越关注的热点话题，母婴室的设立不仅是对妈妈们隐私的保护，也是社会文明对妇女权益的保护，同时为带宝宝出行的父母提供了便利。母婴室不是作为单一哺乳室的存在，是针对家庭出行人群提供的必要场所，是对于公共空间功能设计的完善。母婴室可以为家庭提供为孩子换尿布、热奶、哺乳、短暂休息的空间，减少在外的不便，体现了社会的关怀。然而目前母婴室在我国的普及性远远不够，母婴室多设置在一线城市的大型商场中，但室内空间不够完善。母婴室应作为单独的空间存在，而不是在第三卫生间中增设尿布台，在某个小房间设置一个椅子就可以满足的。因此从母婴家庭出行的使用需求和心理出发，设计舒适的母婴室室内空间是非常必要的。国外的母婴室较为普及，我们可以从中吸取经验，结合中国国情，探索新时代我国母婴室室内空间设计方法。

1 国内外母婴室应用现状

1.1 国外母婴室应用现状

国外的母婴室一般被称为"baby room"，并非指仅可供妈妈和宝宝使用的场所。对于母婴室的设置，各国采取了不同的政策措施（表1）。

表1　国外关于设置母婴室的政策及措施

国家	加拿大	日本	英国	澳大利亚
法律规定	无	只要有婴儿逗留且面积超过 5000m^2 的场地，必须建立母婴室	小规模公建提供不小于 8m^2 母婴室，大规模公建一共不小于 15～28m^2 母婴室	占地面积大于 2001m^2 的项目需设置 30m^2 母婴室
措施要求	于女性公共卫生间配备专门给婴儿换尿布的凹槽大平台	需提供带安全扣的小床、热水器、洗手液、卫生纸	母婴室应舒适、人性化，注意地面防滑、管道包角、温控照明，提供插座等	配备独立的哺乳室、尿布更换处、备餐台等

日本是将母婴室的建立写入法律的国家，无论是在商场、地铁站、博物馆，母婴室的设置都非常普及。母婴室的标识多样，一般会强调婴儿的形象（图1，图2）。母婴室内设施配备齐全，配备了专用洗手液、热水、带安全扣的小床、自动售卖机等设施，单独的哺乳间也让妈妈们倍感温暖。

母婴室一般有两个分区，公共区提供了为孩子换尿布、热奶、喂餐的设施，且设置了孩子们玩耍的空间。单独设置哺乳室，用帘子分隔开单独的空间，并设置女性专用的标识，保护妈妈们的隐私。而国内的母婴室，大多在门口就设置了男士止步的提示。随着二胎、三胎的增多，爸爸们也是参与育婴的一员，因此母婴室不只是妈妈和宝宝的专属空间。

母婴室的室内设计上整体营造了温馨的氛围，公共区环境宽敞明亮，易于安抚孩子的情绪。且在家具选用上选用柔和的材质，家具和墙面装饰的设计富有童趣（图3）。母婴室不仅仅是一个紧急情况下喂奶的场所，反而成为出门在外的父母和孩子的另一个港湾，为育婴提供了极大的便利性，也体现了社会的温暖。

国外母婴室的室内空间一般较为宽敞，且分区明确，一般分为休息区、宝宝餐区、哺乳区（男士止步）、尿布台区（图4）。哺乳区一般用帘子分隔空间，配备沙发、靠垫、脚蹬、插座，灯光柔和，且温度适宜。色彩一般选用黄色、绿色、粉色、浅蓝色等有活力的颜色，易于儿童获得舒适感。

图1　母婴室标识

（图片来源：https：//www.sohu.com/a/285430482＿165440）

图2　母婴室标识

（图片来源：https：//www.baidu.com）

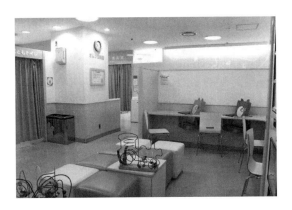

图3　日本母婴室室内

（图片来源：https：//www.sohu.com/a/285430482＿165440）

图4　国外母婴室一般分区

（图片来源：作者自绘）

1.2　国内母婴室应用现状

随着我国城市发展水平的不断提升，母婴室的建设越来越受到关注，全国各省市也出台了相关政策标准（表2）。其中，广州市是第一个为母婴立法的城市，2021年出台的《母婴室安全技术规范》（DB 44/T 2279—2021）对母婴室环境质量、卫生、配套用品、安全标识等的合格评定方面做出了统一的标准要求，根据规模大小和室内配置产品要求分为A类、B类和C类，见表3。

表2　国内关于设置母婴室的政策及措施

国家及地方政策	国家卫生健康委、住房城乡建设部	南京市	广州市	深圳市
标准	常有母婴逗留且建筑面积超过1万m²或日客流量超过1万人的公共场所，应建立一般不少于10m²的独立母婴室	5000m²以上公共设施需配备至少6m²的母婴室；1万m²要再增加10m²，以此类推	将母婴室分为3种类型：一是A类舒适型、B类标准型母婴室、C类基础型	母婴经常逗留的公共场所均应配建面积不少于6m的母婴室；新建项目中，建筑面积每超过5000m²，或日客流量每超过1万人次的公共场所，应设置至少1个面积不少于10m²的独立母婴室

2017年深圳举办公共场所母婴室样板房设计大赛，征集具备实用性、经济性、舒适性的母婴室设计方案，为公共场所母婴室设施配备提供优秀范例，向市民持续宣传深圳建设儿童友好型城市的精神。并于2018年发布母婴室建设标准指引针对不同空间对母婴室的设置面积提出了要求（表3），并对室内空间布局、家具设计提出了相关要求。

2019年，第一财经曾对国内的母婴室数量进行过统计，母婴室数量排名前20的中国城市主要是一线城市和新一线城市。其中表现最好的座城市以及它们拥有的母婴总数分别为：北京341间、上海301间、广州204间和杭州149间。这几座表现突出的中国城市中，实际一间母婴室要供2207个家庭共享。与此相对比的，据不完全统计，东京23区的母婴室数量达到了5092间，供应量已基本达到理想水平，平均1间母婴室只需要供47个家庭共享。绝大多数中国内地母婴室的设施提供仅限

表3 广州市母婴室配备标准

配套产品		A类	B类	C类
面积		至少 10m²	至少 5m²	至少 2m²
哺乳设施	哺乳椅	√	√	√
	封闭门或拉帘	√	√	√
换尿布设施	婴儿尿布更换台	√	√	√
	有盖垃圾桶	√	√	√
卫生设施	盥洗池	√	√	√
	洗手液	√	×	×
	纸巾、湿巾或尿不湿	√	√	√
便利设施	婴儿保护座	√	√	×
	童锁饮水机	√	√	×
	电源插座	√	√	√
	镜子	√	√	√
空气设施	空调	√	√	×
	空气净化机	√	×	×
附属设施	玩具	√	√	×
	防撞角条及其制品	√	√	×
	安全地毯或地垫	√	×	×
	紧急求助按钮	√	√	√
信息化设施	视频监控	√	√	×
√表示必须配置项目；×表示非必须配置项目，即可选配项目。				

注 本表摘自《母婴室安全技术规范》。

图5 大丸百货母婴室
（图片来源：作者自摄）

图6 K11购物中心母婴室
（图片来源：作者自摄）

于尿布台、洗手台、哺乳椅这三件"刚需品"。而事实上，家长们的需求还有更多：已经调制好的奶粉或辅食需要加热设备，给宝宝喂食时需要婴儿椅，应急情况下需要有尿不湿和湿巾随时供应，未携带幼儿随行的哺乳妈妈还需将母乳冷藏。在问卷调查中，母婴用品自动贩售机、温奶器与温奶设备、婴儿椅是中国妈妈们最渴望添置的母婴室设施，此外智能安抚设备、冰箱及消毒柜、家庭卫生间、娱乐活动区等也是为能为母婴室进一步加分的选项。为进一步了解国内母婴室的应用情况，作者调研了上海几个大型商场的母婴室。

（1）上海大丸百货。上海大丸百货位于上海市黄浦区，母婴室设计完善（图5），整体分为外部的活动室以及内部母婴室，母婴室室内又分为公共区域和三个独立隔间。内部的母婴室公共区大概20～30m²，每个隔间3～5m²。公共区域有插座，洗手台，垃圾桶以及游乐区域，以及家长等候区，两个公共用的换尿布台。大丸百货的母婴室的室内设计富有童趣，家具设计具有想象力。

（2）K11购物中心。K11购物中心母婴室设置于各层的卫生间旁，室内整体色调昏暗，但布置了一些卡通形式的灯具提供照明（图6）。

（3）上海环贸IAPM。IAPM于商场扶梯处、电梯处、通道上方均设置了明显的母婴室标识。各层的母婴室位置在竖向空间对应，但母婴室空间较小。设施齐全，配

备了奶瓶消毒器、体重秤、洗手液、风扇、温奶器等设施，用帘子围住喂奶座位。整体色调为暖色调，同时装饰了一些卡通画（图7）。虽然没有直接的通风采光，但是暖色调灯光充足，配备了戴森风扇，调节室内温度。墙上有紧急帮助电话以及温馨提示。但由于母婴室空间过小，婴儿车不得不堆放在门口。

图7 IAPM母婴室
（图片来源：作者自摄）

2 设计建议

2.1 标识及位置

母婴室的标识指引设计应清晰，且抵达方便。且各层位置尽量一致，可结合母婴商业布置，而且可以引入母婴产品，也是对商业的带动作用。

2.2 室内尺度及布局

母婴室布置应进行公共区与私密区的划分，公共区需设置冲奶区，冲奶区需满足冲奶的热奶的需求，换尿布、冲奶粉、做辅食，婴儿车进门空间，以及停放空间。

2.3 室内设计

母婴室的室内设计上应在色彩上使用使儿童情绪稳定的色彩，尽量采用暖色调，且母婴室空间较小，避免在吊顶采用深色缩小空间视觉效果；灯光采用间接照明，防止过强的直接灯光对婴儿眼睛的伤害。

结语

母婴室的设计展现了一个城市对人的关怀，新时代的母婴室设计更要从公众的需求出发，不断探索让生活更美好的室内设计方法。

参考文献

[1] 徐艳，郭全生. 对大型商业建筑中母婴室应用现状的调查分析：以郑州地区为例 [J]. 城市规划研究，2016（9）：47.

[2] 蒲文娟. 商业空间中母婴室的调研分析及设计建议 [J]. 建筑学报，2016（10）：78－82.

旧物再设计介入室内陈设的方法与应用研究

■ 刘 杰[1] 方惠莹[2]
■ 1 哈尔滨工业大学建筑学院城市家具研究所
2 寒地城乡人居环境科学与技术工业和信息化部重点实验室

摘要 在社会物质越来越丰富的当下，人们更新生活用品的节奏逐渐加快，许多物品因而被动失去了使用功能，但大部分物品因其材料、形态的特征仍然具有可挖掘的延续生命周期的可能。本文首先对旧物和旧物再设计进行了定义，接下来阐述了旧物再设计的作用对象——室内陈设的定义与介入室内陈设的背景与意义，通过分析国内外优秀旧物再设计案例归纳出内在规律，由此总结出旧物再设计的原则。本文中旧物再设计的侧重点在于改造旧物的过程中设计决策的部分，偏重设计的过程，重点研究旧物再设计的方法与原则。

关键词 旧物 旧物再设计 介入 室内陈设

引言

目前，我国以生态环境污染为代价的传统粗放型经济增长方式与日益紧缺的资源之间的矛盾逐渐凸显，亟须对废旧资源进行回收利用来突破我国经济社会可持续发展的瓶颈。与此同时，我国的垃圾分类回收进度依旧缓慢，仍未普及到全国，城市生活垃圾回收率仅有5%，垃圾处理方式仍以填埋为主。

在日常生活中，浪费资源的现象通常为物品闲置型浪费与功能性浪费（一次性产品的使用等）。近年来，从个人到社会，已经逐渐建立起资源回收意识，运用已知的方法循环利用身边的废旧物品。而室内陈设作为与人们的生活密切相关、人们生活中熟悉的物品，功能与造型简单，适宜成为实现旧物介入再利用的重要途径。本文通过分析和解读国内外优秀设计师、艺术家的实践，从中得出旧物再设计介入室内陈设的启示。

1 相关概念解析

1.1 旧物的概念

旧物是指人们在生活中使用过的废旧的日常物品，包括已经失去使用价值的物品，也包括还存在使用价值但因更新换代而被淘汰的物品。旧物的"旧"是相对"新"而言，强调被人使用过或长或短的时间，具有一定程度的使用痕迹，因不可抗力的客观原因或使用者的主观因素不再被继续使用（即被闲置或丢弃），可以经过某些手段被再次利用的人造产品。并且"物"区别于"材料"，旧物重点在于解析物品自身的形态、功能和属性，而旧材料侧重于材料本身的肌理、质感、轻重等；同时应是工业生产的日常用品，废旧的建筑材料与生物垃圾等不在本文研究范围之内。

1.1.1 旧物与现成品的区分

现成品在艺术创作领域的含义更为广泛，新的或旧的、人工的或自然的、完整的或残破的，涵盖面积太大，而本文中的旧物有所特指。

1.1.2 旧物与废物的关系

旧物指其使用价值还未完全消失，即被闲置；而废物指其使用价值已完全消失，被当作垃圾丢弃。但考虑到许多一次性用品如吸管、易拉罐以及各种包装等，虽然在第一次使用后丧失了初始功能，但仍可赋予其新的功能与价值。本文中提到的旧物包括残余使用价值和失去使用价值的物品，认为两者都可以作为新材料进行回收利用。

1.2 旧物再设计

旧物再设计指对旧物的二次设计，通过一些具体手法对被闲置或废弃的旧物进行改造，赋予其新的形态与功能。运用创新的方式对废旧物品进行重新解读与再次设计，打破并重新组构其形态，以具有艺术性以及创新性的形式展示，将旧物的资源利用率最大化。

旧物再设计的侧重点在于改造旧物的过程中设计决策的部分，即研究如何改造才能达到再利用的目的，偏重设计的过程；旧物再利用则更多关注设计改造的结果和最终表现形式，偏重结果，两者有所区分。本文重点研究旧物再设计的方法与原则。

我国资源总量虽可观，但由于人口基数庞大，人均持有资源却十分匮乏。因此，我们更需要保护有限的资源，对现有资源进行充分利用，将物品的使用价值最大化。若每一个个体觉醒资源回收意识，运用简单有效的手法对身边闲置的物品进行二次设计并继续使用，延长每一件物品的使用寿命和更新换代的周期，便可以由个体的行为影响社会集体意识，最终以集体的行为推动社会资源的回收、整合、再利用，促进环境友好型、资源节约型社会的形成。

2 旧物再设计与室内陈设

2.1 室内陈设设计

室内陈设设计是室内设计中的重要环节，包括家具、灯具、电器、挂物等陈设品，对整体建筑内部空间进行把控，根据空间的功能属性以及使用者的审美要求，通过艺术与技术手段，规划空间形态与动线、营造环境氛围与意境，为室内空间增添内涵，使之符合使用者的气质与涵养，同时让使用者在此空间中便于开展学习、工作等功能活动。

陈设设计的发展是社会需求多元化的结果，是室内设计系统中的重要组成部分，是直接为人们提供自我表达的手段，其内涵已经超越美学范畴而成为精神层面的象征。从室内空间设计的角度，陈设不仅强化空间序列，更是完善环境和空间功能，营造场所意义的重要手段；从美学的角度，陈设是反映个人审美、表达个人性格的途径。

2.2 旧物再设计对室内陈设的意义

现代人80％的生产与生活活动都在建筑室内空间完成，室内环境的营造是提升生活质量的重要内容，将旧物通过再设计介入室内陈设，更容易形成认同感并过渡到生活场景中，同时节省社会生活资源。线上线下闲置物品交易、二手平台和集市的快速发展都体现出当今社会的消费倾向——对回收利用的需求，为旧物再设计介入室内陈设提供了物质与发展的基础。旧物承载着过往时代的艺术与文化气息，是时间沉淀下来的精华，改造旧物的过程即新旧时代交融的过程；对旧物进行再设计

可以重新利用这些具有特殊美学价值的可持续资源，由旧物改造而成的陈设品可以使有限的室内空间成为生活方式的个人价值观以及审美趣味的表达，并赋予生活空间多样内涵，提升生活品质，使旧物在室内陈设上重新获得空间表现力，并为室内陈设的进一步深入发展提供素材。

3 旧物再设计介入室内陈设方法与应用

3.1 旧物再设计介入艺术品

通过对一些知名设计师与艺术家的旧物再设计介入艺术品的案例进行分析与总结（表1），得出旧物再设计的常用手法：①利用物品自身材料特性，通过弯曲、裁切、缝合、加热等方式改变其原有形态再塑造成所需造型；②不改变物品原有形态而对同一物品大量组合，利用其固有形状与颜色组成画面；③保留物品原有功能与形态，通过物品的反复堆叠形成新的造型与视觉效果；④物品与其他物品组合，放置在与原有功能或场所不同的语境下，形成新的视觉与体验感受。以上手法都可以参考、借鉴到室内陈设设计中，但首先需要考虑室内设计在整体性、功能性等方面的要求，在满足使用者需求基础上，利用旧物再设计介入室内陈设提高陈设设计质量，丰富室内环境感受，进而满足使用者的精神审美要求。

表 1 旧物再设计介入艺术品案例分析比较

案例				
作者	Veronika Richterová（捷克艺术家）	Garth Britzman（美国设计师）	Caitlind Brown（加拿大艺术家）	侯中民（中国艺术家）
原材料	废弃塑料瓶	废弃塑料瓶瓶盖	6000 个废弃灯泡	废弃金属
再设计成果	装饰品	城市街道景观装饰	云朵形互动灯光装置	雕塑
案例				
作者	Mark Langan（美国艺术家）	Alexandra Dillon（美国艺术家）	Suzanne Jongmans（荷兰艺术家）	尹秀珍（中国艺术家）
原材料	废弃瓦楞纸	废旧刷子	各种塑料包装	旧衣物、旧行李箱
再设计成果	装饰品（拼贴画）	装饰品	展示用服装	《可携带的城市：纽约》

3.2 旧物再设计介入室内陈设方法

旧物作为陈设品介入空间时，可以有效地平衡与稳定室内布局；可以合理规划空间，限定不同功能区域并组织动线；可以扩容空间，实现同一空间内的多种用途；还可以调节室内环境的色彩与氛围，形成风格统一的室内空间。通过对旧物再设计介入并影响室内陈设的案例进行分析和调研后（表2），笔者形成了基本的设计原则与策略。

表2 旧物再设计介入室内陈设案例分析比较

案例				
原材料	废弃自行车零件	废旧行李箱	玻璃酒瓶	沐浴露瓶
再设计成果	吊灯灯罩	医疗箱、抽屉	植物盆栽	手机收纳袋
特点	同一种材料焊接形成新的造型，镂空部分刚好适用于灯具，形成功能转变	延续其原有功能，放置物品，增加隔层。改变使用场景	对原有造型进行切割，增加其开口面积，存放的物质从液体转为固体	切除部分区域，扩大开口面积，完成形态从封闭到开敞的转变
案例				
原材料	婴儿床	旧钢琴	网球	旧衣物
再设计成果	儿童学习桌	书架	拖鞋	布包、购物袋
特点	保留原有外观和造型，床板转换为桌面，形成功能转变	保留原有外观，清空内部零件后从水平放置改为竖直悬挂，增加隔板，形成功能转变	拆解球体，并利用球体自身的弧面拼接起来，形成新的功能与造型	衣物与包的材料可以互通，将旧衣物拆解重新缝合，形成收纳的新功能

3.2.1 功能置换结构重组

当物品丧失原有功能时，可深度挖掘室内陈设的需求，思考旧物在转换环境、转换使用目的后的新功能要求，同时要提高使用体验和审美体验。基于旧物的功能属性，可以对旧物的材料、形态、大小、面积属性进行深入解读，通过功能的置换手段赋予旧物新的功能和体验。例如桌子由桌面和桌腿组成，任何一个具有放置功能的平面材料都可以替换"桌面"，其他支撑物也可替换"桌腿"，设计师可以不断寻找置换的可能性。功能置换既可保持旧物原有的物理属性，又可以在与不同肌理的材料进行组合的同时，通过解构或重组令旧物富有协调性，在新的室内空间中形成具有新功能与意义的物品，丰富对材料和肌理的体验。

外部形态破损或原有造型难以再利用的废旧物品，可以遵循功能置换、结构重组原则进行再设计。甄选旧物中仍具有使用价值的部分，利用切割、分解、弯曲等手段，打破其初始的外部形态结构，形成新的物品形态，必要时辅以其他零构件进行结合，完成新功能与新造型的转换，得到具有持续使用价值的新物品，从而实现废旧资源的功能再生。

3.2.2 语境转换新旧协调

创造更多"旧物"介入室内陈设时与整体空间环境进行对话的可能性，考虑如何协调新与旧的关系，在同一室内空间中，使新旧陈设品和谐相处。面对旧物再设计，我们也应该运用类似的方法进行改造，将它放置在另一个语境下，赋予它新的存在意义，观者将重新解读其所具有的意义，同时思考该语境下的语意是否合理可行；或对其原有的功能属性进行发散性地延展和缩放，寻找旧物新语境的可能性。

在手法上可以借鉴艺术装置对现成品的改造，即转换改变原有对象惯有的识别性语境，"旧物"介入室内陈设时，在为室内陈设带来形态上的辨识力对比的同时，在肌理与材料、色彩、功能方面使之符合整体色调与设计风格，融入室内空间氛围，新旧既产生对比，又互相融合。

3.2.3 情感存续丰富体验

旧物承载着一段时间内使用者生活的记忆，映射了人们往日的生活习惯，集中凝聚了人们的物质、文化发展以及精神状态。它们经历了时间洗礼后自带一种年代感，其外表的肌理和质感是新产品所无法替代的，其造型也代表着一个时期的文化、历史与流行风尚的缩影。因此，旧物再设计需要遵循情感存续原则，对于旧物的外观应谨慎进行翻新与打磨，尽量保留其原有的使用记忆，如划痕、破损、涂鸦、褪色等痕迹，令使用者再次使用时仍能体会到亲切感与年代感，将其中的情感记忆留存下来以至于不会感到陌生。此外，旧物再设计的本意是为了节约资源、循环利用旧资源，对其进行不必要的加工反而增加成本与能源消耗，违背初衷。

结语

旧物通过再设计获得了使用功能的延续，同时陈设品与室内空间并非割裂的关系，它们共同形成一个有机整体，因此旧物再设计介入室内陈设时，需要协调好空间与人、人与物、物与空间的关系。旧物再设计不仅可以进行资源整合、延长日常物品的更新周期，同时旧物所蕴含的生活气息与情感因素在其介入室内空间后可以塑造一种具有人情味、年代感的环境氛围，令人们在浮躁的生活中安静下来。旧物独特的审美特征使室内陈设不再仅仅是一件冷冰冰的家具，而是富有生活气息、不可或缺的"家庭成员"，它们带来的过往记忆和情感意义使室内空间更具包容性与亲和力。除住宅等私人空间外，一些公共空间，如由旧工厂等改造具有历史遗留的博物馆、商场、学校、办公空间；具有教育和展示功能的空间、强调地方文化或历史的场所、主题性民宿酒店等，都可以对当地历史与文化进行剖析并进行旧物再设计的介入。

参考文献

[1] 卡特琳·格鲁. 艺术介入空间 [M]. 姚孟吟, 译. 南宁：广西师范大学出版社, 2002.
[2] 于新颖. 旧物艺术介入室内设计的理论与方法研究 [D]. 北京：中央美术学院, 2018.
[3] 李洋. 旧材料在室内设计中的再利用研究 [D]. 大连：大连理工大学, 2017.
[4] 李恒. 基于绿色设计下的旧物再利用研究 [D]. 乌鲁木齐：新疆师范大学, 2015.
[5] 李文佳. 基于可持续设计理念的废旧织物材料再设计探索 [D]. 重庆：四川美术学院, 2020.
[6] 范雪. 基于无用设计的旧家具回收改造设计研究 [D]. 北京：北京林业大学, 2017.

宗庙及祠堂建筑空间构成研究

■ 娄瀚夫　邵　明（通讯作者）
■ 大连理工大学建筑与艺术学院

摘要　宗庙及祠堂建筑在我国有着悠久的历史，随着社会上对"家风"的重视程度的不断提高，宗庙及祠堂建筑作为其物质载体，更加值得我们注意。我们根据建筑使用者的社会地位将宗庙及祠堂建筑分为三类：皇家的宗庙、士大夫的家庙、平民百姓的家祠。结合历史的发展及人们的祭祖的具体活动，对宗庙及祠堂建筑的空间形式进行了探究，将其内部空间进行分类，进一步解读宗庙及祠堂建筑的空间关系。

关键词　宗庙　祠堂　空间构成

1　祭祖类建筑发展历史

1.1　皇家宗庙发展

商代的宗庙的具体形式可以从殷墟二里头遗址得到一些发现。整个遗址分为三个区域，中间为宫室区，两侧分别为宗庙群区域和祭祀建筑群区域，从整体布局来看，其规划初步体现了"左祖右社"的布局。其中的建筑形式是院落形制，有着明显的中轴线。

西周的宗庙建筑可以从陕西岐山凤雏村西周宗庙遗址中反映其具体的形制和规模。西周的宗庙首次出现了七庙制，庙宇区有着完整的规划，并不像商代进行散落的建设，而是采用"都宫别殿"制。宗庙建筑有明确的中轴线，采用院落形制，并且有序的组织了辅助空间。

汉代宗庙自高祖时期修建在长安城内，之后的宗庙都是按照"都宫别殿"制，但是没有形成建筑群，而是散落在长安城城内和城外，与周礼不合。王莽改制后，恢复周礼，建立王莽九庙，仍是"都宫别殿"形制。自汉明帝始，提倡节俭，不再另起新庙，藏主于世祖庙，形成了"同堂异室"的宗庙形制，这种形制也成为各朝各代的主流形式。

明朝宗庙的形制进行了多次变革，明初朱元璋自称"吴王"时便开始建造南京太庙，采用"都宫别殿"制，到洪武八年（1375年）改建南京太庙时，将"吴王"时期修建的太庙也改成了"同堂异室"。明成祖朱棣迁都北京，兴建北京太庙，其形制与改建后的南京太庙相同，前正殿、后寝殿、殿翼有两庑。寝殿九间，间一室，奉藏神主，为同堂异室之制。孝宗朱祐樘即位时曾建祧庙。嘉靖时期，朱厚熜为将自己的父亲祔于太庙，将"同堂异室"制改为"都宫别殿"制，后遭雷火焚毁又改回为"同堂异室"制。

清朝沿用明朝的太庙，形式也为"同堂异室"制。

1.2　祠堂发展

陈壁生曾总结祠堂的发展大致分为三个阶段。第一阶段是《礼记·王制》所规定的，天子七庙，诸侯五庙，大夫三庙，士一庙，庶人祭于寝。也就是其中的"大夫三庙，士一庙"。第二阶段是以朱熹为代表的宋代理学家设计的祠堂制度，旨在重建宗族秩序。按照朱子的设计，只有做官的士大夫，才能设立家庙（祠堂），祭祀其高、曾、祖、父四代。第三阶段是明嘉靖年间夏言上疏之后，祠堂祭祀遍布东南沿海，而这一阶段旨在建设家族。建设祠堂的权利从士大夫阶层下放到普通平民，清代以孝治天下，平民建祠迎来一个高潮。

2　宗庙及祠堂建筑内的活动内容

2.1　宗庙内的活动

以清代时享为例，主要有三个阶段。第一阶段为准备阶段，主要是仪式的准备阶段，包括皇帝和参与祭祀的大臣们的斋戒，祝文和牺牲的准备及将神主从后殿请出到前殿并设置拜位。第二阶段为祭祀阶段，主要是在前殿进行祭拜，多次奉献以及祭品的享用，并将祭品分给参与时享的大臣们。第三阶段是礼成后续阶段，皇帝回宫，神主重新放回后殿。

2.2　祠堂内的活动

祠堂建筑内部的活动主要有祭祖活动、婚丧寿喜及民俗活动。其中最为重要的活动是祭祖活动。在祭祖活动中，由组长作为主祭者，站在寝堂的中间位置，左右两边为组中长者，分别为陪祭者和颂赞者，另外安排人员负责赞礼和奉献各种祭品，有时还配有钟鼓和诗歌礼生。其余族人位于享堂，按照辈分和房支站立，并按照族长的指示进行下一步的活动。首先燃放鞭炮，烧高香，在赞礼声中如仪跪拜。活动完毕会在祠堂中食用祭酒祭肉，祠堂中如有享堂便会在享堂中进行宴会，没有享堂便会在院中进行宴会。

3　宗庙及祠堂建筑分类

皇家宗庙（太庙）从制度上分为两个阶段，汉明帝之前皆为"都宫别殿"制，之后便大都为"同堂异室"制。"都宫别殿"制便是为每一个神主都建造一个庙宇，多个庙宇结合多个辅助空间形成一整个宗庙建筑群。"同堂异室"制便是将多个神主都祭在同一空间中，将原本的同一建筑内的不同功能空间划分为不同的单体建筑，进而形成一个建筑群。

祠堂分为士大夫阶级的祠堂和平民百姓的祠堂。士大夫的祠堂在建造是有一定标准的，从刘黎明所著的《祠堂·灵牌·家谱——中国传统血缘亲族》书中，我们可以找到士大夫的家庙的建造标准："凡造祠宇为之家庙，前三门，次东西走马廊，又次之大所，此之后明楼，茶亭，亭之后即寝堂。"所以我们现在可以找到的士大夫家的家祠基本都是三进院。平民百姓的家祠便没有这种标准，族中祠堂的规模完全按照族中的能力来进行设计和建造，但是不能超过士大夫的标准。所以我们可以看到在乡间会有很多小型的祠堂，有的只有两进，

有的甚至没有院落，但是都能满足最基本的内部活动要求。

4 宗庙及祠堂建筑空间构成

4.1 皇家宗庙空间构成

皇家太庙建筑分为"都宫别殿"制和"同堂异室"制。"都宫别殿"制便是每个神主都享有一个庙宇建筑，每个建筑内都有用于安置神主、进行祭拜仪式、辅助活动的空间。整个建筑群便是由多个建筑形成的建筑群，按照左昭右穆的原则进行组织。"同堂异室"制便是安置神主的空间、进行活动的空间、观看活动的空间、辅助活动的空间都设有单独的建筑，将这些建筑进行组合，形成一个建筑群。从表1中可以看到都宫别殿制和同堂异室制宗庙空间构成的差异性和相似性。

表 1 皇 家 祠 堂 分 类 分 析

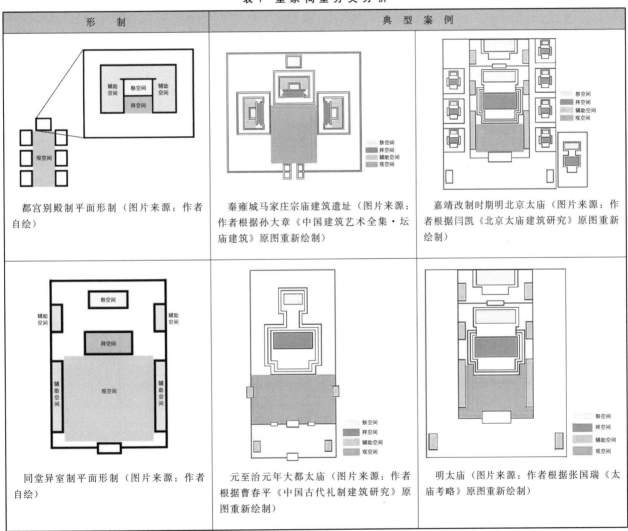

| 都宫别殿制平面形制（图片来源：作者自绘） | 秦雍城马家庄宗庙建筑遗址（图片来源：作者根据孙大章《中国建筑艺术全集·坛庙建筑》原图重新绘制） | 嘉靖改制时期明北京太庙（图片来源：作者根据闫凯《北京太庙建筑研究》原图重新绘制） |
| 同堂异室制平面形制（图片来源：作者自绘） | 元至治元年大都太庙（图片来源：作者根据曹春平《中国古代礼制建筑研究》原图重新绘制） | 明太庙（图片来源：作者根据张国瑞《太庙考略》原图重新绘制） |

笔者根据对案例的整理分析，将太庙的主要空间根据人们在其中的活动分为"祭空间""拜空间""观空间"和"辅助空间"。"都宫别殿"制和"同堂异室"制的皇家宗庙虽然在建筑布局上有所不同，但是上述的4种空间在两种性质的太庙中都有体现。在"都宫别殿"成为主流形制的期间，这些空间都位于一个建筑内，"同堂异

室"成为主流之后，将各个空间从一个建筑分离成多个建筑，其中"祭空间""拜空间""观空间"往往都位于主轴线上，"辅助空间"位于轴线两侧。并且为了突出对先祖的崇敬，"祭空间"和"拜空间"往往处于整个建筑群的核心区域，并且用台阶垫高以体现其在建筑群的地位。

4.2 士大夫及平民祠堂空间构成

根据上文，士大夫的祠堂的建设是有一定标准的，我们现在所能看到的士大夫的祠堂大部分都有着相似的空间序列：门房—享堂—祭堂。而平民的祠堂并没有如士大夫祠堂一样的标准，由于各个家族的实力不同，有些家族并不能按照祠堂建设的标准进行建造，仅仅按照内部活动的最简单的流程来进行祠堂的设计，有的空间还进行了合并，我们将搜集到的案例进行分类总结，见表2。

表2 民间祠堂空间形式整理

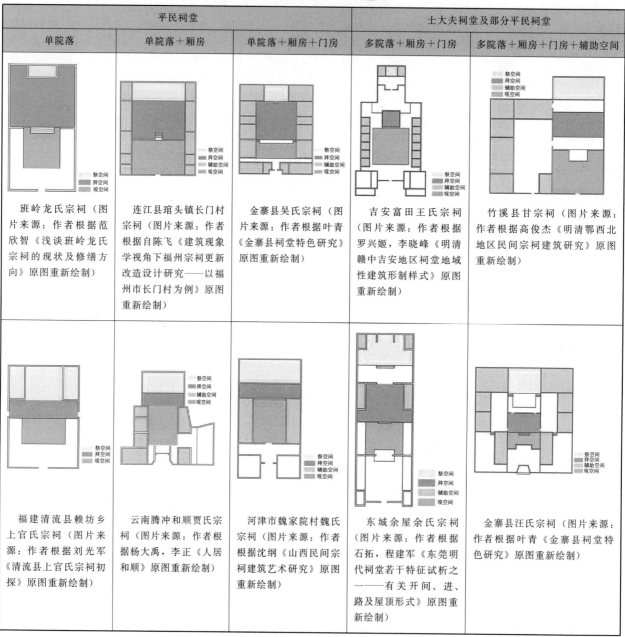

平民祠堂			士大夫祠堂及部分平民祠堂	
单院落	单院落+厢房	单院落+厢房+门房	多院落+厢房+门房	多院落+厢房+门房+辅助空间
班岭龙氏宗祠（图片来源：作者根据范欣智《浅谈班岭龙氏宗祠的现状及修缮方向》原图重新绘制）	连江县琯头镇长门村宗祠（图片来源：作者根据自陈飞《建筑现象学视角下福州宗祠更新改造设计研究——以福州市长门村为例》原图重新绘制）	金寨县吴氏宗祠（图片来源：作者根据叶青《金寨县祠堂特色研究》原图重新绘制）	吉安富田王氏宗祠（图片来源：作者根据罗兴姬、李晓峰《明清赣中吉安地区祠堂地域性建筑形制样式》原图重新绘制）	竹溪县甘宗祠（图片来源：作者根据高俊杰《明清鄂西北地区民间宗祠建筑研究》原图重新绘制）
福建清流县赖坊乡上官氏宗祠（图片来源：作者根据刘光军《清流县上官氏宗祠初探》原图重新绘制）	云南腾冲和顺贾氏宗祠（图片来源：作者根据杨大禹、李正《人居和顺》原图重新绘制）	河津市魏家院村魏氏宗祠（图片来源：作者根据沈纲《山西民间宗祠建筑艺术研究》原图重新绘制）	东城余屋余氏宗祠（图片来源：作者根据石拓，程建军《东莞明代祠堂若干特征试析之一——有关开间、进、路及屋顶形式》原图重新绘制）	金寨县汪氏宗祠（图片来源：作者根据叶青《金寨县祠堂特色研究》原图重新绘制）

从表2可以看到，从规模上祠堂可以分为5种类型，不同的规模也呈现出不同的空间构成。祠堂的具体的空间形态会根据地方的文化气候等因素有所不同，但是祠堂的空间构成与祠堂内部进行的活动有直接的关系，并且在宗庙及祠堂建筑内的活动在全国范围内的差异性不大，所以祠堂的空间构成有着一定的规律性。笔者根据祠堂内部的活动将祠堂空间总结为三个主要空间，即"祭空间""拜空间""观空间"，且是按照一定的空间序列（祭空间—拜空间—观空间）进行排列，形成整个建筑的主轴线。辅助空间作为第四种空间，是用于内部活动之前的准备工作，当祠堂规模受限时，辅助空间会被其他的三个空间压缩，甚至整个建筑中没有辅助空间的存在。结合表2的对于民间祠堂空间形式的总结以及人们在祠堂内的活动，将上述5个类型的祠堂进行空间上的划分，如图1所示。

"祭空间"是仪式发生、进行的主要空间，是所有仪式必备的一个空间，其位置往往位于整个仪式空间的中部或前部，其空间的高度也会较高，这样既可以提升参与者的视野，便于观看整个仪式，也可以提升该仪式在人们心中的重要程度。

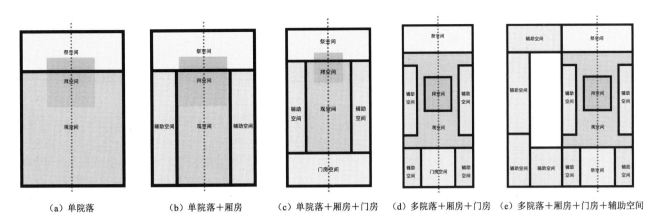

| （a）单院落 | （b）单院落+厢房 | （c）单院落+厢房+门房 | （d）多院落+厢房+门房 | （e）多院落+厢房+门房+辅助空间 |

图1　民间祠堂空间形式分析

（图片来源：作者自绘）

"拜空间"是仪式进行中的一个重要的人与"神"进行行为上的互动的一个空间，这就要求"拜空间"与"祭空间"产生一种较强的关联，所以大部分的"拜空间"是嵌在"祭空间"中的，或者与"祭空间"紧密相连。

"观空间"是仪式的参加者和仪式的观者所在的空间，其位置往往环绕着"祭空间"或者位于整个仪式空间的中部。"观空间"大都占据着整个仪式的大部分空间，这是由于大多仪式并不会有全体参加者的直接参与，参加者在仪式中的主要作用是见证仪式，再传播仪式。所以这便要求"观空间"有足够好的视线条件。

"辅助空间"往往布置在主轴的两侧，用于服务在仪式空间中的活动，当祠堂规模较大，会在主轴线旁设立第二级轴线并围绕第二级轴线布置辅助空间。

结语

皇家太庙主要分为"都宫别殿"和"同堂异室"两种空间形式，我们将两种形式的太庙内的空间总结为"祭空间""拜空间""观空间"和"辅助空间"。士大夫家庙及民间祠堂根据其空间构成的复杂程度共分为五类：单院落、单院落+厢房、单院落+厢房+门房、多院落+厢房+门房、多院落+厢房+门房+辅助空间。由于士大夫家庙及民间祠堂与皇家太庙同属于祭祖类建筑，所以"祭空间""拜空间""观空间"和"辅助空间"在其中也有体现。通过对太庙及祠堂建筑的空间研究，可以更好地了解如何保护该类建筑，促进该类建筑的发展，更有利于在社会上弘扬优秀"家风"。

参考文献

[1] 陈壁生. 礼在古今之间："城市祠堂"祭祀的复兴 [J]. 开放时代，2014（6）：99 – 110.

[2] 刘黎明. 祠堂·灵牌·家谱：中国传统血缘亲族 [M]. 成都：四川人民出版社，1993.

[3] 谢超，李晓峰. 赣中地区祠堂建筑的仪式与空间分析 [C] //中国建筑学会. 宁波保国寺大殿建成100周年学术研讨会暨中国建筑史学分会2013年会. 北京：科学出版社，2013（8）：332 – 340.

[4] 吴光宇. 祠堂设计方案设计 [J]. 美与时代（城市版），2021（2）：125.

[5] 李慧东. 城郊地区城市化后的信仰空间重建策略研究：以厦门岭下社区为例 [J]. 中外建筑，2021（1）：123 – 126.

[6] 张类昉，许秋华. 庐陵地区祠堂空间形制与文化关系研究 [J]. 华中建筑，2020，38（7）：95 – 99.

蒙古族固定式住居的类型及特征

■ 高　曼　李瑞君
■ 北京服装学院艺术设计学院

摘要　每一个民族的住居形式都有其所处地域环境的特点，都无法脱离生存状况的本土化。以蒙古族住居形态来说，其住居形式形成的原因有很多，比如自然环境、气候条件、人文条件、技术条件、生产生活方式等。由于长期受到这些因素的影响，形成了富有地方特色的住居文化。通过牧区实地调研，分析该地区定居定牧生产经营方式下的固定式住居形成原因和布局特点，描述游牧民族现代固定式住居的分类，平房与起脊房的结构和院落布局等问题，探索定居定牧生产经营方式下的住居意义。

关键词　固定式住居　定居定牧　形成原因　住居分类　住居意义

蒙古族是以游牧为主要生活方式，被后人称之为"马背上的民族"，几千年来用勤劳、智慧、质朴的双手创造了灿烂辉煌的游牧文化住居方式。随着社会的发展与变迁，草原上的生产经营方式也发生了很大的变化，传统的游牧生产生活方式已经逐步转变成为定居定牧的生产经营方式，大部分人都居住生活在固定式住房里，牧区的蒙古包除了牧民居住外，部分蒙古包则以旅游产业开发为主，定居定牧生产经营方式下的固定式住居方式则潜移默化地改变着蒙古族人的住居观念。

1 定居定牧生产经营方式下固定式住居的形成原因

1.1 固定式住居形式的形成原因

本文选取内蒙古巴彦淖尔盟杭锦后旗牧区和巴彦淖尔市乌拉特中旗村作为调研对象，这两个地区的大量蒙古族居民远离牧区，生活方式逐步汉化，其居民的固定式住居特征具有一定代表性。固定式住房都需要大量的建筑材料，即木材和砖瓦。由于草原上树木稀少，建造房屋所需木材难于获取，加之草原上土壤层稀薄，建造房屋会使表层草场植被破坏且迅速沙化，因此无法取土制砖。所以，草原上的居民将固定式住房建造在取材便利且距牧区不远的县城及其附近区域（图1）。

图1　巴彦淖尔盟杭锦后旗牧区房屋现状

内蒙古地区属于温带大陆性气候，地貌以高原为主体，具有复杂多样的形态。《元史》载："朔漠大风雪，羊马驼畜尽死，人民流散，以子女鬻人为奴婢""是岁大旱，河水尽涸，野草自焚，牛马十死八九，人不聊生。"沙漠、戈壁滩这些恶劣的自然环境时刻威胁着牧民们的生命和财产安全。因此，在如此艰难的自然条件下，传统的游牧生产经济随着时代的发展已经无法满足牧民的经济需求。很多牧民另谋他业来增加经济收入，加之汉文化与蒙古文化的交融，牧民开始根据自身生产、生活的需求建造固定的居所。他们一般会选择位置较好、交通方便并易于与外界取得联系的地区建造。

1.2 固定式住居中的布局特点

传统的游牧生产时期的住居蒙古包，其内部的布局方式具有非常传统的民族特色和社会等级特征，也与生活习惯和民族的民俗息息相关。然而在定居定牧生产时期的固定式住居的布局形式则与前者大不相同，其优势和劣势并存。

1.2.1 优势

第一，房屋多为南北朝向，采光良好，空气流通，在一定程度上解决了传统蒙古包内的功能使用受限、舒适性和私密性较差等问题；第二，部分牧民在房屋内部设置地下储存空间（俗称"菜窖"），极大程度上解决了北方严寒酷暑条件下对食物贮藏功能的需要；第三，在巴彦淖尔市乌拉特中旗地区，许多牧民建设的固定式住居多为平顶结构，因而房顶可以用来晾晒玉米、葵花、风干肉制品等。

1.2.2 劣势

第一，固定式住居虽然在一定程度上解决了蒙古包内没有私密空间的问题，但存在功能不合理的缺陷。如某牧民的固定式住居为三开间的房屋（图2），从建筑中间开门，一进门中间为厨房，左边为客厅，右边为卧室。这种功能划分单一，依旧无法满足当代人对私密性更进一步的要求。第二，固定式住居的生活方式使得蒙古族的风俗习惯也逐步减弱，如蒙古包内盘腿围着炉灶坐在地毡上的行为习惯渐渐消失，室内装饰中地域性特征变弱。第三，夏天炎热潮湿，固定式房屋平顶容易积水，造成房顶渗漏等问题。

2 游牧民族现代固定式住居的类型及特征

固定式住居大致可分为平顶房（图2）、起脊房（图3）两种类型。

图 2 平顶房

图 3 起脊房

2.1 平顶房

常见的平顶房有土坯平顶房和砖砌房两种。平顶房分为三檩、五檩、七檩、九檩。平顶房根据外屋门的位置分为侧开门房、中开门房、外开门房等。乌拉特中旗大部分地区多数为侧开门房（图4、图5）和中开门房（图6、图7）。中开门房一般只住一户，其外形具有庄重、美观、简洁等特点。中开门房一般住两户，一户长者父母居住，另一户则为子女婚后居住。有的院落仿照四合院布局建设，这种院落式住居可容纳三代人，院落中设有草棚、马厩等，方便牧民饲养牲畜。固定式住居根据墙体主材料可分为土房、砖房、石头房、板房等，根据屋顶材料分为芦苇房、秸秆盖房、树条盖房、板条盖房等。

图 4 侧开门的房子

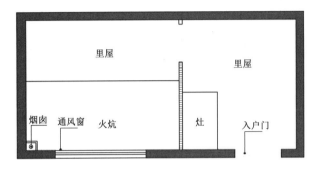

图 5 侧开门房子布局形式

图 6 中开门的房子

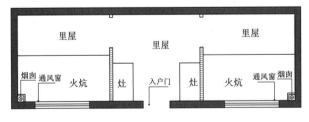

图 7 中开门房子布局形式

土坯平顶房分为一间房、两间房和带倒厦的两间房❶。这种土坯平顶房只有一个入口和一个窗。开门方向为侧开门和倒厦开门（图8），进门为灶，先入厨房，房间西南方向设置炕，炕和灶相邻，烧饭时顺便给炕加

---

❶ 由于家里人口多，经济又比较困难的家庭因盖不起房子，在正房的后边，用土坯砌墙接出来的又矮又小的房子用来储物。这种房子就叫"倒厦子"，又称作"东耳房"或"西耳房"。

热，达到取暖的目的。南向开窗，炕和灶以外的空地可做客厅、餐厅使用。

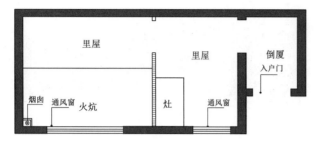

图 8　倒厦开门房子布局形式

砖砌房的平面布局，分为带倒厦的两间房、中间开门的三间房、侧开门的三间房、带烟囱双灶的三间房。这种砖砌平顶房入口方式不唯一，中间、侧面、倒厦位置均可。其窗的数量为 2～3 扇。

砖砌房分为带倒厦的两间房、中间开门的三间房、侧开门的三间房和带烟囱双灶的三间房。这种砖砌平顶房入口方式不唯一，中间、侧面、倒厦位置均可。其窗的数量为 2～3 扇。带倒厦两间房的入口则从倒厦进入，随后转入厨房，最里面一间为卧室，每间房均砌筑墙体。带烟囱双灶的三间房则中间开门，从门口直接进入中间厨房，厨房左右两边各设一处灶台，厨房左右两边各一间卧室，卧室内炕的位置为西南角和东南角，炕的西墙角和东墙角设置烟囱。

2.1.1　平顶房的构造

常见的固定式平顶房结构有土木结构、砖木结构两种。主要由顶棚、墙体、地基、门窗四部分组成。其搭建顺序应是先打地基，再起墙，最后封顶。房顶上方架设檩子、椽子、房笆（红柳等材料编制而成的网片），然后铺设秸秆，最后用泥浆做防水。其防水一般做两层，第一层使用土和细小秸秆按各自 50% 调和抹匀，第二层使用 90% 的土和 20% 的细小秸秆调和找平。

无支柱平顶房把檩子直接放到山墙上。一间普通的平顶房用 5 根檩子、60 根椽子；两间平房用 10 根檩子、120 根椽子，以此类推。檩子的长度一般为 12 尺，椽子的长度与檩子的间距相适应，檩子数量决定房间的跨度，檩子跨度大，粗细均匀，且比较直（图 9）。松木和榆木等材质好的木材做大梁，大梁也叫坨，长度取决于檩子的数量。简易平顶房把檩子直接放在大梁上，中间垫枕木，多数房子在大梁与檩子之间用挂柱。根据排雨的需要，挂柱的高度不一，从顶部檩子到边缘的领子逐渐变短，挂柱的下端垂直插入大梁上面的榫内。松木、榆木、杨木均可做椽子，用圆木或半圆木做椽子，直径一般为一掌余，方形椽子是用粗圆木锯开而成的，椽子分为房顶椽、房笆椽两种。有的平房在东西山墙内立暗柱以支撑檩子，也有的用暗柁（图 10）。

蒙古族自从定居定牧开始，许多牧民弃牧从耕。秋收季节，大量的小麦秸秆被丢弃或者焚烧，造成空气污染。于是牧民利用农作物秸秆资源造房，这不仅利于促

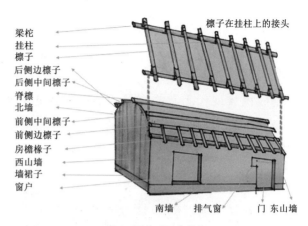

图 9　固定式平房结构

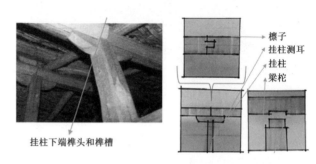

挂柱下端榫头和榫槽

图 10　檩子、榫头、挂柱、梁柁

进农民增收，而且对农业经济可持续发展意义重大。秸秆制造的顶棚既环保节能，又能把大量的秸秆"变废为宝"，利用秸秆制作产生的顶棚板材还具有抗震、抗击打、耐高温、承重强、能漂浮等诸多优良性能（图 11）。在寒冷的冬季，秸秆起到保温的效果；在炎热的夏季，又具有起到隔热的功用。房顶房檐材料多数用木条、沥青、瓦、砖、小碎石修饰，或者用蒲草、芦苇秆编制而成（图 12）。其房檐（包含房笆）样式也非常丰富，如卷帘式房笆、铺制房盖、篱笆、捆绑房笆、编制式房笆、木条式房笆等。

图 11　秸秆

正房一般都是坐北朝南，南墙上一般都会留窗，东墙、西墙略高又承重，叫山墙，为了采光，北墙、西墙留小窗，在西墙内侧连着火炕砌筑烟囱。各山墙的两个角分别有一个垛口，每个垛口都有所修饰。南墙壁上留

图 12　蒲草

门窗时，上面加持过木（门窗过梁的俗称）。

墙壁（图 13）可分为石砌墙、砖砌墙、垛子土墙、草根坏墙等。草根坏是土筑，砌法大概是用泥土垛砌、用土坯砌、用夹板夯筑墙、用草坯垒墙（蒙古语成为吉姆），最后都要用泥抹，并加以饰面，材料一般为石灰或者瓷砖等。

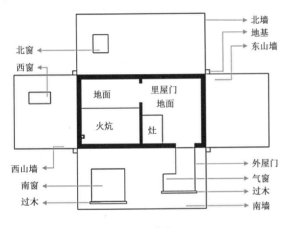

图 13　墙壁

地基（图 14）。平房地基有两种处理方法，一种是在地基上垫好土、铺碱土，压紧夯实后起墙；另一种是挖地槽，挖到一定程度时用石头或砖打墙基。如果把墙基增高到地面以上 1 米左右再起墙，称为墙裙子，墙裙子部分做防潮层。平房的外地面往往低于内地面高度。

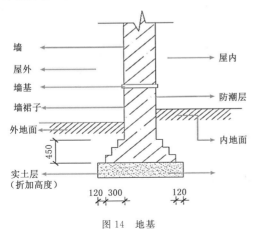

图 14　地基

烟囱是连通西墙或者东墙的炕洞通道，比房顶高起约二尺的样子。排出由室内灶台火产生的气体或烟尘。同时，可以改善燃烧条件，减轻烟气对环境的污染。烟囱通常是垂直的，以确保气体平稳流动。

门的类型。固定式平房的门的类型有单扇户枢门、合页门、单扇矮门、双扇矮门等。门又可概括的分为外屋门、里屋门。外屋门通常装单扇门或双扇门两种类型，阻拦家畜，冬天挂门帘。里屋门通常装合页板门、单扇户枢门、单扇矮门三种，这类型的门轻巧方便。门由门框、门扉（门窗）、户枢（或合页）、门墩、门闩、拉绳（或门把）等组成。门的材质一般使用不变形的木料、铁皮等。

窗的类型。固定式平房窗的类型有门窗亮子、气窗两种。门窗亮子俗称腰头窗，在门的正上方，有利于辅助室内采光和通风，有平开、固定和上、中、下悬的区别。气窗通常为玻璃窗户，在玻璃窗内侧挂苇帘，苇帘平整细密，条纹清晰，草本黄色，清洁美观，富有自然风光特色，还具有吸尘吸潮、吸附病菌、净化空气，调节室内气温和湿度的功能。而且苇帘轻便柔和，舒展方便，结实耐用，用途广泛，可用作窗帘，遮光透风，也可作装饰。苇帘的使用充分体现出蒙古族牧民的聪慧与朴实。

2.1.2　平房的灶

灶（图 15）由灶膛、灶嗓、灶脸、灶帮、灶口、灶门、灰坑、灰栏等部分组成。平房的灶火结构主要用土坯、砖或金属等制成（图 16）。灶的作用分为两种，一种是满足牧民对于物质功能需求，用来做饭、提供取暖、烧炕使用；另一种是满足牧民精神层次的心理需求，火在蒙古族看来，是驱妖避邪的圣洁之物。牧民崇拜火是有一定历史背景的，在藏传佛教还没有普及蒙古族时，蒙古族的祖先大多信奉的是萨满教，而萨满教一般将火奉为净化之神。居民搬迁到固定式住居内对火灶的尊敬并未减少，依旧保持着禁止做出任何对火不敬的举动，由火衍生出来的火炉、火灶等物都是不可亵渎的。比如，忌在火炉上烤脚和潮湿的靴子、鞋子等秽物；不能在炉灶上磕烟袋、摔东西、扔脏物等。并且延续了旧时的

图 15　灶

"祭灶"的说法，几乎每家灶间都设有"灶王爷"神位，人们称这尊神为"司命菩萨"或"灶君司命"，灶王龛大都设在灶房的北面或东面，中间供上灶王爷的神像，每年腊月二十三煮熟饺子，会先供奉灶君司命。

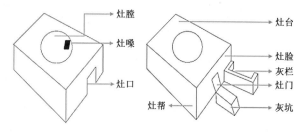

图16 灶的结构

2.2 起脊房

常见的起脊房是瓦房，由砖墙瓦顶组成。很少见独栋的瓦房，大多数瓦房都采用四合院的方式，因而会组建成院落的形式。居住瓦房的牧民经济条件较好，同时也是身份的象征。

2.2.1 起脊房的结构

起脊房由墙基、墙体、房盖、门窗四部分组成，通常挖1米深的槽，用石头或砖砌墙基。起脊房梁柁的柱子，一般采用竖梯式或横梁式，木材用于做三角屋架、檩子、椽子、门窗。起脊房的檩子可分为脊檩、前檩、后檩、前檐檩、后檐檩等。房盖的用材和平房一样，主要为土砖、铺房顶用的板子、篱笆、秸秆儿、芦苇等（图17）。

图17 起脊房结构

起脊房的数量瓦房居多，过去富裕人家都会自建瓦房，都用青砖青瓦或红砖红瓦。牧民称之为青瓦房和红瓦房。搭建顺序与平房一致，唯一不同的是房顶的设计，瓦房的房顶尖尖隆起，房顶上铺瓦片。瓦片作为重要的屋面防水材料，一般用泥土烧成或水泥等材料制成，形状有拱形、平板形或半个圆筒形等。不仅隔热防雨，而且美观整洁、耐用性高。

瓦房的门窗结构基本与平房相同，但选用的材料、样式、制作工艺相对严格讲究。门窗图案采用带有吉祥寓意的装饰，由此可见，拥有瓦房住居的牧民都是经济条件较好且身份地位较高者。

2.2.2 起脊房院落

固定式起脊房院落以吉林省松原市郭尔罗斯王府为代表（图18）。郭尔罗斯社会稳定，经济繁荣。相传郭尔罗斯府内官员曾请来住持活佛对府宅基地踏勘选址，

发现有祥云瑞雾笼罩、凝聚天地之灵气的龙兴之地的哈拉毛都是块宝地。传说法师相看良久后表示，龙兴山脚之地西有蜿蜒丘陵，东有青翠高山，在此建设府宅，将会碰上摇钱树、掉进聚宝盆，有享不尽的荣华富贵、数不清的金银财宝，更有兴旺繁盛的子孙后代。这便是末代王爷齐默特色木不勒的官邸。所建起脊房院落形式都以北京四合院布局为原型，这对当地院落形式布局的建设起到了很大的影响。

建筑群都由青砖瓦房、院墙和一些附属设施组成，院落四角设有防卫炮台和炮楼。府中房舍多为回廊形式的建筑，整个院落分为左、中、右三个部分，按严格的尊卑等级划分，共七进院落。第一进院落为迎宾馆，两侧配有客厅、客房、卷宗库，迎宾馆的后面设有兵营。第二进院落是王爷的大堂、营物处、监狱及官员公务居、东棋房客房。这里素有衙门宫之称，设掌印官员"白斯达"，负责办理王府的行政事务。第三进院落和第四进院落为高级客房，左边设五爷住处、齐王专用小厨房，右边设总管处、车夫住处、马厩等。第五进院落设佛堂，供奉释迦牟尼、千手千眼佛。每日香烟缭绕，钟磬不绝，这里是王公贵族祈福消灾的场所。第六进院落为齐默特色木不勒亲王内宅。院落整体为十字形布局（图19），十分严谨。四合院从外边用墙包围，墙壁高大，墙面不开窗户，以显示其隐秘性。从功能分区来说，首先，院

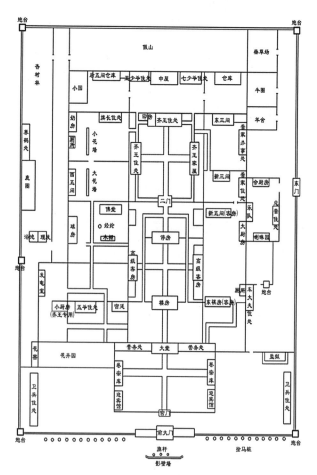

图18 郭尔罗斯王府平面图

落是以中轴线中心为主要的政治、军事公务区,体现了蒙古族中央集权的特点;其次,齐王住处的建筑,体现出王权至上的原则(图20)。从装饰上来说,梁、檐上有诸多装饰,如鸟鱼花卉、山水人物等。从室内家具来说,堂中央有两个鼎形大火炉,饰有龙凤,工艺严谨考究。室内有用紫檀、铁梨、金丝楠等昂贵进口木料制作的款式各异的配套家具和设施,墙壁上有各种名贵的彩画、古玩、匾额、稀世珠宝等。第七进院落为少爷居住区,内设假山、公园、仓库等,十分静谧安逸,体现出

图19 郭尔罗斯王府院落(一)

图20 郭尔罗斯王府院落(二)

尊卑有序、先长后少的等级制度。最右侧为游牧民族饲养区,以及最前方的卫兵区,体现出游牧民族战马的重要性和严格的兵防系统。最外部城墙上的炮台体现出王府的森严庄重。从院落中心向外围扩散的道路流线也根据身份高低来设计,中间道路一般供君王群臣使用,外侧道路则为士兵、家仆、牲口使用。

结语

关于对固定式住房的需求问题,牧民普遍认为过去蒙古包里的生活模式已经随着时代的变化而逐步发生改变。传统的蒙古包功能空间单一狭小,无法满足更多的生活需要和住居体验。在某种程度上,蒙古包已经成为蒙古族的精神象征,而固定式住房才具有真正住居安定的意义。固定式住房一经建成,之后多年都是该家庭的居住之所,不用迁徙,可以抵御恶劣的自然环境和气候。另外,固定式住宅具有足够的可变性来适应家庭结构的变化,且随着家庭成员的变化,家庭的伦理关系也必然为居住环境所体现,而传统的蒙古包则无法传达出这样的伦理秩序。蒙古包的民族习俗固然重要,但良好的居住环境、功能和体验也是牧民追求的更高品质生活标准的不二之选。

在蒙古族牧区固定式住宅建设中,由于受到当时环境气候、经济条件、技术水平等客观条件的限制,现有的固定式住宅的劣势依然存在,以至于房屋类型的单一化、结构形式的不完美、空间质量的不完善、传统特色及风俗的缺失以及村镇整体风貌的混杂等问题仍得不到应有的重视,更没有赋予建筑更多的创新性特点。在今后乡村振兴背景下,牧区居住环境发展到更高的水平时,所有这些必将成为突出矛盾而重新被人们审视,传统蒙古族住居文化也将得到重塑,蒙古族固定式住宅应该是蒙古族人民对"家"的新的定义。

[本文为北京市教育委员会长城学者培养计划资助项目"中国传统地域性建筑室内环境艺术设计研究"(项目编号:CIT&TCD20190321)的阶段成果。]

参考文献

[1] 王建革. 游牧圈与游牧社会:以满铁资料为主的研究 [J]. 中国经济史研究,2000(3):14-26.
[2] 姜喜. 郭尔罗斯王府史略 [M]. 长春:吉林文史出版社,2015.
[3] 陈久旺,陈杰,邵高峰,等. 内蒙古自治区农村牧区居住房屋及人居环境现状调查与绿色生态农村建设研究报告 [M]. 呼和浩特:远方出版社,2009.
[4] 阿木尔巴图. 蒙古族工艺美术史 [M]. 赤峰:内蒙古科学技术出版社,2008.
[5] 胡惠琴. 住居学的研究视角:日本住居学先驱性研究成果和方法解析 [J]. 建筑学报,2008(4):5-9.
[6] 中华人民共和国住房和城乡建设部. 中国传统建筑解析与传承(内蒙古卷)[M]. 北京:中国建筑工业出版社,2015.

松阳杨家堂村传统民居建筑及室内环境的特征

■ 魏　佳　李瑞君
■ 北京服装学院艺术设计学院

摘要　松阳县杨家堂村传统民居是在漫长的历史长河中遗留下来的住宅型建筑。留存至今，它们不仅反映着人们的生活态度，而且保留了生活在独特的自然环境和历史文化之中的人们所特有的文化心理和价值取向。本文对松阳杨家堂传统村落民居形态研究的着眼点为空间形态，其中包括平面布局、建筑特征、艺术价值等。针对传统民居建筑方面，分析其建筑风格、形制、装饰及室内环境特征。深入剖析杨家堂传统民居建筑的空间形态，探索杨家堂村传统民居建筑空间形态的审美表现、审美价值。

关键词　传统村落　民居形态　建筑特征　室内环境

浙江省松阳县山地传统村落受周围优越的自然资源的影响，村落多依山傍水、村内建筑顺势而建，村落整体旅游资源和历史价值较高。杨家堂村位于浙江省松阳县三都乡，由杨家堂、泉址、坞山三个自然村组成，交通便利，民风淳朴，风景秀丽，自然生态环境良好。整个村落坐落在斜坡之上，村落上下屋高低落差约2～3米，延展开来高差达200米（图1）。杨家堂村表面虽然朴实无华，但是它仰仗高山的依托，村落建筑纵横交错，传统民居依山势缓缓抬高，体现出村落的恢宏气势。其民居建筑历史悠久，多为明清建筑格局，装饰工艺独到，具有鲜明的浙西南地域特色。

图1　杨家堂村航拍图

1　杨家堂村传统民居空间形态

1.1　院落空间类型

杨家堂村的传统民居中以一字形住宅和三合院式为主，传统建筑以"间"为基本单位，受浙江地区潮湿多雨的气候影响，传统建筑逐渐演变为底层高、楼上矮的建筑分层特点，村民的日常生活起居和祭祖都在楼下进行，楼上用来堆放杂物（图2）。民居功能分区明确，但存在功能不完善、使用空间局促等问题，基本上处于原生状态，与现代生活和劳作需要不匹配。为了顺应杨家

堂村阶梯式的地形地貌，民居位于不同高度的台地之上，上下错落分布，并且充分利用民居之间的地形变化围合出院落空间。在地势较为平坦的开阔台地，部分民居建筑利用三合院的形式围合出带有天井的院落空间。此类院落空间具有良好的私密性。

图2　杨家堂村院落

1.2　院落铺装

杨家堂村落内巷道纵横逼仄，多为卵石铺设，经年踩踏，路面泛着闪亮的光泽，透着岁月的痕迹与久远的韵味。院落中地面主要铺砌水泥地，天井四周阶沿青石板铺砌，因为气候潮湿多雨，青石板上较为湿滑，人一

图3　杨家堂村青石板地铺

般不会在上面行走，而是从天井两边的走廊进入厅堂。青石板四周也设置有比较合理的排水系统。中间为河滩卵石铺砌，图案多寓意吉祥，也有阴阳八卦图，取驱邪保平安之意。还有鹅卵石铺砌的金钱状图案，蕴含"金钱铺地"之意（图3）。

2 杨家堂村传统民居建筑的特征

2.1 建筑风格

自然环境因素不仅影响了传统村落的外部景观，也决定了建筑的地域性特征。杨家堂村的建筑为浙西南建筑风格，外貌整体上比较统一，小户型多是黄泥墙黛瓦，部分大、中型住宅为粉墙黛瓦。宗祠或大型建筑会采用马头墙为顶的做法，受本土影响的马头墙样式相比徽派民居来说比较简单，由水平和垂直线条勾勒而成，尾部微微翘起，具有独特的地域特征（图4）。特别是传统村落作为一个整体，体现了杨家堂村的民风淳朴和勤俭节约，注重流传下来的传统礼节，建筑上也遵循"庶民不过三间五架"之制，村落整体呈现建筑、形态、风格统一的特点。

图4　杨家堂村马头墙

2.2 建筑形制

松阳杨家堂村传统建筑格局大部分接近注重敦亲睦族、简朴自然多山地的浙西南建筑。传统村落中多为简单的耕农一字形住宅和合院式居室布置在一起，反映了中国"和而不同"的居住文化。

（1）一字形建筑。一字形是一堂二室的三开间堂室之制，其中一个房间有两个大厅。这也是浙江传统民居最基本的形式。基于一字形的形式发展了其他建筑类型。就一字形而言，由于遵守堂室之制所以开间数量总是呈单数对称发展，可以发展为五间、七间甚至九间（图5）。

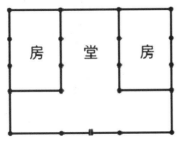

图5　一字形平面图

（2）三合院式。三合院有三座主要房屋，中间是大厅，两侧是房屋。两侧均设有翼，作为辅助室，形成天井，四周环绕着防火墙；在三合院的基础上还形成了"H"形的住所：厢房朝后发展为厨房，然后产生了后院，将家庭生活与生产和养殖活动区分开。四合院由三合院对合而形成，平面接近正方形，四周围墙高耸。院落的两个入口，在地面前方的较低，而在背面的较高。四周有廊联系前后进和楼上、楼下。小型传统建筑结构简单，成本低廉。它们也是杨家堂传统村落中最多的建筑类型（图6）。

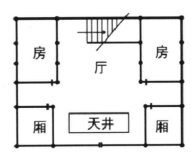

图6　三合院式平面图

2.3 建筑结构

杨家堂村落民居结构基本为泥木结构骨架，木结构和夯土墙共同起承重作用。此类结构的核心是木结构承重，围护结构部分独立，砖、泥筑成东西山墙，一般不与房屋其他部分有结构上的关联，仅起到围护屋内空间、遮蔽风雨的作用。地面一般为三合土或素土夯实，墙体为黄泥夯土实体墙。墙体完成后制木框架和屋面架构、铺覆小青瓦屋面并完成木制连接回廊等，层面以"人"字形小青瓦铺覆。

2.4 建筑材料

由于杨家堂村山地地区取材不便，黄土和石头成为了首要的建筑材料。村中民居一般外墙立面颜色为黄色夯土色，屋顶颜色是和基底石头颜色接近的深灰色（图7）。建筑采用版筑泥墙层的做法，房屋底部以卵石为墙基，有1米左右的卵石墙基，上部分用夯土筑造，在阳光照耀下发出灿灿的金光，屋顶多数采用直沿的简单做法，透出浓郁的乡土味道。

图7　杨家堂村建筑立面

3 传统民居室内环境的特征

3.1 空间形态

杨家堂村民居一堂二室的格局，正中一间堂屋是整个家庭的公共活动空间，是接待访客、家庭议事，举行红、白喜事等重要家庭活动的生活场所。紧邻堂屋的两侧明间有的作暂放杂物或活动用，也有的作为主人的日常起居的居室。堂屋的开间较两边的房间要大，进深与两侧明间相同。在当地建筑文化与生活习俗中，堂屋具有最高的空间地位。

3.2 室内陈设

堂屋中尽端的正壁夯土墙上，设置壁龛摆放祭祖的"香火座位"。正壁前摆放长桌，两侧紧贴墙体的位置放置对椅，通常两侧还会设门通往后院厨房。檐柱牛腿雕曲线纹以及狮子等动物和花卉图案。侧面居室内光线昏暗、通风较差，除睡眠外，居民一般不进入居室，因此公共空间在住宅中有很重要的作用。中轴线上安装木质大门，门楣题额墨书"云峰拱秀"，内墙上有小楷墨书"朱柏庐治家格言"等，从墙上文字落款"岁次壬子"。明间内柱上保留有"人生未许全无事，世态何须定认真"等古楹联。在古建筑中如此完整地书写治家格言，这在松阳古村落中并不多见，可见杨家堂村文人辈出，治家严谨，志存高远。

3.3 室内色彩

杨家堂传统村落民居受到儒家思想和宗教理学所形成的审美意识的影响，追求人与自然高度的和谐和统一，因此在当地传统民居室外与室内空间色彩的运用上更为淡雅朴素。传统村落民居的室内色彩多以黑、白、灰、黄、褐以及木材本色为主，色调统一素洁，辅以绿或青予以点缀，色彩的饱和度较低且明度较暗。室外空间色彩整体的色调是暖灰色调，整体室内空间色彩显得素雅、秀静。室外与室内所用色彩都较为相近，而室外与室内色彩的表现所呈现出的不同视觉效果，有很大原因是由其相近色彩中的使用比重不同。

3.4 室内装饰

杨家堂传统村落建筑具有浙西南地方特色，融合了当地独特的木雕、砖雕、石雕工艺。用材考究，技艺精美，

图8 杨家堂村精美木雕

牛腿、雀替、门扣，甚至瓦当，均精雕细镂、不输珠玑。宅第的室内装饰不论简繁，均有时代特色（图8）。

村中建筑室内空间沿用了清中后期的装饰风格，装饰繁缛、细腻，富丽堂皇，雕刻图案丰富多彩，有梅兰竹菊、岁寒三友、缠枝莲花、双狮戏球、双凤朝阳、喜鹊登梅、鹿含灵芝、松鹤、麒麟、牛、马、羊、猴等图案；特别是杨家堂村落粉墙上多有墨书、墨画，是其村落的独特之处，有墨书《孝经》《孝悌力耕》《朱子治家格言》《宋氏宗谱·家训》等文字，颇具特色（图9）。

图9 杨家堂村墨书

4 传统村落民居文化价值表达

4.1 家族宗法

中国古代思想对建筑内部空间布局起到了决定的作用，地方的主流思想则支配当地村落的住宅形制。古代农村建筑构成是立体式的，它不仅是居住场所，还是教育场所、娱乐场所、信仰场所，是一个把家庭和宗族、血缘和地缘、个人和国家、现在和过去联系起来的社会体系。

松阳县所在的浙西南地域深受两宋时期的理学影响，理学核心是强调"理"的存在，让人民接受社会秩序和道德规范约束。谨终追远和长幼尊卑的家族宗法观念决定村落的传统建筑严格按照等级制度来安排房屋的功能，杨家堂村无论是小型还是中、大型的传统建筑，一层最大的厅堂始终是祭祀和家庭生活的核心，厅堂中布置祖先灵位，旁边是厢，后面是房，这也符合"差序格局"的乡村结构秩序。村中宋氏族人世代尊崇礼仪，他们对文化的敬畏呈现在公众视线中，也隐藏在一些细枝末节中，壁上的书画、大屋的木雕组成了杨家堂村一道突出的文化风景，也是强化家族的封建教化，巩固家族长久不衰的象征。

4.2 耕读文化

人和古建筑之间，体验的不仅仅是物理空间，更是风雅神韵。杨家堂倘若少了文化的神韵，纵使雕栏玉砌，纵使雕梁画栋，也缺少了品位。然而，杨家堂恰恰是一个既有华堂高屋，又是一个文养极其深的地方，无论在村落的哪个角落似乎都散发着文雅的气质。

杨家堂村民自古深受传统文化熏陶，历来重教崇学，早在光绪年间就开始捐资兴办小学，其教育极为出彩。此外，杨家堂的"墙体文化"也十分丰富，从一个侧面

真实反映了当时人们的一种生活信仰和艺术追求。宋氏祖辈们重视文化教育不仅仅停留于思想上，更是落实到具体的行动中。《宋氏宗谱·家训》中规劝子弟："勤宜及时，检贵适中。勤俭者兴家事业之要务也，故士勤读则功名必成"。几乎每家大院中都有学报、官报，有的甚至于从中堂贴到客间板壁，显示出了浓厚的耕读文化。但由于时间久远，大部分早已残缺或模糊。宋氏后人谨遵家规，勤俭持家、耕读传家，每幢古宅的墙院上壮观的书画，显示着浓厚的耕读文化，这种勤耕重读的思想在杨家堂人心中植下了根，激励着子孙后代为之努力奋斗。

结语

松阳传统村落文化历史悠久，民居建筑风格多样。由于历史和地理的原因，松阳地区经济发展较为缓慢，很多山区没有被开发，造就了古村落民居的长期存在和得以保留。杨家堂村内重要建筑的选址和布局与周边象形山石、山峰、洞府、古树遥相呼应。传统村落内的古民宅院落宏大，建筑工艺技巧纯熟，雕刻精美，有较高的艺术价值。民居建筑根据气候特点和生产、生活的需要，普遍采用合院、堂屋、天井、通廊等形式，使内外空间既有联系又有分隔，构成开敞通透的布局，给人一种朴素自然的感觉，具有独特的地域特征。

［本文为北京市教育委员会长城学者培养计划资助项目"中国传统地域性建筑室内环境艺术设计研究"（项目编号：CIT & TCD20190321）的阶段成果。］

参考文献

[1] 丁俊清，杨新平. 浙江民居［M］. 北京：中国建筑工业出版社，2009.
[2] 鲁晓敏. 江南秘境：松阳传统村落［M］. 北京：中国文联出版社，2013.
[3] 严赛. 中国传统村落分布的特点及其原因分析［J］. 大理学院学报，2014，13（9）：25 – 29.
[4] 王永球. 松古村语：浙江松阳古村落［M］. 杭州：浙江古籍出版社，2012.
[5] 王思明. 中国传统村落记忆·浙江卷［M］. 北京：中国农业科学技术出版社，2018.
[6] 祝云. 浙闽传统灰砖合院式民居空间形态比较研究［D］. 泉州：华侨大学，2006.
[7] 李佳颖. 新农村建设影响下的传统村落更新方法研究：以浙江松阳县为例［D］. 无锡：江南大学，2018.
[8] 孙大章. 中国民居研究［M］. 北京：中国建筑工业出版社，2004.

毗卢帽的形式特征

■ 李瑞君

■ 北京服装学院　艺术设计学院

摘要　在清代官式建筑中，尤其是宫廷建筑和宗教建筑中，有一种特殊的装修要素，名为毗卢帽，这是一种比较独特的装修语汇。毗卢帽的来源与宗教活动有关，最初多用于佛教神龛的上部，是一种带有宗教色彩的装饰物。毗卢帽在清代建筑内檐所有的装修构件中是装饰性极强的一种，仅为宫殿建筑和宗教建筑使用，为皇帝御用之物。毗卢帽形状整体像小船，一般两边略微翘起（也有变形的作法）。毗卢帽的外沿有弧线形状、如意头形状或冠叶形状几种，表面浮雕或透雕祥云、龙、凤、宝相花等。

关键词　毗卢帽　源起　位置　形式特征

在清代官式建筑中，尤其是宫廷建筑和宗教建筑中，有一种特殊的装修要素，名为毗卢帽，这是一种比较独特的装修语汇。

毗卢帽的来源与宗教活动有关，最初多用于佛教神龛的上部，是一种带有宗教色彩的装饰物。佛教僧人每逢农历七月十五日僧众举办盂兰盆法会时，其中的首座僧为毗卢佛，诵经时戴一种帽子，帽檐周围饰有毗卢遮那佛的小像，因此称为毗卢帽。毗卢帽，也称作"毗罗帽"或"毗卢帽子"。今天我们看到的电视剧《西游记》中唐僧戴的僧帽就是毗卢帽，但至今还没有唐代已经出现毗卢帽的证据。在《事物异名》和《事物绀珠》中已有关于毗卢帽的记载，说明在宋代僧服中已经有了毗卢帽[1]。明代黄一正的《事物绀珠》中写道："毗罗帽、宝公帽、僧伽帽、山子帽、班吒帽、瓢帽、六和巾、顶包，八者皆释冠也。"

这种僧人衣物中的毗卢帽，看上去非常美观，后来，渐渐演化成为一种宗教建筑内檐的装饰形式，一般安装在陈放佛像的神龛上方，用来强调宗教建筑室内空间中的重点部位，譬如山东曲阜孔庙大成殿内孔子神龛（图1）。随着时光的流转，毗卢帽除了用在宗教建筑中的神龛上之外，到了清代逐渐开始出现在宫殿建筑的室内空间环境中，成为一种为皇家专用的比较高级、极富装饰性的室内装修形式，后来在皇宫内的罩、架子床的上部都有使用。在王府中也有僭越使用的，譬如恭王府，仅此一例而已。

1　毗卢帽的源起

没有资料显示毗卢帽具体成形于什么时间，在宋人李诫的《营造法式》中可以见到对毗卢帽雏形最早的描述。

神龛是道观和寺庙中供奉神像的地方。《营造法式》中所把神龛分为4种，分别是佛道帐、牙脚帐、九脊帐与壁帐。这里称"帐"是沿用了唐代室内空间分隔主要用帷帐时的旧称，实际上已经名不副实。四种神龛之中佛道帐的规格最高，尺度最大，雕饰最华丽，牙脚帐与九脊帐次之。壁帐是倚墙而立的神龛，是四种之中最简单的。[2]

四种神龛之中，帐顶不用天宫楼阁，而用山花蕉叶的佛道帐（图2）和牙脚帐的帐头，与今天所谓的"毗卢帽"在形式上最为相近，应该可以视为毗卢帽的前身。《法式》卷十及卷二十二所例举的牙脚帐，高15尺、宽30尺、深8尺、3开间。其形制自上而下分为三个层次：帐座、帐身、帐头。牙脚帐的帐头用仰阳山华板及

图1　山东曲阜孔庙大成殿内孔子神龛与匾额
（图片来源：《礼制建筑——坛庙祭祀》）

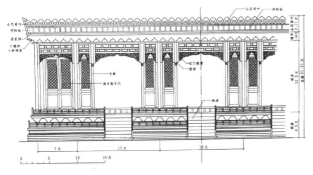

图 2　佛道帐（上安装山花蕉叶）立面
（图片来源：《营造法式》解读）

山花蕉叶来加以装饰，与后来的毗卢帽形式十分相似（图 3）。

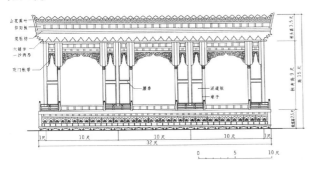

图 3　牙脚帐立面
（图片来源：《营造法式》解读）

中国建筑史学家、清华大学建筑学院郭黛姮教授认为："寺院殿堂中，用以藏经的壁橱和可转动的经橱以及佛龛之类，是这时期（作者注：指宋代）建筑装修的重点部位之一，它们都是以建筑模型的尺度出现在殿堂室内的。"[3] 因此，根据以上的论述可以得出结论，毗卢帽的装修形式应该源起于宋代，而且它的形制和样式也是在这个时期成熟的，仅用在宗教建筑中，但当时并没有使用"毗卢帽"这个名称，而是称之为"牙脚帐"。到了清代，这种形式被应用于宫殿建筑中，而且赋予它"毗卢帽"的称谓。

2　毗卢帽的位置

2.1　佛龛上方

毗卢帽最先用在神龛的上方，紫禁城宫殿中宗教建筑中也有这样的作法。宗教建筑中的毗卢帽作法比较多样，变化也比较多。在紫禁城内，主要有佛日楼金线绣六字真言毗卢帽和咸若馆佛龛云龙浑金冠叶毗卢帽（图 4）。

北京智化寺中的毗卢帽就是一个比较特殊的例子。藏殿是智化殿前的西配殿，因殿中不设法座，仅安置可以转轮藏一具，故名"藏殿"。转转轮藏为八角形，高 4 米多，下为须弥石座，中为经柜，上为毗卢帽顶。石座转角处雕有"天龙八部"，经橱角柱上雕有象、狮、四不像和菩萨、天王、韦驮与金刚，顶部则雕有大鹏金翅鸟、龙、龙女和毗卢佛。转轮藏本身为抽屉式，每面 9 层，每层 5 屉，上面皆雕刻有佛像。

图 4　咸若馆佛龛云龙浑金冠叶毗卢帽局部
（图片来源：《故宫建筑内檐装修》）

河北正定隆兴寺八角形转轮藏经橱上的毗卢帽与智化寺中的基本相同，该寺始建于隋开皇六年（586 年），宋初由皇帝下诏重建寺内主要建筑。寺庙中转轮藏殿内的北宋时期转轮藏是最早的藏经橱遗物（图 5）。

图 5　河北正定隆兴寺八角形转轮藏经橱
（图片来源：《中国古代建筑》）

2.2 门口上方

位于门洞上方的毗卢帽基本用于清代宫廷建筑的室内装饰中，在紫禁城宫殿建筑中大概只有10余处。用于门洞口上的毗卢帽一般依附在垂花门上，与垂花门的形式完美地结合在一起。一般在重要殿堂室内的明间与东西暖间之间隔墙上的出入口上方加设毗卢帽，起到强调和装饰的作用。紫禁城中主要有太和殿、保和殿、乾清宫、坤宁宫、景仁宫、养心殿、悖本殿、宁寿宫、养性殿、慈宁宫、寿康宫等几处使用（图6）。

图6　紫禁城乾清宫的毗卢帽
（图片来源：作者自拍）

2.3 仙楼栏杆

在紫禁城宫殿中，毗卢帽还用于仙楼上层的栏杆和栏杆的上楣处，上下呼应，整体协调。栏杆处的毗卢帽既起到栏杆的作用，又具有美化室内空间的功能，功能上实用与形式上美观完美地结合在一起。这种依附在栏杆上的毗卢帽作法仅见于坤宁宫的仙楼中一处。这个毗卢帽整体构图和造型基本与门洞上方的相同，与垂花门相结合，楠木本色，采用浅浮雕的塑造手法。毗卢帽的上沿为一条直线，形状是倒放的梯形，梯形的边框内部浮雕有云龙纹和双喜字，箍头枋和雀替部分为楠木透雕，玲珑剔透（图7）。

2.4 罩的顶部

炕罩和其他罩类的上顶也使用毗卢帽，也是十分高贵的装饰。一般利用楠木、花梨、紫檀等木材本色，采用浅浮雕或透雕的雕刻手法，少数也用嵌件装饰和点缀，色彩雅素大方，其中以颐和轩西稍间炕罩的毗卢帽最为

图7　坤宁宫仙楼栏杆上的毗卢帽
（图片来源：《故宫建筑内檐装修》）

精彩，帽上是花梨木浅浮雕"五福捧寿"图案，每个圆寿字周围嵌以白玉雕蝙蝠5只，眼睛点以红珊瑚，活泼可爱，与紫檀木的颜色形成冷暖色调、抽象与具象的强烈对比，动静结合，赏心悦目（图8）。储秀宫西稍间后檐设带有毗卢帽的炕罩，毗卢帽雕上是有枝蔓绵长的葫芦藤和挂满枝头的葫芦的浅浮雕，象征"子孙万代"。罩内悬挂幔帐，炕上放置寝具（图9）。此外，长春宫的炕罩上也有使用。

图8　颐和轩西稍间炕罩的毗卢帽
（图片来源：《故宫建筑内檐装修》）

2.5 床的顶部

毗卢帽在架子床上也有使用，不过这种作法并不多见。

紫禁城中藏有一件酸枝木雕云龙纹架子床，长256厘米，宽169厘米，高240.5厘米，通体为紫檀木制，藤心麻面。床面上起6根立柱，正面4根，立柱间有透雕龙纹床帏子。上部有透雕云龙纹挂楣、倒挂牙子和床顶板，床顶上安装透雕云龙纹毗卢帽。束腰下有莲瓣纹

图 9　储秀宫楠木浮雕毗卢帽炕罩
（图片来源：《故宫建筑内檐装修》）

托腮，腿足及牙条用高浮雕手法雕云龙纹，鼓腿彭牙，内翻马蹄。整个床身采用了透雕、镂雕、圆雕、高浮雕等多种工艺手法，做工精湛，雕刻细腻（图10）。

图 10　清代酸枝木架子床
（图片来源：《明清宫廷家具》）

2.6　灯具的顶部

紫禁城有一个紫檀龙凤双喜玻璃方形桌灯，径约195毫米，高约580毫米，灯顶部安装毗卢帽，透雕西洋卷草纹。灯体上沿沿盝顶形，侧沿做出回纹框，中间镶透雕西番莲花纹；下部雕回纹；边框上下镶透雕拐子纹花牙，灯体四角用四根圆形立柱连接。中间为灯箱，光素紫檀木框，镶有龙凤加双喜字图案的玻璃片。灯体下有双层底座，中间饰以方瓶式立柱。做工考究，造型美观（图11）。

图 11　清中期紫檀龙凤双喜玻璃方形桌灯
（图片来源：《明清宫廷家具大观》）

3　毗卢帽的形式特征

毗卢帽在清代建筑内檐所有的装修构件中是装饰性极强的一种，仅为宫殿建筑和宗教建筑使用，为皇帝御用之物。

毗卢帽形状整体像小船，一般两边略微翘起（也有变形的作法）。毗卢帽的外沿有弧线形状、如意头形状或冠叶形状几种，表面浮雕或透雕祥云、龙、凤、宝相花等。也有的毗卢帽上部彩绘贴金，显得高贵华丽，北京故宫太和殿、保和殿内与养性殿的如意云纹浑金毗卢帽，以及山东曲阜孔庙大成殿内孔子神龛上与彩绘相结合的毗卢帽就是最为辉煌精美的实例（图12）。

图 12　紫禁城养性殿的毗卢帽
（图片来源：作者自拍）

出入口上方的毗卢帽一般与垂花门的形式相结合，因而这种装饰下部带有明显的垂花门的形式特征，成为宫殿建筑室内环境中的特殊装饰，为皇帝御用之物，其他任何人（包括王公贵族）也绝对不可以拥有使用，否则就构成僭越大罪。因此在民间建筑中使用毗卢帽仅见一例，就是在恭王府中，应该是和珅自己暗中模仿皇宫中的毗卢帽形制逾制修建，更有甚者，还曾模仿乾隆宁寿宫建造起楠木房❶。

嘉庆四年（1799年），和珅赐死，家产籍没，和珅的府邸的一半转赐给庆亲近王永璘。庆王死前晋为亲王，其后人缘事降袭，至道光二十九年（1849年），传至奕劻降为辅国将军，依制当年重新建府。期间，和孝公主一直居住在另外一半府邸中至道光三年去世，在这以前的庆王府不包括东路的公主府，乾隆五十四年（1789年）前建成的公主府，规格与郡王府相同，所以庆王没有改建、扩建的理由。只是在庆王永璘去世的当年（道光二十五年，1845年），其子绵愍交出"毗卢帽门口"4座，太平缸54个，铜路灯36对。绵愍交出的4座毗卢帽门罩，2座应在王府中路正殿内，另2座可能在东路公主府正殿内。

用在门洞和神龛上的毗卢帽一般做工比较复杂，造型和图案也比较丰富和繁复，表面贴金处理，富丽堂皇，熠熠生辉，光彩照人。紫禁城太和殿中的毗卢帽和山东曲阜孔庙大成殿内孔子神龛上毗卢帽是宫殿和宗教两种类型建筑中的典型代表。

与垂花门结合在一起的毗卢帽由毗卢帽、箍头枋、垂莲柱、垂头、骑马雀替等几部分组成，外沿有弧线、如意头状、冠叶状几种形式。太和殿和保和殿中毗卢帽的外沿是弧线状，乾清宫中毗卢帽的外沿为冠叶状。

太和殿中毗卢帽的上沿是一条有明显弧度的弧线，从两侧看起来更像一个船形，优美雅观。毗卢帽上布满云龙，金色雕龙之间穿插如意头，耀眼夺目，金碧辉煌。如意头的下方雕饰仰莲纹，仰莲纹下的箍头枋上是金色的斗栱，层层堆积，成为毗卢帽与垂柱和雀替之间的过渡部分，形成对比，虚实相间，漂亮美观。箍头枋下方有四根垂莲柱，垂莲柱之间安装4层骑马雀替。所谓骑马雀替，是指两个雀替连在一起，合二为一。垂莲柱与骑马雀替上雕满云龙纹，雍容华贵。垂莲柱下方悬挂桃形垂柱头，上部也雕饰盘龙纹。毗卢帽下的红色门框和门板与金色的毗卢帽形成鲜明的对比，色彩浓艳华丽（图13）。

与太和殿的毗卢帽相比，保和殿的毗卢帽更为精致。毗卢帽的上沿为一条非常平缓的弧线，内部浮雕如意头。毗卢帽上部以双层如意头相连，在金色如意头内，用高浮雕的方式，正中浮雕一只正面盘龙的纹样，龙头正对

图13　太和殿毗卢帽
（图片来源：《故宫建筑内檐装修》）

前方。云龙纹环绕在龙的四周，协调统一。冒身下为云龙纹，云龙纹下面的作法与太和殿的基本相同。毗卢帽通体为浑金雕刻，显得雍容华贵（图14）。

图14　保和殿毗卢帽
（图片来源：《故宫建筑内檐装修》）

用于栏杆、罩、床上的毗卢帽在作法相对比较简单一些，一般利用楠木、花梨、紫檀等木材本色，采用透雕和浮雕的手法（图15、图16），雅素大方，其中少数毗卢帽还用其他饰物镶嵌装饰，譬如颐和轩西稍间炕罩的毗卢帽。

---

❶　嘉庆皇帝宣布和珅的二十款罪状中的第十三款中称："昨将和珅家产查抄，所盖楠木房屋，僭侈逾制，其多宝阁及隔断式样，皆仿照宁寿宫制度。其园寓点缀，竟与圆明园蓬岛、瑶台无异，不知是何肺肠！"

图 15 长春宫楠木透雕毗卢帽炕罩
（图片来源：《故宫建筑内檐装修》）

图 16 长春宫楠木浮雕毗卢帽炕罩
（图片来源：《故宫建筑内檐装修》）

［本文为北京市教育委员会长城学者培养计划资助项目"中国传统地域性建筑室内环境艺术设计研究"（项目编号：CIT&TCD20190321）的阶段成果。］

参考文献

［1］潘谷西，何建中．《营造法式》解读［M］．南京：东南大学出版社，2005．

［2］于倬云．故宫建筑图典［M］．北京：紫禁城出版社，2007．

［3］故宫博物院古建筑管理部．故宫建筑内檐装修［M］．北京：紫禁城出版社，2007．

［4］黄明山．礼制建筑：坛庙祭祀［M］．北京：中国建筑工业出版社，1992．

［5］故宫博物馆．明清宫廷家具［M］．北京：紫禁城出版社，2008．

［6］故德生．明清宫廷家具大观［M］．北京：紫禁城出版社，2006．

［7］陈高华，徐吉军．中国服饰通史［M］．宁波：宁波出版社，2002．

［8］乔云，等．中国古代建筑［M］．北京：新世界出版社，2002．

电影艺术视角下庐山别墅建筑的传承与更新

■ 余冯琪　李瑞君
■ 北京服装学院艺术设计学院

摘要　本文借助中国传统文化中"意象"和"意境"的概念来联系"建筑"和"电影",探究建筑意象对电影诗性意境的营造,有意识地借鉴电影《庐山恋》对庐山别墅建筑文脉"意象"与空间"意境"思维中的使用方法,以电影作为媒介挖掘庐山别墅建筑的特色与内涵。用电影的手法探讨如何将庐山别墅进行现代化的更新,以基面拼贴、空间透镜、肌理消解传递场所性和空间情节想象性重建的特点,影响人们的心理体验的影像和自我意识的产生,通过现代化的手法进行庐山别墅建筑遗产的传承与更新。
关键词　电影　庐山别墅建筑　意象与意境　传承与重生

电影,这一投影的艺术,作为一种传输媒介产生于现代视觉文化之中,它与建筑都作为空间和时间的掌控者而紧密相连。本文基于庐山别墅的传承及更新,以电影"意象"与"意境"的角度切入来探讨建筑,使庐山别墅遗产的保护获得真正意义上的传承与重生。

1　"文脉统一"与建筑意象的延续

《庐山恋》这部影片拍摄于1979年,电影艺术地建构和再现了20世纪70年代末的意识形态。影片的拍摄地点庐山作为世界建筑文化遗产之一,其早期萌芽时期就被称为东晋的"桃花源"(图1)。导演黄祖模通过对庐山别墅聚落空镜头的构建,例如将别墅拍得像宝石一样随意洒落在天然公园的绿荫花丛中,房屋的颜色与森林、山脉、寒湖、云雾的斑斓相映生辉,组成一帧帧美到极致的画面,借由自然景物营造静美浪漫的意象来参与"表演",再推动电影中的"女追男"恋爱模式和"和平建设"爱国理想与"有情人终成眷属"的情节发展相结合,很好地烘托电影主题。《蝶恋花·庐山恋》里这样写道:"枕流桥边初相遇,风暖庐山,春深无重数。观鄱亭前芳心慕,时局却将相思误。经年重逢相思处,偏聚冤家,无计留春住。却喜家国梦相系,终教有情成眷属。"

图1　庐山瀑布取景
(图片来源:电影《庐山恋》)

《庐山恋》不仅深刻揭示出庐山别墅的建筑实体,更是将沉淀于庐山的人类文化、政治制度、宗教哲学等共同构成了庐山别墅建筑的"意象"。电影中的庐山别墅有以下两个方面的建筑意象延续:① "建设"主题的构建;② "和谐"图景的呈现。

综上所述,庐山恋这部电影背后隐藏着文脉的伏线,使电影的文脉和意识形态与建筑空间气质达到和谐统一。今天的我们,应该延续电影所呈现出来的意象,继续在庐山别墅遗产中发扬世界和平建设潮流的伟大事业。

2　"诗性叙事"与建筑意境的传承

亚里士多德曾把建筑学称为第三类诗的科学。在建筑领域,关注建筑叙事的"诗性",正如在中国传统观念中,自古以来就强调崇尚"境界",以诗作比,唐代诗人王昌龄在《诗格》提出诗有三境,即"物境""情境""意境"。

在庐山别墅建筑营造电影中的意境是因借物象,把建筑之像化为富有韵味的建筑之境,归根结底是让观者通过建筑的物质元素和细节中蕴含的时间性、人文性与电影艺术性的拍摄手法相交融来感受庐山别墅的意境,这便是电影"诗"的手法,电影的叙事都是在这个主题下对于庐山历史的回响。《庐山恋》电影中空间诗性的表现手法是将取景和镜框、布局和色彩作为人工物象,从景、框、局、色四个方面营造庐山别墅的诗般意境。时至今日,这部电影不仅可以使人徜徉在庐山别墅的建筑空间之中,而且对于建筑实体诗意空间的设计传承也具有一定的启示作用。

2.1　取景

《庐山恋》影片取景的诗性手法,其关键是通过空灵唯美的叙事语言、饱含历史的叙事画面、行云流水般自然灵动的叙事结构,以建筑场景和镜头的形式进行艺术性地拆分、重组、叠合,产生连贯、对比、联想、衬托等不同的节奏和完美配合,营造了如诗一般的意境、静穆、温雅和灵动。因此，将这些元素与演员的叙事方式的有机结合才是电影取景的关键所在，这不仅是将建筑聚落与人内心的微观世界融为一体，更为重要的是通过情节进一步升华电影的精神内核。

电影中男女主人公初次相识是以鸟瞰庐山的角度取景（图2）。作为清华大学建筑系学生的男主角耿桦在此做钢笔画，此镜头通过电影的特写镜头取景，延伸了庐山别墅聚落空间，而慢镜头动作则延伸了男主角落笔时的运动，将展望庐山"现代化"建筑组成的城市展现得淋漓尽致。男主人公通过对庐山建筑现代化展望，描绘的是未来国家现代化建设的蓝图和为祖国现代化建设出力的心愿。影片中两位主人公在庐山日出来临之时，情不自禁地面对美景朗诵："I love my motherland, I love the morning of my motherland。"影片洋溢着深厚的爱国之心（图3）。

图2　庐山建筑鸟瞰取景
（图片来源：电影《庐山恋》）

图3　同看日出取景
（图片来源：电影《庐山恋》）

因此，影片《庐山恋》以男女主角"爱情"名义，实则完成的是改革开放的"政治之旅"。在庐山的别墅、院落、清泉、巨石、古刹、深林、花径、行云中取景是极为重要的，这反映了空间与历史文脉的映衬关系，隐喻改革开放团结、和谐、友爱的氛围。

2.2　景框

提及景框，《庐山恋》经常会使用它辅助镜头来进行电影与建筑空间的相互实践，一般手法都是对景框进行接纳与显露，或者剔除与遮掩。为了产生叙事期待并制造悬念，影片采用布景镜框的布置同时，摄影师能够控制家具房间、建筑、街道、城市、风景。用镜头语言长

镜头、空镜头及景深镜头将时间的第四维在深度上扩展了空间景框的镜头之中，这深刻揭示了立体绘制的布景与建筑的体量和外形相融合，使它们的影像相互并置。

2.2.1　亭

《庐山恋》男女主人公第二次约会的构图就体现了建筑物和山地之间的疏密关系，景框中将人物安排在亭子里，将视觉中心有序地分配在空景中，使得画面整体更为空灵、活跃、生动。

2.2.2　窗户

在电影的室内部分，近乎三分之二的场景是在女主人公的卧室取镜完成的。而导演常常戏剧性地通过女主人公别墅外的窗户形成一个和电影镜头自身相符的叙事景框。于是，窗户自身不仅是一个景框，也构成了建筑室内外的另一套辅助景框，而且还构成了一个归属于电影的叙事框。在这部电影里面，呈现出前景空间以庐山别墅建筑为整体，而中景和视觉中心之中包裹着一个在书桌前阅读的女子，透着民国时期典型的缝花窗帘和闪着眩光的三角形窗户，使这组场景流露出生活的气息（图4）。

图4　室内女主人公景框取景
（图片来源：电影《庐山恋》）

室内场景中每件东西都是一种烘托氛围的物件，如带灯罩的台灯、女主人公的皮衣、双筒望远镜、闹钟、电话机、镜面。通过长焦镜头看到她的公寓和沙发、墙体、窗框、窗台、窗棂，营造出庐山别墅建筑的诗意。

2.2.3　镜面

镜面作为室内景框也是《庐山恋》独具匠心的亮点。电影里镜子和镜中镜的空间手法频繁在女主人公的卧室空间和餐店等场所使用，而摄影机通过镜面使空间结构有明显的变化，画面上不仅延伸了床、地毯、壁纸等室内元素的空间维度，并且还将空间中的构图、光线、色彩层次进行二重的交叠，并逐渐过渡到室内空间乃至主人公自身，与此同时，在这个景框之外也同样令人浮想联翩。

2.3　布局

在影片叙事性的视角下，建筑首先是静态的物质，而室内陈设是可以酝酿和容纳故事发生的容器。《庐山恋》的影像不仅记录了流动中的庐山别墅建筑的形象，还有民国时期人们的生活风尚。20世纪初，西方的新兴

材料和技术逐步引入中国，到了民国时期，新的材料与工艺、西方的空间布局形式对中国传统的室内空间造成巨大的冲击，人们的生活方式、审美取向和价值观念都在一定程度上受到了西方文化的影响。因此，笔者从民国陈设的"布局"的角度出发，考证电影中卧室、餐厅和书房的布局，将观众带入庐山别墅建筑的中西交融的意蕴之中。

2.3.1 卧室

电影镜头中常以 10 秒的慢速镜头靠向室内桌具上的摆件，再将镜头拉远呈现整个房间，突出卧室环境的优雅。另外，笔者还发现一个颇为有趣的现象，卧室单人床的配置是单个床头柜，这或许与当时的人们打破居室对称布局的意图有一定的关系。室内的圆桌上均摆放着鲜花，地毯铺设在地板之上的搭配布局也颇具民国时期陈设布局的典雅之风。

2.3.2 餐厅

在影片中出现了不少用餐空间的镜头，男女主人公定情用餐的地方是一个具有近代建筑特质的就餐空间。主人公坐在传统中式的方桌旁，圆桌上罩着白色印花桌布，包间则是用红色窗帘作为隔断分割开来。而散座区由普通的圆桌和餐椅组成，卡座区分布在靠墙的位置，散座区在餐厅中间位置。这种用餐空间的布局方式已经较为现代了，餐厅的装修也较为典雅，这样的家具组合和空间布局营造了民国时期室内独特的诗性意境。

2.3.3 书房

《庐山恋》男主人公的父母几乎都在书房进行取景，笔者总结有以下 4 个特点：①书房内的布局改变了以实体墙隔断的传统方式，而以半分隔的方式进行功能分区，空间布局更加开敞，流通感更强；②家具的摆放角度较为奇特，既不是 180°，也不是 90°，甚至也不是 45°；③书桌的背后并不是常见的背景墙或书橱，而是以普通的墙面或窗户作为背景；④单独办公室中，有设置会客空间的习惯，这点与当代较为相似。公共办公空间中，办公桌面对面或毗邻而放是主要的形式。

2.4 色彩

迄今为止，观众还可以从影片中看到民国时期上流社会人士的住宅以及别墅建筑的室内空间中大多洋溢着民国时期古典和浪漫的色彩。女主人公室内空间色彩以米黄色为主色调，这种壁纸大面积纯色印花的运用，搭配卧室的浅色木质墙裙，与墙体下段的颜色与墙体上段的白色之间分割线相结合，另外棕色家具，床铺上的白色织物和窗框、门框，橄榄绿色的窗帘及红色印花毛毯，给人以简洁大气之感。另外，男主人公父亲家的书房也颇具民国时期室内色彩的风格，地板偏黄棕色，墙上的窗帘木饰面则是橄榄绿色，沙发是淡黄色与白色印花镂空布结合。因此，我们应该将《庐山恋》中营造的色彩意境以时空错位的方式复活，在一定程度上延续庐山别墅建筑的历史色彩。

3 "空间界面"于建筑现代化的重生

总体上来说，建筑风貌的流变是不可逆的，这对于人生来说是非常残酷的。但因为旧建筑对身居其中的成长个体而言意味着母体、母语，生成了潜在的精神寄托。因此，我们需要将电影与建筑相结合，强调时间与实体空间的映射关系。电影对于建筑文脉的回应会反过来影响建筑遗产的发展，尤其是电影的叙事语言，对后现代主义的城市设计产生了影响。下面将从空间界面中的基面拼贴、空间透镜、肌理消解三个方面进行提炼，来阐释在庐山别墅建筑空间界面的更新。本文中"空间界面"在电影里可以作为一种建筑理念出现，它自然地契合了后工业时代的媒介环境、城市性与消费观，从而激发旧建筑的更新与重生。

3.1 基面拼贴

本文中的"基面拼贴"是指在电影的平面视角中使建筑进行多个时空的信息重构，把不同层次的梦境相互关联，将不同时间和空间的情节拼贴。这种时空性不仅体现在对不同时代的建筑进行保留性更新，而且还可以基于原始建筑营造方法，结合平面几何学，在韵律、节奏上进行变化。

对于庐山别墅建筑来讲，在更新的过程中应维持现在的时空和过去记忆的连续性，在全局背景加上以几何拼贴的现代建筑要素构成一种整体意识，让物理空间、社会空间的情境在使用者穿行的过程中被共享，借以空间传达的是一种多时空重合的意象和精神上对过去、现在和未来的畅想。

3.2 空间透镜

对庐山别墅建筑的更新，我们不仅仅从过往的"文革"时期追寻，更应该积极从时代最前端寻求新元素，进行二次创造。本文中"空间透镜"的想法是将庐山建筑空间、影院空间功能进行翻新和补充。如有 100 年历史的庐山恋电影院，改革开放至今，每天都在循环放映《庐山恋》。那么我们可以利用"空间透镜"的方法，在已有的影院空间内创造性地增加现代化的两层高的玻璃大厅，同时，还原电影建筑中的极具暗示性的色彩元素，在门厅增设新的咖啡厅、酒吧和聚会等功能空间，为观影的人们提供一个可以全天享受和放松的空间，从而形成新的表演和使用者的体验，这不仅凝固了原有环境文化，还再次激发影院建筑的活力。

3.3 肌理消解

美国学者波多盖西（Paolo Portoghesi）定义空间为"场所系统"，是可以暗示空间概念在具体的电影情境中的根源，即空间肌理吸收了外部与内部的关系，通过人的感官、记忆和经验共同构筑影像化的建筑语言和信息。所以，"材质肌理"的物质实体消解过程是建筑于电影之中的关键因素。

因此，所谓"肌理消解"是经由设计师以建筑现象学切入电影之中并作为灵感源，再在建筑实体中选择一定的建筑肌理进行编码，通过对信息的复制和自我生长折射到接收者。电影《庐山恋》的表现手法即将墙面的石砌肌理、空间形体的变化以及景观水体的位置与镜头结合，使石材、水体、声音以及光线充分的融合在一起，让读者感受到庐山历史时期的"雾气""雷雨""水声""光线"。因此，"肌理消解"关键是对建筑的历史信息如何用现代技术与传统建筑达到一种和谐，即庐山别墅建筑可以为原有信息通过复制和变化，用现代的方式合理的存在于建筑中，经过再加工处理与建筑自身再次呈现统一感，从而达到建筑某种意识上的倾向性。

结语

庐山别墅应延续"'文革'记忆"到"视觉留存"，从"庐山影像"到"庐山空间"的转变，《庐山恋》的叙事主题在空间的轮换里渐变，在历史与当下水乳交融，在哲思与奢靡相互反衬，令整个影片的视觉感受美轮美奂，我们仿佛听到了"庐山别墅建筑为主旋律的乐符"。

庐山别墅建筑的延续不是原貌恢复，而是传承和重生。借用影片唤醒庐山别墅建筑对"诗性"意象与意境再以基面拼贴、空间透镜、肌理消解传递场所性和空间情节想象性重建的特点，影响人们的心理体验的影像和自我意识的产生，为庐山别墅建筑的更新和发展赋予了新的时代精神。总之，被电影叙事选中的庐山也是幸运的，因为电影是工业时代最伟大的艺术，最强大的传播，也使得现代在回顾总结其波澜壮阔的民国历史发展的过程时，总是穿插着《庐山恋》这样的电影，那些流淌着人性温情、又体现着文革时期的建筑精神由此风靡世界、誉满全球。

[本文为北京市教育委员会长城学者培养计划资助项目"中国传统地域性建筑室内环境艺术设计研究"（项目编号：CIT&TCD20190321）的阶段成果。]

参考文献

[1] 伊塔洛·卡尔维诺. 看不见的城市 [M]. 南京：译林出版社，1972.
[2] 帕斯考·舒宁，窦平平. 一个电影建筑的宣言 [J]. 建筑师，2008 (12)：81 - 86.
[3] 诺伯舒兹. 场所精神：迈向建筑现象学 [M]. 武汉：华中科技大学出版社，1972.
[4] 欧阳怀龙. 从桃花源到夏都：庐山近代建筑文化景观 [M]. 上海：同济大学出版社，2012.
[5] 李明彦. 世界建筑艺术 [M]. 北京：中国建筑工业出版社，2007.
[6] 鲁安东. 电影建筑和空间投射 [J]. 建筑师，2008 (12)：5 - 13.
[7] 刘红婴. 世界遗产概论 [M]. 北京：中国旅游出版社，2003.

大运会背景下成都老旧社区界面更新与场景营造研究

■ 戴月琳[1]　王　玮[1]　王　喆[2]　李可懿[3]
■ 1　西南交通大学 建筑与设计学院　2　四川旅游学院 经济管理学院　3　成都市建筑设计研究院

摘要　第31届世界大学生夏季运动会将在成都举办，随着这一赛事申报成功，树立与大运会内在精神相关、彰显成都公园城市以人为本、历史底蕴与现代潮流呼应的城市形象显得尤为重要。而作为赛事主要承办场馆所在地之一，也是承载着成都工业辉煌历史的成华区，受到了社会极大关注。本研究尝试以成华区老旧社区历史记忆为触媒，致力于剖析在大运会这一重大赛事背景下，结合成都市公园城市发展理念，开展老旧社区界面更新以及城市空间品质提升的设计研究，以求对于空间场景力的营造方式及城市形象品牌的更新策略提供自己的拙见。
关键词　大运会　界面更新　场景营造　城市形象　地域文化传承

引言

　　"十四五"规划要领指出：转变城市的发展途径，开展城市更新策略，优化城市环境组织，提升城市空间品质。城市更新是一项持久的利民工程，包括老旧社区环境提升等，引发了社会关注。成都市区内老旧小区众多，如何运用城市的地域文化和历史进行界面更新成为亟待解决的问题。即将到来的大运会为成都城市品牌形象的发展带来了全新的机遇与挑战。如何将大运会富有特色的印记提炼出来，将其运用在空间意象的构成中，为营造自然人文和谐宜居的生活业态场景提供全新视角，显得十分重要。

1　研究背景与意义

　　世界大学生运动会（简称"大运会"）是国际大学生体育联合会主办的影响范围仅低于奥运会的世界综合性体育赛事。1924年，举行了第一届国际大学生运动会，此后大运会便开始成为世界大学生交流集会、展示当代青年风采的重要场合。中国在1975年成为国际大学生体育联合会的正式会员。此次是中国第四次作为主办方筹划准备的大运会，也是成都继提出"世界赛事名城"建设方向后成功申办的首个世界性综合运动会，不仅对于体育奥林匹克精神在中国高校青年间的传播有着深远影响，也对成都提升综合实力、体现其国际影响力有着至关重要的作用。

　　成都大运会会徽主体结合了天府文化象征元素之一的太阳神鸟，由4个渐变色块组成，颜色与成都大运会的赛事理念契合，并与国际大体联标志有异曲同工之妙（图1）。而吉祥物"蓉宝"则以成都极具特色的标识物熊猫为原型创作，同时参考了川剧脸谱的样式（图2）。

　　将会徽及吉祥物元素运用进老旧社区的界面更新中，

图1　成都大运会横版会徽
（图片来源：成都大运会官网）

图2　成都大运会吉祥物"蓉宝"
（图片来源：成都大运会官网）

对于成都城市文化传播的作用和影响极其深远。

1.1　增加当地居民对大运会的认识，提升其自豪感与归属感

　　城市空间的美化是让这一体育赛事与市民日常生活更加贴合的有效途径。当地居民在感知周围环境改善的同时，对大运会传递的精神理念也有所了解。深入挖掘城市特征和历史文化底蕴，提升城市环境品质，增加当地居民的居住舒适度、提升生活质量。以这种方式的城市更新，承载了特殊的文化印记和人文情怀，使得当地居民产生认同感，更易被接受。

1.2　帮助树立城市新形象，实现大运会精神内涵的发扬与延续

　　大运会的精神是凝聚力、感染力和号召力的反映。随着市民对于健身运动的重视程度逐年增加，以大运会

为背景的城市界面更新作为历史承载，在赛事结束后也会将活力、拼搏的精神继续传承。

1.3 营造"赛事名城"的环境氛围，提升城市对外部受众的吸引力，向世界展示"成都风采"

针对远道而来的世界大学生这一受众群体，独特的城市风貌则被看作成都的城市名片。他们可以在大街小巷游览的同时，从景点及街区的界面更新领略到城市浓重深厚的历史沉淀与现代潮流的完美结合，感受别样精彩的天府文化，加强来访者对这座城市的好感，产生积极的对外宣传作用。

2 增加城市的国际影响力，创造城市建设和经济发展的重大机遇

在成都加快建设独具人文美丽的世界文化名城，打造"三城三都"的契机下，城市界面更新与场景营造有助于打造成都的"城市品牌"，增加世界对成都的关注度，从而推动城市功能品质及国际化价值的提升。

3 基于大运精神的设计元素提炼与运用

成都市成华区作为大运会承办场馆所在地之一，其空间环境品质的提升以及光彩改造工程必不可少。作为成都市历史建筑与文化地标的聚集地，成华区内有多个游客打卡地。另外，其承载着成都工业的辉煌历史，也从不缺少科技创新的能力（图3）。如何提取运用成华区地标特色元素，契合成都城市特色，成为老旧社区界面更新思考的问题。对于居民而言，工业记忆是其对于成华区印象的重要组成部分，其次是对于地方特色的相关记忆，还有一部分则关注如今现代时尚的区域特征、形态简洁的标志建筑物（图4）。由此可见，富有特点、符合心理和价值需求的界面更新可以帮助形成对城市深刻的符号记忆，组成一个整体生动的物质空间环境，从而营造清晰易识的城市意象。运用凯文·林奇《城市意象》中描述城市意象的可读性与可意向性原则，分析城市文化底蕴和精神内涵在构成成华区环境意象中5个基本要素中的具体体现。

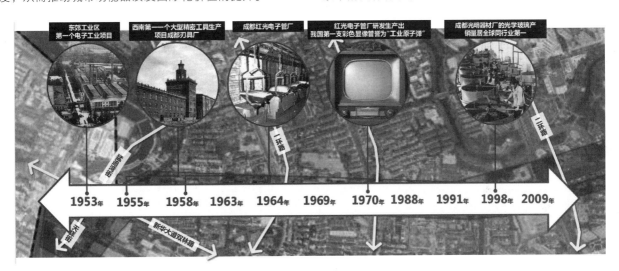

图3 成华区工业文明发展历史
（图片来源：项目方案设计）

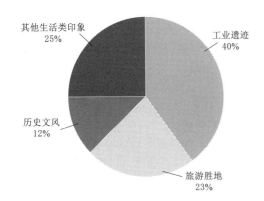

图4 居民对于成华区的印象组成
（图片来源：自绘）

3.1 道路

成华区老旧社区外部的街道空间结构较为松散，未形成整体的视觉感受，缺乏鲜明的主题特色。因此，打造承接过去与现在、体现时代印记的街道可以充分引起共鸣。利用成华区悠久的工业历史特色，提取时间和对应的重大事件，形成成华工业文创时光轴，以时间轴线再述成都工业的发展与成就，让民众在过去与现在两个时间维度下感知成华区的工业文明。

《成都市公园街道一体化导则》指出，街道是承载公园城市美丽宜居生活场景的中重要载体。基于成都大力倡导"绿色生态"的公园城市理念，以及大运会提倡"健康生活，积极运动"的宗旨，在街道空间里增设用于骑行和运动跑步的生态绿道，绿道上印有"爱成都·迎大运"字样和大运会标志（图5），方便居民日常散步、活动等，倡导开启全民健身的生活模式，营造运动城市积极活力的氛围。

以成华区特色街道新鸿路段为例，对其底商高差作

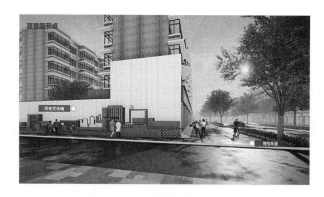

图 5 成华区街道步道改造效果图
——以成华大道新鸿路段为例（一）
（图片来源：项目方案设计）

景观化处理，沿街增设休憩座椅和花镜花台、规整行道树、规范自行车停车等（图6），打造局部的休憩空间。通过构建多元文化场景和特色文化载体，营造以人为本、美丽活力、绿色共享的公园城市街道场景。

图 6 成华区街道底商改造效果图
——以成华大道新鸿路段为例（二）
（图片来源：项目方案设计）

3.2 边界

对于边界的精细处理同样是老旧社区界面更新的重点之一。成华区的社区边界角落现大多被陈旧且形式杂乱的小店铺占满，缺乏系统的整理规划（图7），存在大量闲置空地，且多数处于视野盲区（图8）。挖掘现有空间的潜力，发挥城市"金角银边"的优势，充分开发角

图 7 成华区老旧社区边界现状（一）
（图片来源：作者自摄）

落的观赏性和使用价值，形成类型丰富、功能完善的社区边界，实现城市空间的高效利用。

图 8 成华区老旧社区边界现状（二）
（图片来源：作者自摄）

通过对边界有形的围墙的处理，更换为砖砌围墙，调整围墙的材质和色彩（图9），弱化社区边界形态，增强空间通透性的同时透绿透彩，提高社区内外的连通性，提升街景风貌。

图 9 社区围墙改造效果
（图片来源：项目方案设计）

运用边界的延展性，不局限于平面维度，对于垂直空间进行合理布置，利用闲置的住宅楼墙面进行景观化处理。以建设路与建设支巷交叉路口为例，住宅外墙增加枫叶式样彩绘（图10），增加美观性和空间趣味性，作为突出的色彩和亮点存在。而另一处与成都生活习俗相关的墙绘（图11），引起当地居民共鸣，同时让游客直观了解成都民俗文化，形成视觉与感知两个层面的城市意象。

图 10 建设路段对边界墙面的景观化处理
（图片来源：作者自摄）

图 11　表现成都市井民俗文化的墙面处理
（图片来源：作者自摄）

图 12　利用投影技术营造工业氛围的东郊记忆音乐公园南大门
（图片来源：项目方案设计）

在《进一步促进体育消费的行动计划（2019—2020）》中指出："合理充分开发城市空置场所、公园绿地等'金角银边'区域，建设惠民的休闲健身设施"，结合大运会背景在社区边界添置一定的健身空间。由于成华区社区居住人群年龄、职业等构成复杂，要注意健身设施的"个性化"配置，针对不同受众配备不同功能的器材。将大运会元素充分运用在器材的形态设计、色彩搭配上，形成具有大运特色的健身空间环境。

3.3　区域

东郊记忆艺术区位于成华区中心地带，引领产业重构、形象再塑、功能再造，致力打造"西部泛娱乐文创新高地、中国文商旅融合新地标"。

东郊记忆及周边区域的意象主要以工业遗风为主，功能结构层次较清晰丰富，自成体系，但缺乏明显的整体区域规划构造。保留现有的工业文化特征，与现代时尚元素碰撞结合，构建一体化场景，创造都市工业区转型升级的新范式。聚焦区域内的主导产业，从工业发展逻辑转变到自然人文逻辑，从以生产为引领回归为以生活为引领，营造文化体验空间，注重人文关怀。

东郊记忆片区的界面更新需要强调"工业文明"的特色区域品牌，通过重塑工业时期的碎片场景复原，唤起城市情感记忆。在车道和人行道上利用工业元素增加多维度的空间体验，利用现代交互技术设置文化互动的公共艺术装置，扩展声音、图像等传播媒介，营造工业相关的场景记忆（图 12）。使用具有主题特色的一体化城市家具及景观小品，展现区域文化特色，彰显时代印记，具有较强纪念意义。

东郊记忆片区场地现有的景观空间较为单调，且未起到将周边各区域联结的作用。为营造公园城市场景，通过打造可沉浸式体验的文化景观带，构建互动空间；利用周边的商业街区，打造户外创意集市空间。统筹规划步行通行区、设施带与建筑前区空间，结合原有的商业步行空间打造四季有景的时尚商业区。利用景观元素打造城市会客厅、工业博物馆、艺展馆等一系列实验空间（图 13），实现片区联动辐射，构建文化标识与景观体系，形成"时尚优雅、包容乐观、创造创新、友善公

益"的天府文化现实语意和时代价值。

图 13　东郊记忆区域更新设计效果图（一）
（图片来源：项目方案设计）

针对大运会的赛事背景，在区域内改造慢行系统，打造慢行步行街与运动步道相结合的形式（图 14），提升步行空间的舒适度，实现绿色生态的运动空间构成，打造全天候慢生活休闲情境的体验综合体。

图 14　东郊记忆区域更新设计效果图（二）
（图片来源：项目方案设计）

3.4　节点

节点对环境感受者来说是视觉焦点，如何通过细小部分的亮点布置突出城市特点、营造城市形象（图 15），成为节点更新改造需要着重思考的问题。

城市公共空间内的节点设置需体现"公园城市以人为本"的发展理念，关注不同人群在该范围内的活动及需求，为周边居民提供娱乐、交流的共享空间。例如在

图 15　建设路现有节点小品
（图片来源：项目方案设计）

生活质量的同时宣扬大运会提倡的全民健身的精神，成为城市活力潮流的象征。通过公共活动场所的更新改造，赋予场地多样性及复合使用的可能。

社区公共空间放置邻里休闲的微空间，将城市形象代表以及城市发展的重要事件节点结合，辅以交流互动装置，配合休憩、打卡的功能（图16），不仅能够实现人与人之间的交流，还包括人与变迁的时间、更迭的空间等多维度的互动探索感知。

　　而府青路三段高架桥下属于典型的城市灰色地段，利用闲置空间结合大量社区与学校的周边环境，打造城市运动公园，配备篮球场、健身场等多种用途的运动场地（图17），满足不同年龄人群的需求。提升居民日常

图 16　社区互动装置示意图
（图片来源：作者自绘）

图 17　府青路高架桥下方运动公园效果图
（图片来源：项目方案设计）

3.5　标志物

　　针对成华区已有的城市地标性建筑，通过微更新实现品牌形象的提升，体现城市特色，突出独特的城市品牌。将大运会吉祥物直接展示在地标建筑，如天府熊猫塔上，点亮城市地标，让市民有清晰的感知，具有号召和纪念意义。例如，在天府熊猫塔和东郊记忆的连接路段设立大运标志（图18），成为串联两个地标的桥梁，起到过渡作用；与日常标语结合，融入居民生活。结合城市地标设置一系列小型观赏打卡空间，彰显大运会与城市共同发展融合的关系，具有长远的传播效应。

　　天桥作为城市空间中具有标识性的构筑，具有显著的易识别性，但又是城市设计中容易忽略的部分，其外观形态的重塑和功能的多元化提升必不可少。成华区现有多座人行天桥，大多年代久远且形态单一。利用城市规划要点对天桥外观界面进行更新，将大运精神内涵与

图 18　成华大道新鸿路段大运元素的运用
（图片来源：作者自摄）

成华区内的工业文化元素、公园城市建设重点提取结合形成天桥展示牌的基本形态（图19）。在工业背景下，使用表面做旧的金属等材质塑造立面，贴合工业文明氛围，承载历史变革（图20）；运用灯光丰富天桥本身的功能设置，体现现代时尚感（图21）。或是通过地标建筑与植物自然形态结合，营造公园城市生态美学，同时呼应大运文化（图22）。天桥不仅作为简单的功能载体，更作为城市标志物兼具吸引游客打卡的功能，起到宣传城市独特文化的作用。

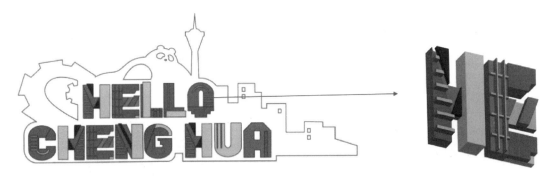

图19　城市天桥设计示意图——以府青路二段人行天桥为例
（图片来源：项目方案设计）

图20　城市天桥设计示意图——以府青路二段人行天桥为例
（图片来源：作者自绘）

图21　城市天桥设计示意图——以府青路二段人行天桥为例
（图片来源：项目方案设计）

4　老旧社区界面更新与场景营造的策略

　　城市建设的根本目的是更好地为人类提供福祉，而城市品牌的树立也正是城市建设发展的重要部分。结合大运会实现老旧社区的界面更新，建立城市品牌，是加快成都城市发展的重大契机。将产业与文化结合，物化城市历史发展与文脉精神，通过空间与景观设计进行社区环境的界面更新，营造人居场景，总结有以下策略：

　　（1）通过对城市形象的可视化处理，突出地域特殊性。提取原有的城市特色形象，包括地标建筑、代表象征等，例如成都的宽窄巷子、杜甫草堂、火锅和熊猫元素，将构成元素抽象概括处理，形成可供记忆的符号或材料，将其运用在场景更新营造上，打造出一系列城市名片，使人加深对这座城市的印象，增加城市的视觉可识别性，突出成都的城市特色。

　　（2）因地制宜，深度发掘城市内涵，结合城市的发展轨迹进行更新改造。城市形象表现了一个城市丰厚的文化积淀和精神底蕴。从城市本土的历史变迁和文化脉络角度开展老旧社区的界面更新研究，例如成都武侯区的蜀地历史、成华区的工业文化等。在城市历史更迭与传承中留下文化的明晰印记，达到"以美培元、以文化人"的宗旨。着重场景的语意象征，于市民而言可以唤起对城市的历史记忆，于游客而言可以增强对城市的认知感受。

（3）着重关注居民需求，创造绿色生态、人文共享的城市空间场景。基于成都践行公园城市新发展理念，社区的界面更新更需贯彻"以人为本"理念。不仅追求形式美感，而且注重人文关怀，结合期望为社区居民提供基本的娱乐、交流、共享的生活空间。关注居民对城市形象的理解及其价值的认知，反映在界面更新中。与周围景观呼应，改善城市环境，两者共同营造一个生态、自然的一体化公共场景。

（4）凝结提炼出城市未来发展趋势，从可持续角度不断更新。社区界面更新需要贴合城市未来的发展方向，并对城市发展趋势作出提前预判。同时，随着城市变化需要有可调整的空间，使其一直保持崭新的活力。城市形象的提升是人类未来福祉所系，通过界面形态的更迭能够感知到城市发展，因此界面更新造型需要简约凝练，具有概括性。

结语

老旧社区的场景营造是一个漫长的过程，城市建设者需要为此投入时间和精力，以求传递城市背后的精神象征，将城市形象更好地呈现。将大运会的基本元素合理地运用在老旧社区界面更新中，传递倡导大运精神；同时对城市空间的功能有所扩展，改善市民的生活品质。结合成都市大力建设公园城市，贯彻绿色发展、共享发展的理念，提供优质的公共生态空间，影响深远。

通过场景营造更新城市面貌，增加空间吸引力，提升城市形象，提高市民的文化自豪感，加深外地游客对城市基本的认知。微更新作为承载"经济＋文化"的综合体，考虑其带给城市的品牌价值。在城市飞速发展、不断更新的现状下通过城市形象的塑造融合传统与现代，达到人文共生的境地，促进城市文化的保护、传承和创新。

[本文涉及基金项目：西南交通大学 2020－2021 学年课程思政建设项目"景观设计"；西南交通大学 2020 年校级本科教育教学研究与改革项目（20201027－02）；"清华–腾讯"2020WeSpace 学术支持计划项目（议题7）；四川省哲学社会科学重点研究基地现代设计文化研究中心 2020 年度科研项目（MD20E008）；四川省社科联、四川省教育厅人文社会科学重点研究基地四川旅游发展研究中心 2020 年度科研项目（LY20－31）；四川省教育厅人文社会科学重点研究基地四川景观与游憩研究中心 2020 年度科研项目（JGYQ2020038）、2019 年度科研项目（JGYQ2019021）；四川省社会科学重点研究基地区域文化研究中心 2018 年度科研项目（QYYJC1807）。]

参考文献

[1] 沈唯. 从城市意象理论看上海海派设计文化的视觉形态表现［J］. 美与时代（上），2020（10）：12－15.
[2] 孔令旗，吴春燕. 探究交通标志设计对城市品牌营造的作用：以伦敦交通标志设计为例［J］. 装饰，2020（2）：65－69.
[3] 弗朗西斯科·艾尔玛多，露切塔·佩特莉妮，方蓉，等. 城市福利：城市家具对于城市振兴的重要性［J］. 装饰，2019（7）：17－19.
[4] 彭李忠. 基于城市文脉传承的地标景观建筑设计方法研究［J］. 中外建筑，2018（7）：55－57.

韩国集合住宅户型平面空间结构的变化规律分析研究

■ 王雪瑞[1,2]　全秉权[1]
■ 1　韩国大真大学校　2　韩国（株）三友综合建筑士事务所

摘要　朝鲜战争以后的住宅供给不足促使韩国的住宅发展过程中更强调"量"的确保，同时，高额的地价推动了住宅的高层化和密集化发展。而集合住宅作为解决上述问题的对策被广泛引入，并发展成为现在最普遍的居住空间。本文重点使用空间句法论的分析方法，就朝鲜战争以后各个时期的集合住宅户型平面的空间结构特征进行分析研究，并从中发现其变化规律。

关键词　集合住宅户型平面图　空间句法论　空间结构

1　研究背景和范围

如果说居住是指人类经营生活的场所和该场所内发生的所有行为，那么住宅则是指一个物理存在的建筑，并以单独住宅、多层住宅、集合住宅等各种不同的形态呈现。而目前集合住宅发展成为韩国最常见的住宅形态，其中以住宅楼形式呈现的集合住宅占据多数。尽管1930年建成的首尔会贤洞三国公寓与我们现在所说的集合住宅的概念——几户同住一栋楼内的概念相似，但是首尔（旧称汉城，下同）真正的楼房式集合住宅的诞生是以1958年建成的钟岩公寓开始，直到1950年代末才真正地拉开帷幕。朝鲜战争结束后，因为严重不足的住房问题，相比对质的追求，韩国的住宅发展更注重于"量"的确保，同时，高昂的地价致使住宅的高层化和密集化现象突出。正是因为这样的历史背景推动了韩国楼房的发展，使之发展成为今天韩国最普遍的居住形式。

因此，本文以朝鲜战争以后建成的集合住宅的户型平面为主，通过空间构成分析和各空间的面积比较，同时利用空间句法论的分析方法对各时期户型平面图的空间结构特征进行比较并掌握其变化规律。研究范围主要限于1960年代以来建成的集合住宅中具有主导性并且资料保存比较完整的，由韩国公共机构LH公社（韩国土地住宅公社，前大韩住宅公社）主导建成的集合住宅，重点分析的户型平面图限于上述集合住宅中的两室一厅户型。

2　朝鲜战争以后集合住宅的供给

2.1　近代居住环境

朝鲜战争的暴发摧毁了约59.6万户住宅（占据当时住宅总数的1/5），至此韩国政府在国外机构的资金援助下，以希望住宅、再建住宅、复兴住宅、国民住宅等名称建成的各种小规模住宅小区逐渐出现，其中大多数都集中在首尔一带。1957年以后，随着外国机构的资金援助缩减，以大韩住宅营团为首的政府机构开始对住宅建设企业提供资金援助。

1962年，随着大韩住宅营团的扩张并更名为大韩住宅公社，韩国政府开始推行城市以集合住宅小区建设、农村以住宅改良为原则的住宅供给政策。1970年代，集合住宅发生了跨时代的转换，民营住宅建设也逐渐步入正轨，尤其是1970年代中叶以后迎来了民营建设企业的建设高潮。1980年代以后，土地价格的剧增推动了住宅建设的高密度、高层化发展模式，为了确保土地的有效利用，在首尔展开了木洞、上溪等以新市街地为名的大规模开发项目。之后，随着1980年代末盆唐、一山、坪村等首都圈新城开发项目的展开，1990年代以后，高阳、龙仁、水原等首都圈城市的大规模住宅项目开发工程也逐渐被促进。

2.2　大韩住宅公社的住宅供给

1962年，作为韩国第一个经济开发5年计划的住宅示范项目兼公社创立纪念项目，大韩住宅公社推出了韩国最早的小区建设——麻浦住宅小区。截至1960年代末，大韩住宅公社以首尔为中心建成了以文化村住宅楼、外人住宅楼、公务员住宅楼等命名的各种不同规模的住宅楼。1970年代以后，为了防止首尔市中心的过密发展，公社促进了蚕室地区的大规模住宅小区的开发建设工程。次年，以建设国民住宅为基本目标展开了盘浦住宅小区和地方城市、卫星城市的住宅小区建设工程。为了调整首尔的人口密度，1984年大韩住宅公社引借英国的新城（New town）开发方式推出了果川新城开发项目。之后，随着1986年城南寿井区和中院区的住宅楼落成，1988年和1989年又分别建成了木洞新市街地和上溪新市街地，并于1992年完成了山本新城的建设。2000年以后，随着首都圈城市的正式扩张，以板桥、云井等为首的第二期新城的开发也拉开了帷幕。2009 年，大韩住宅公社与韩国土地公社合并后更名为 LH 韩国土地住宅公社（简称 LH 公社），目前 LH 公社通过参与政府推行的经济适用房、幸福住宅等社会保障性住房项目的建设和国土的有效利用，致力于实现国民的居住安定，提过国民的生活质量，引领国民经济的发展。

3 户型平面图的演变

3.1 各时期住宅楼的展开
各时期住宅楼的展开与户型平面图具体内容见表 1。

表 1 各时期住宅楼的展开与户型平面图

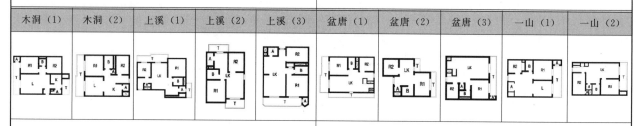

| 麻浦（1） | 麻浦（2） | 贞洞 | 仁王 | Topline | 蚕室 1 期 | 蚕室 1、2 期 | 蚕室 2、3 期 | 蚕室 3 期 | 盘浦 3 期 |

1960 年代 随着 1962 年展开的第一个经济开发五年计划引起的城市人口剧增，以首尔为中心的住宅扩充的必要性也被意识到，因此大韩住宅公社在完成韩国最早的住宅小区——麻浦住宅小区的建设之后逐步建成了贞洞住宅楼、仁王住宅楼、Topline 住宅楼等各种不同规模的住宅楼

1970 年代 1970 年代韩国政府为了搞活建设经济，在首尔地区迅速展开了大规模住宅楼的建设。为了防止因集中开发而导致的市中心过度密集和提高区域经济，1975 年大韩住宅公社展开了蚕室地区的大规模住宅小区开发项目，并致力于打造集学校、医院、体育馆等各种配套设施于与一体的新城。次年还展开了盘浦住宅小区的开发建设

| 木洞（1） | 木洞（2） | 上溪（1） | 上溪（2） | 上溪（3） | 盆唐（1） | 盆唐（2） | 盆唐（3） | 一山（1） | 一山（2） |

1980 年代 1980 年代开始，宅基地的价格上涨致使住宅的高密度和高层化现象出现。随着宅基地开发促进法的制定，除了木洞新市街地和上溪新市街地的建设外，大韩住宅公社还在光明、开浦、高德等首尔市行政区域内或者邻接地区的未开发区域展开了大规模的住宅小区开发项目

1990 年代 1980 年代末，韩国政府为了确保稳定的房价和解决住宅问题开始在首尔近郊开发新城。在经济繁荣昌盛的当时政府提出了 200 万户住宅的建设计划，随之，大韩住宅公社以实现 30 万户住宅的目标展开了城南市的盆唐新城、高阳市的一山新城、安阳市的坪村新城、军浦市的山本新城、富川市的中洞新城等 5 个一期首都圈新城的建设。至此，以住宅楼建设为中心的城市开发方式彻底在韩国展开

| 徽庆 | 松内 1 期 | 松内 2 期 | 华城（1） | 华城（2） | 汉江 | 云井 | 江南（1） | 江南（2） | 江南（3） |

2000 年代 2000 年代以后住宅发展的飞跃成长促进了韩国多样的住房供给，其中亲环境住宅成为当下主要的开发方向。大韩住宅公社在东大门区的徽庆洞住宅小区的设计中采用了 39～112 平方米的不同规模的户型，并且以徽庆洞住宅小区的建设实现了绿色亲环境住宅小区的建设。此后，以打造亲环境住宅小区为理念的东豆川松内宅基地开发项目和华城泰安宅基地开发项目等也随之展开

2010 年代 1980 年代末第一期新城开发以后 2003 年韩国政府又推出了第二期新城开发，其中包括了以金浦汉江新城和坡州云井新城为首的 10 个首都圈新城和忠清地区的 2 个新城。这些新城开发依然是以住宅楼小区建设为中心而展开的，经过数年的努力，2000 年代末、2010 年代初第二期新城逐渐迎来了居民的入住。在新城开发的同时，2010 年代开始更名后的 LH 公社还致力于江南经济适用房和细谷地区的住宅小区的开发

3.2 户型平面图的空间面积变化
通过表 2 和图 1 可以了解到朝鲜战争以后各时期的户型平面图的空间面积变化内容。1960 年代、1980 年代、2000 年代的客厅面积值最大，其中 1960 年代的 Topline 住宅楼的客厅面积包括了单独划分的餐厅面积，以 $36.61 m^2$ 的面积占据所有分析对象的最大值，因此拉高

了 1960 年代的客厅面积平均值❶。而 2010 年代以后客厅面积逐渐变小。1960 年代和 1970 年代的厨房明显与客厅分开且面积较小，1980 年代以后随着厨房和客厅的整合（LK 形态）厨房面积有所增加，而 1990 年代以后又呈现出重新缩小的趋势。这样的变化趋势可以归结为 2000 年代以后由玄关开始的入口走廊和 2010 年代平面结构的变化引起的客厅和厨房的分离而导致的面积缩小。

表 2　各时期室内空间面积的平均值

分类	1960 年代	1970 年代	1980 年代	1990 年代	2000 年代	2010 年代
客厅	18.14	12.47	18.20	10.88	17.46	13.86
厨房	7.07	5.02	8.82	13.49	11.08	10.15
主卧	12.43	11.43	13.43	11.47	13.82	14.22
次卧	9.78	7.73	9.57	8.08	9.44	8.23
卫生间	4.62	2.28	3.47	3.45	3.88	3.75
玄关	1.05	1.21	1.41	1.65	1.51	1.96
杂用间	3.18	3.12	5.13	2.92	0	0.60
阳台	5.55	3.72	10.40	9.32	22.58	15.76
套内面积	56.27	43.26	60.03	51.94	57.19	52.77

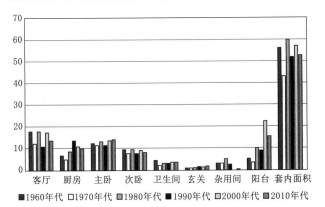

图 1　各时期室内空间面积变化

■ 1960年代　□ 1970年代　▨ 1980年代　▤ 1990年代　▦ 2000年代　▥ 2010年代

主卧面积随着时代的变迁呈现出逐渐变大的趋势，尤其是 2000 年代以后衣帽间、主卫等空间的导入更是提高了主卧的面积变化幅度。相反，次卧与客厅、卫生间、玄关等的空间面积没有太大变化。而阳台面积在 2000 年代以后有所增加，主要是因为 2000 年代以后户型图的开间较过去有所增加，阳台的个数也随之增加，所以阳台的面积自然较大。反之，1990 年代以后杂用间的面积呈现出缩小趋势，这可以看作是面积变大的阳台空间的合理利用导致杂用间的面积缩小或者删除的结果。

以套内面积为准比较各个空间面积的占比时会发现 1960 年代、1970 年代、1980 年代、2000 年代的客厅占比最大，而 1990 年代占比最大的为厨房，2010 年代则是主卧。1960—2000 年代主卧的面积占比排列第二，2010 年代排列第二的则是客厅。也就是说，各空间的面积占比随着时代的变迁和空间面积的变化也呈现出一定的变化。

表 3　各时期户型平面图的 J－graph

1960 年代			1970 年代			1980 年代			1990 年代			2000 年代			2010 年代		
麻浦(1)			蚕室(1)			木洞(1)			盆唐(1)			徽庆			汉江		
麻浦(2)			蚕室(2)			木洞(2)			盆唐(2)			松内(1)			云井		
贞洞			蚕室(3)			上溪(1)			盆唐(3)			松内(2)			江南(1)		

❶　1960 年代客厅面积平均值为 13.53m² （不计 Topline 住宅楼客厅面积），与 1970 年代和 2000 年代的客厅面积平均值相似。

	1960 年代	1970 年代	1980 年代	1990 年代	2000 年代	2010 年代
仁王		蚕室(4)		上溪(2)		一山(1)		华城(1)		江南(2)	
TPL.		盘浦		上溪(3)		一山(2)		华城(2)		江南(3)	

注 L：客厅，K：厨房，R1：主卧，R2：次卧，B：卫生间，E：玄关，A：杂用间，T：阳台。

4 户型平面图的空间结构变化

4.1 J-graph❶分析

各时期户型平面图的 J-graph 有着相似的形态，整体来说，空间结构的深度较浅，其数值均为 2～4。以玄关为中心点，深度最浅的 Depth 1 主要为公共空间——客厅（部分为客厅厨房一体），Depth 2 主要为卧室和浴室等对私密性要求较高的空间，最后 Depth 3～4 则是上述空间之外的阳台、杂用间等空间。也就是说，户型平面图的空间结构以玄关为起点，穿过客厅后分别进入各个空间的结构形态一致，阳台和杂用间等空间位于户型平面图的最深处。关于空间结构的深度，从 1960 年代的平均深度 2.6 到 2010 年代的平均深度 3.4，呈现出递增趋势。尽管空间的总深度（total depth）也有所增加，但是 1960 年代、1970 年代、1990 年代的总深度以相似且较低的数值呈现，1980 年代的空间总深度仅仅低于 2010 年代，以第二高数值呈现。总空间数与空间深度类似，主要表现为递增趋势，但是 1980 年代以后因为杂用间、仓库等空间的增加使其与 2010 年代户型平面图的总空间数较为接近。同时这也是影响总空间深度的原因之一。换句话说，客厅、厨房、餐厅等基础空间的数量几乎没有受到时代变迁的影响，但是杂用间、衣帽间、阳台等空间的数量随着时代的变迁而发生改变。

表 4　各时期户型平面图的 J-graph 平均值

分类	1960 年代	1970 年代	1980 年代	1990 年代	2000 年代	2010 年代
深度	2.6	2.8	2.8	2.8	3	3.4
总深度	13.6	13.4	16.6	13.2	15.2	22
总空间数	7	6.8	8	6.8	7.2	9.6
平均深度	2.26	2.31	2.35	2.27	2.4	2.58
相对对称度	0.51	0.54	0.45	0.53	0.58	0.53

平均深度（mean depth）以微弱的变化表现为递增趋势，这是因为平均深度与总深度和总空间数的变化有关，总深度变深多是因为总空间数的增加所致，因此平均深度几乎没有太大变化。同理，相对对称度（relative asymmetry）也是以 0.45～0.58 之间较为模糊且没有太大变化的数值呈现，因此可以认为韩国的户型平面图的空间构成更倾向于空间的整合。

从 J-graph 中可以判断出连接度和整合度最高的空间均为客厅（部分包括厨房），其次为厨房或者主卧。这样的结果可以归功于 1980 年代以后邻接厨房的杂用间、邻接卧室的阳台、衣帽间、主卧浴室等空间的导入。反之，连接度和整合度最低的空间则均不相同，整合度主要归根于是否存在分割门，所以除客厅以外的所有空间均以相似的值呈现；而连接度主要跟连接空间的数有关，所以位于平面图最深处的阳台和杂用间的连接度表现为最低值。也就是说，韩国户型平面图中连接度和整合度最高的空间均为客厅，而连接度最低的空间为阳台和杂用间，整合度最低的空间为次卧、卫生间等空间。

4.2 VGA❷分析

从 VGA 分析结果中可以看出，视觉性连接度和整合度最高值在各个户型平面图中存在着微小的差异，但基本上都出现在客厅的周围（表 5 和表 6）。整体而言，客厅的视觉连接度和视觉整合度最高，其准确位置则是在客厅和连接每个空间的转移空间之间。这样的数据说明，站在客厅里看时，除了阳台、衣帽间、杂用间等较深的空间外，几乎可以看到包括主卧、次卧、厨房等所有的空间。反之，视觉连接度和视觉整合度较低的空间则体

❶　Justified Graph（简称 J-graph）属于空间句法论，是一种数学形式的空间分析法。通过图表将空间的构成元素和连接关系具体化，计算空间的深度、总空间数、总深度、相对对称度、空间连接度与整合度，以此分析空间所具有的特性。

❷　Visibility Graph Analysis（简称 VGA），是一种可视性图表，将空间的深度转换成视觉深度，通过对各空间每个位置的视觉连接度和整合度的数值比较，实现空间结构的分析。

现为卫生间和杂物间等面积较为狭窄且比较隐匿的位置，　　并且几乎所有的户型平面图均表现一致。

表 5　各时期平均 VGA 分析结果

分　类		1960 年代	1970 年代	1980 年代	1990 年代	2000 年代	2010 年代
视觉连接度	max	3216.8	2357.8	3774.8	3357.9	4942	3912.6
	min	240.8	145.8	114.2	89	232.2	211.4
视觉整合度	max	22.35	22.36	23.47	31.62	34.25	26.3
	min	5.34	5.01	5.1	5.09	5.34	4.84

表 6　各时期户型平面图 VGA

1960 年代		1970 年代		1980 年代		1990 年代		2000 年代		2010 年代	
麻浦 (1)	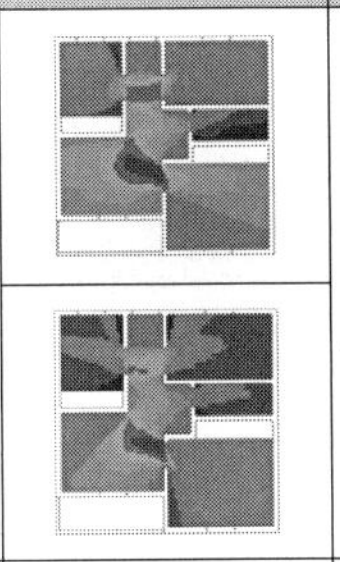	蚕室 (1)	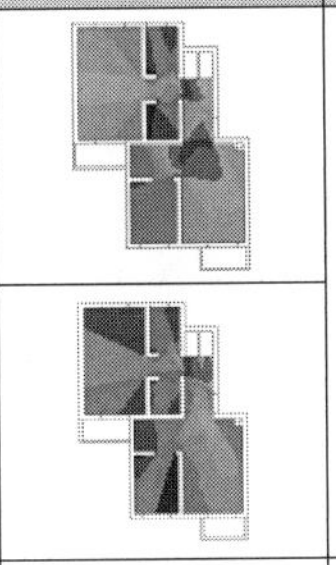	木洞 (1)	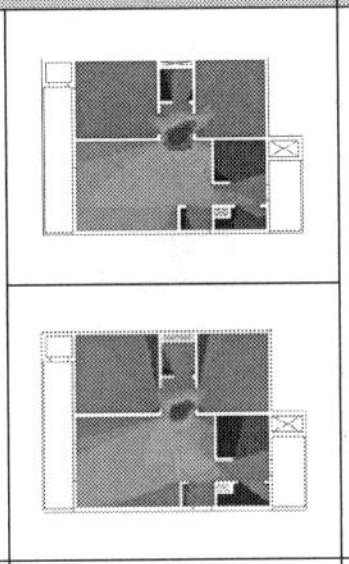	盆唐 (1)	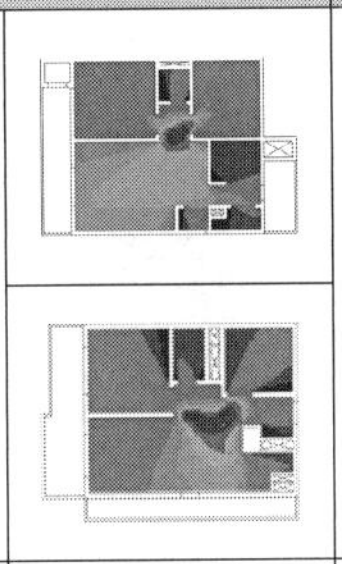	徽庆	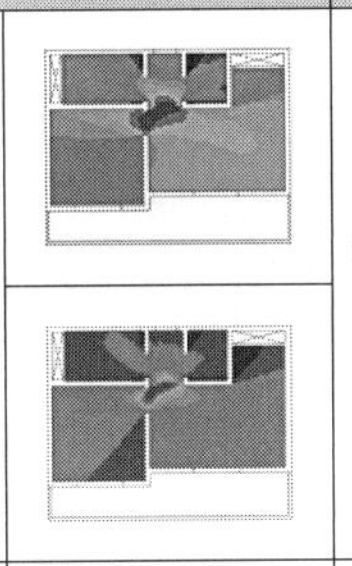	汉江	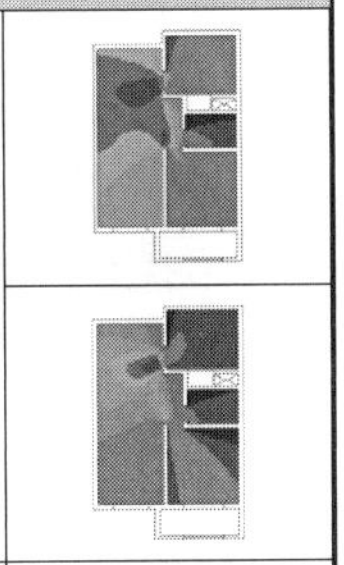
麻浦 (2)	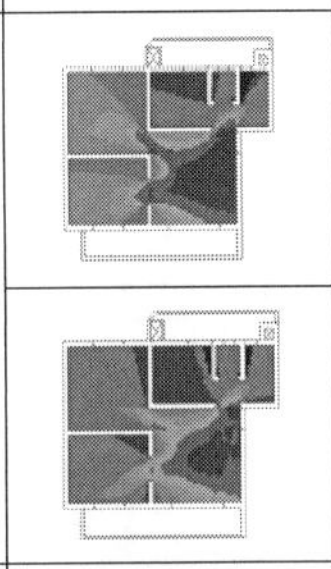	蚕室 (2)	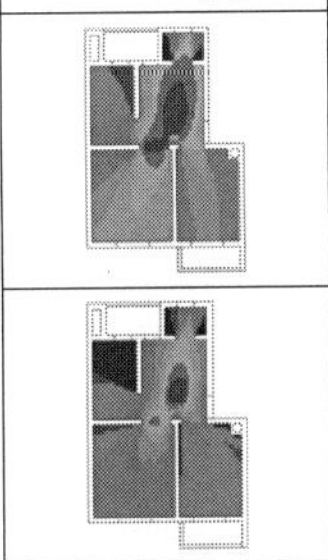	木洞 (2)	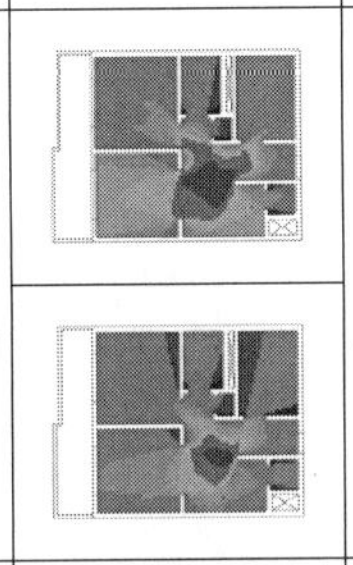	盆唐 (2)	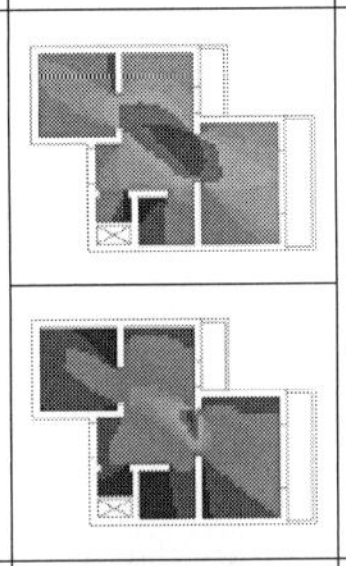	松内 (1)	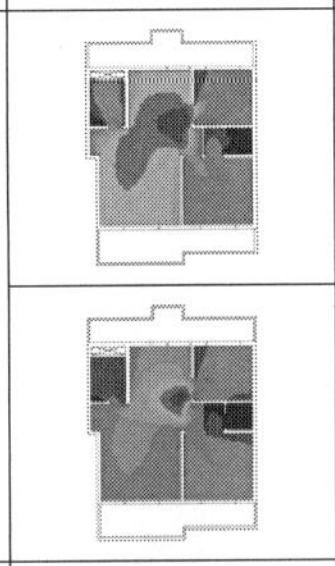	云井	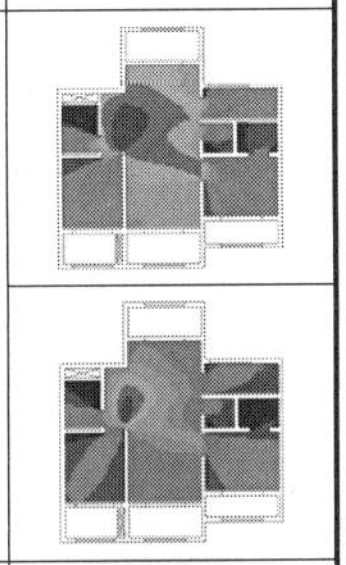
贞洞	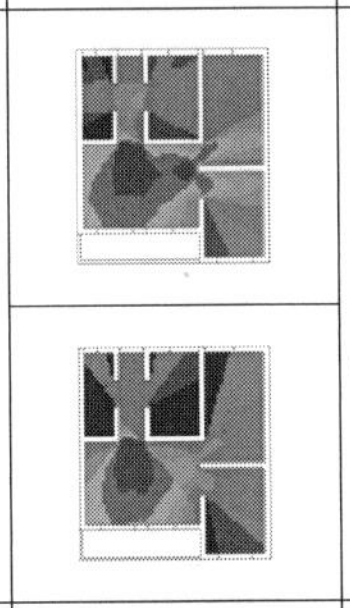	蚕室 (3)	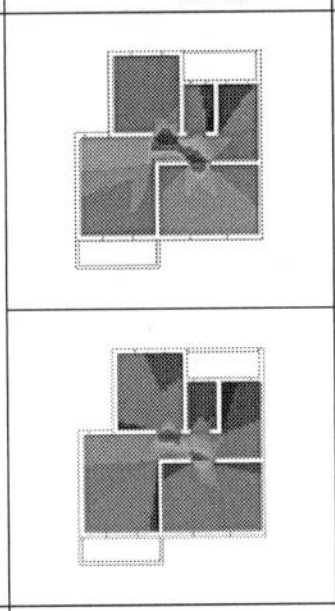	上溪 (1)	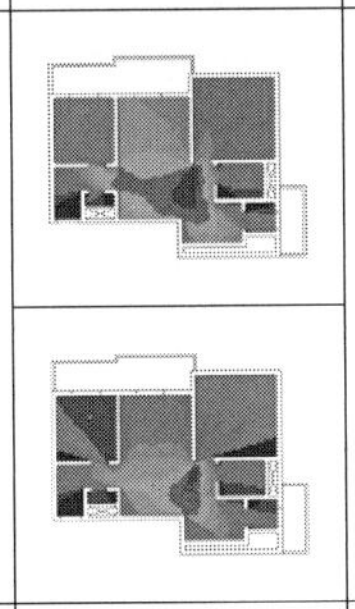	盆唐 (3)	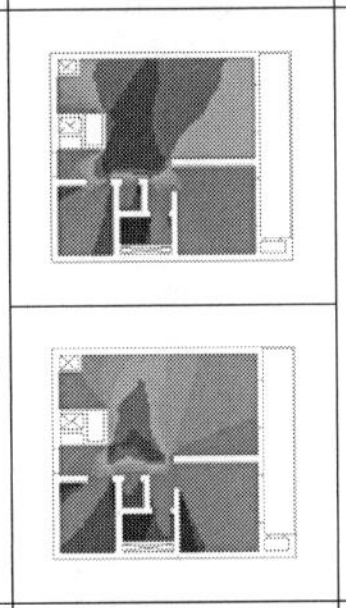	松内 (2)	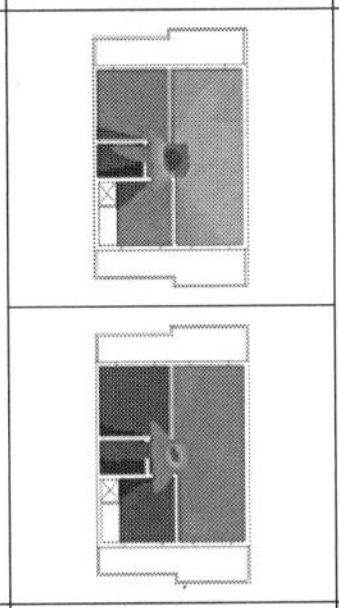	江南 (1)	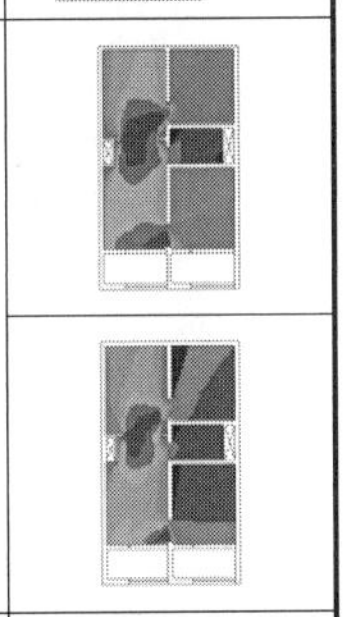
仁王	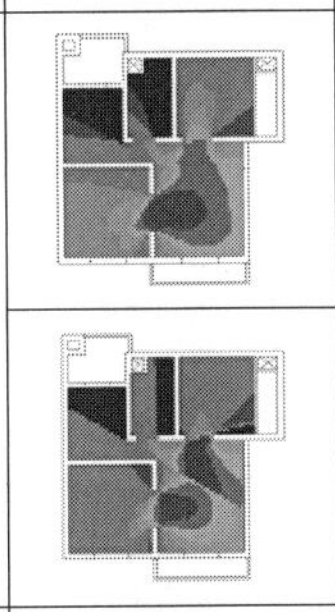	蚕室 (4)	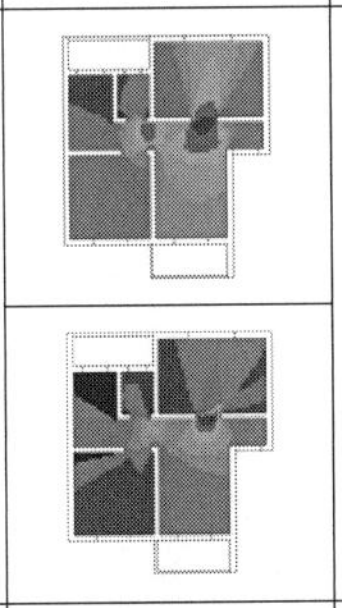	上溪 (2)	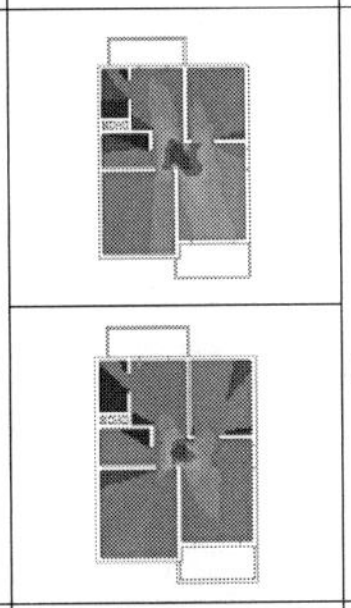	一山 (1)	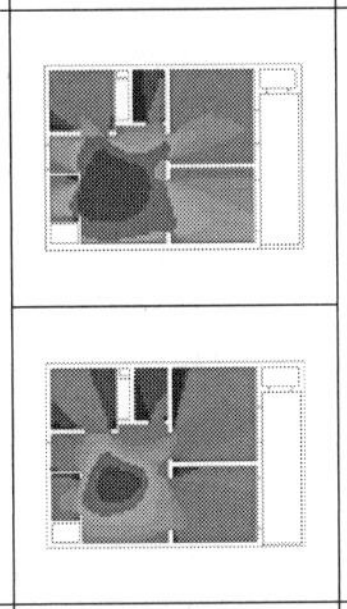	华城 (1)	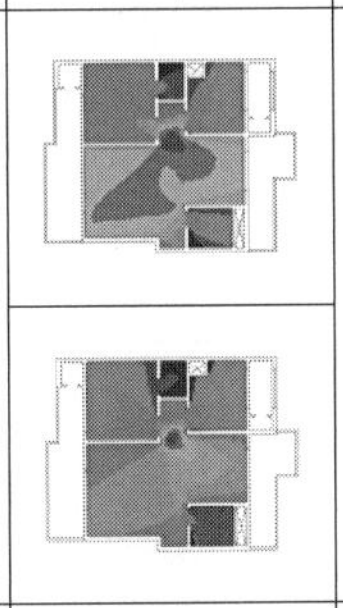	江南 (2)	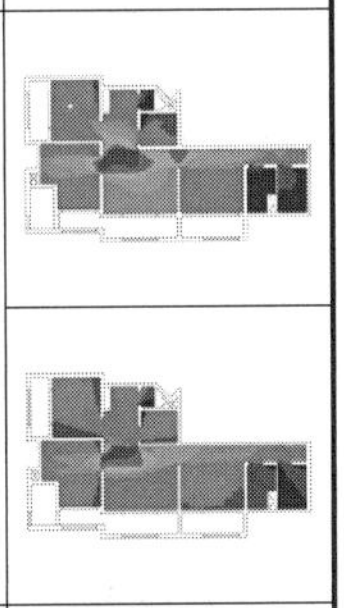
TPL.	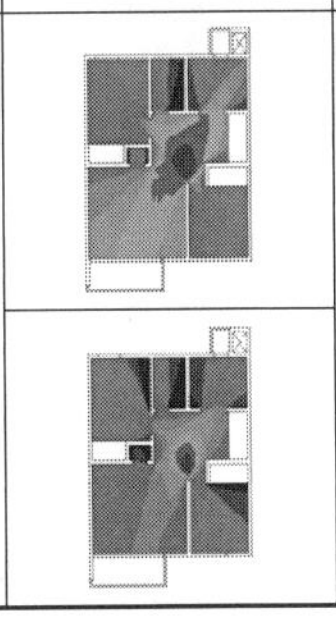	盘浦	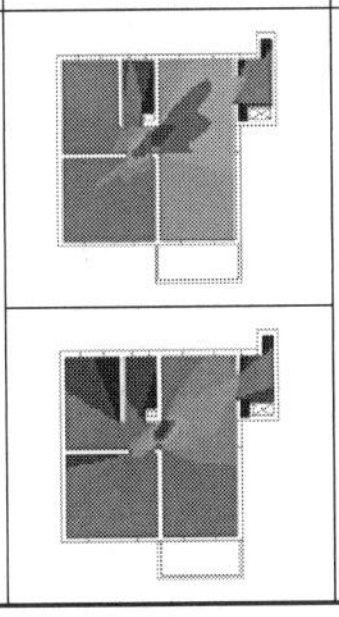	上溪 (3)	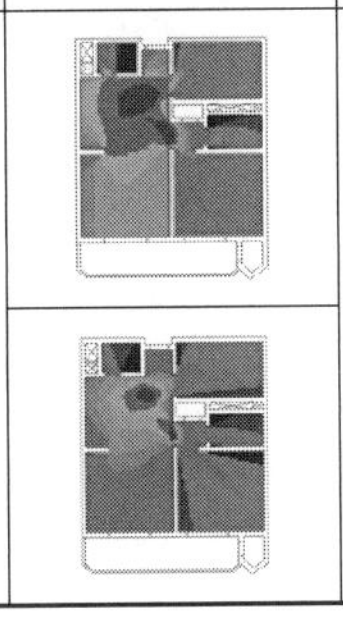	一山 (2)	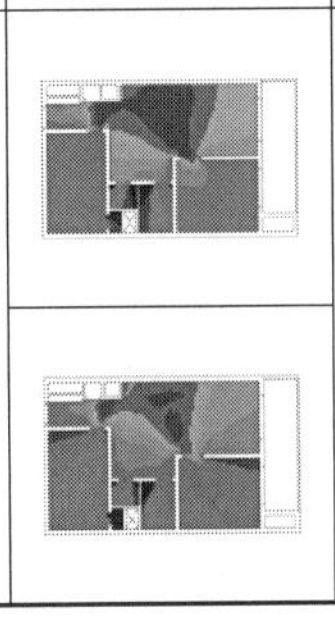	华城 (2)	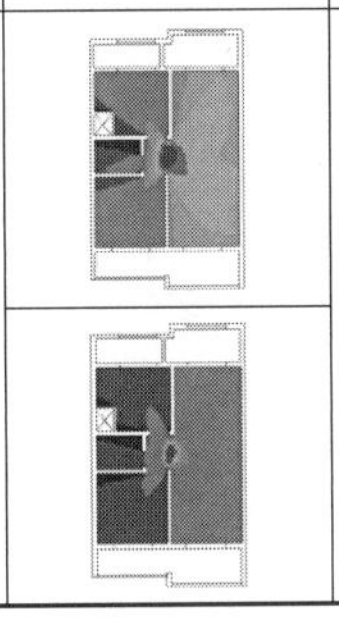	江南 (3)	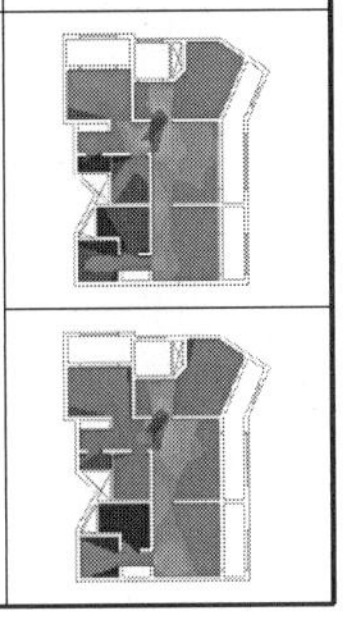

从 VGA 分析结果的平均值变化来看，2000 年代视觉连接度的最大值最高，其后依次为 2010 年代、1980 年代、1990 年代、1960 年代，也就是说 1970 年代的视觉连接度的最大值最低。视觉整合度的最大值最高的年代也为 2000 年代，1990 年代和 2010 年代处于中间值，其他年代以相似的最大值呈现。反之，1990 年代的视觉连接度最小值最低，1960 年代的最高。

结语

纵观户型平面图空间结构的时代变化，可以发现在空间面积方面，客厅和餐厅的分割与否会影响面积的变化，并且随着时代的变迁，主卧和阳台的面积也逐渐变大。主卧的面积增加主要是因为衣帽间、主卫等导入，而阳台的面积则是因为住宅楼的形态从原来的板楼演变成为塔楼的过程中，原本停留在 1～2 开间的设计也发生改变，开间数的增加是阳台数和面积增加的主要原因。同时，这也是为什么 J－graph 分析中随着户型平面图的阳台、杂用间等较深空间的数增加总深度和总空间数均

有增加而深度和平均深度、相对对称度等并无发生较大变化的主要原因。

整体来看，1960—1990 年代的 J－graph 以相似的形态呈现，而 2000 年代以后，出现了新的形态。每个时代的 J－graph 在空间布局方面没有太大变化，最浅位置 Depth 1 处均为公共空间——客厅，Depth 2 处为私有空间——卧室和卫生间等，Depth 3～4 等最深处则为阳台和杂用间等。不仅如此，J－graph 的连接度和整合度分析结果表明韩国户型平面图中起到中心作用的空间为共用的客厅，通过客厅进入其他各个私有空间的布局理念也表现一致。VGA 分析结果中的视觉连接度和视觉整合度的最大值的具体位置稍有不同，但是均位于客厅内部。通过对比分析可以发现，客厅和厨房的面积变化对视觉连接度和视觉整合度分析结果也存在一定影响。综上所述，随着时代的变迁，韩国户型平面图空间结构的深度和总空间数都有所增加，而在空间结构和视觉结构上均以客厅为中心的空间布局几乎没有变化。

参考文献

[1] 大韩建筑公社 . 大韩建筑公社 30 年史［M］. 首尔：韩国 COMPUTER 产业（株），1992.

[2] 国土开发研究院 . 지역별 주택시장에 관한 연구［M］. 首尔：韩国 COMPUTER 产业（株），1992.

[3] 이다연，전병권.아파트 단위평면 공간구조의 변한 양상 분석 연구［C］. 大韩建筑学会学术发表大会论文集，2016，36（1）：59－60.

[4] 김성수 . 마포아파트 내부변형에 관한 연구［D］. 首尔：延世大学，1992.

[5] 장남수 . 중정형 집합주거 계획에 관한 연구［D］. 首尔：延世大学，2005.

探析"尺度工程"在建筑室内空间设计的语境表达

■ 张卫亮[1] 郭 松[2]
■ 1 长春科技学院 2 长春大学旅游学院

摘要 为了解决建筑室内空间环境设计中的比例与尺度问题，以解决落实好室内空间的功能性需要，达到人在空间知觉视觉和感觉的协调统一和谐相宜的目的。本文通过研究比例与尺度都是研究物体的相对尺寸，促进达到在建筑室内空间设计中更是不可或缺性，通过在室内空间的尺度、生活的尺度、表现的尺度等内容诠释探析建筑室内空间设计的理论探究和语境表达。

关键词 尺度工程 建筑室内空间 语境表达

引言

在室内环境设计中，经常所说的"人体尺度"就是空间与人的相对对比感觉，缺乏人体尺度感的环境空间可能是室内空间环境的比例失调；相反，如果空间不使人感觉矮小，或者其中各部件使我们在室内活动时符合人类工效学的要求，我们就说它合乎人体尺度要求。大多数情况下，我们通过接触和使用已经习惯其尺寸的物体，如门廊、台阶、桌子、柜台和各式座椅等来判断物体是否符合人体尺度。

一定程度上，尺寸会影响空间氛围。小空间给人亲切宁静氛围，在这个空间里休息、交谈，可以感到温馨的居家气氛；面积大的空间则会给人一种宏伟博大的感觉。即使是陈设品，尺度的大小也会给人以不同的心理作用。在建筑室内空间设计中，各个环境部件与人的和谐关系凸显重要性，比如可以对某些部件采用夸大的尺度，以吸引人们的注意力，形成空间环境的焦点。

1 建筑室内空间设计技术的尺度

室内空间是为了给人们提供一个日常生活和活动的场所，室内设计的目的在于给人们营造一个更加舒适的、利于人们生活和活动的环境。因此，室内设计的根本并不在于对空间划分的本身，而是解决室内空间与人的关系。室内空间的形式处理与人的精神感受有着密切的联系。在室内空间的处理中，空间的体量与尺度、空间的形式与比例、内部空间的分割、空间围合的关系，以及空间的界面、色彩与质感都会影响整个空间的氛围，从而给人带来不同的心理感受。

室内空间的尺度感应该与房间的功能性质相一致。从心理学的角度来说，人对空间的需求是有限的。当一个人的空间大于所需时，就会感到孤独与寂寞；相反便会感到压抑，仿佛被侵犯，从而烦躁不安。比如住宅中的卧室，过大的空间就难以让人感受到亲切、宁静的气氛；而在公共场所，过小或过低的空间则给人带来局促和压抑的感觉。

不同形状和比例的空间往往也会使人产生不同的感受。在窄而高的空间，竖向的方向性强烈，使人产生向上的感觉。例如基督教堂里的圣坛常设计为又高又窄的空间，使人产生崇高、神圣之感。

在密不透风的空间里，人们容易产生封闭、阻塞、沉闷的感觉；相反，若四面临空，则会感受到开敞、明快、通透。"围"与"透"是相辅相成的，通过对二者的关系的处理，可以有效地把人的注意力吸引到某个确定的地方。我国江南的私家园林常用借景手法，通过"围"，把不好的一面遮蔽；通过"透"，把优美的风景引入室内。

人们总是用自己的方式来感知空间的，往往伴随着一系列的行为和动作来体验着空间与环境所营造的氛围是否合适，是否有助于完成某些工作和一些特别的事情。人们在需要光线、新鲜空气之类的东西的同时，对空间尺度的感知也颇为敏感，因为它会影响到我们的情绪和状态。我们会被眼前高大的空间顿生豁亮感，也会被低矮的空间束缚。设计师通常运用空间尺度的变化来调节人们的心情和视觉感官上的节奏感，空间尺度或富有生气或亲切宜人。总之，尺度不是一个抽象的概念，它是实实在在的，是有着丰富含义的一种设计表现因素。

2 建筑室内空间设计中生活的尺度

人们室内活动的多样化是难以估计的，诸如吃饭、睡眠、工作、做家务等活动，可能都是在最平常的环境中进行的，可以说人生大半的时光是在普通的生活环境中度过的。室内空间环境的好坏对每个人都是至关重要的，尤其是涉及一些生活的尺度问题，可能会造成不合理的因素，引发空间使用效率低和作业过度疲劳等问题的出现。不良的环境尺度会导致许多的生活问题，甚至给人们带来烦恼和厌倦。

2.1 生活起居

在居室环境中，人们的起居活动是多样的、自由而放松的，因此室内布置要考虑人体与家具之间的关系。关注人的动作幅度所需要的空间尺度和对一些数据的把握是十分必要的，它涉及空间关系是否合理有效，是否满足人们使用空间的要求等。

家务劳作又是室内设计所要关注的一个问题。一个好的劳作空间布置会减轻人们的疲劳程度，并降低人体能耗，例如厨房是一个劳作性空间，设计的重点是设施的合理布局和家具尺度的控制。像案台的高度、柜橱、头顶上或案台下的储存柜体以及人的动作所占的空间等，都必须和人体尺度相联系，这样才能保证使用者与厨房内各设备之间的相互关系为最佳。

2.2 办公环境

在设计办公室时，除了一组家具布置外，应该考虑家具间的通行间距，保证人员的走动，同时还应考虑人坐着时的各种尺寸与文件柜之间的关系。尤其是在设计开放办公室时，既保证各自隔断式小办公空间的独立性，又要关注人站立时与坐着时的视高线，并要有视线调节的余地。空间能否高效地使用则取决于家具布置的方式，而家具友人活动的尺度又决定着办公环境的舒适度。

2.3 公共场合

在公共场所中，人与人之间关系的维系很多情况下是通过合适的空间尺度达到的，保持一种便利和舒适的空间环境是设计的一个目标。然而掌握人体尺度，特别是多人环境下的人体尺度关系就显得非常重要。因为公共场所的尺度将关系到人与人之间和睦相处的问题，所以关注一些具体的尺度及间距是设计时需要着重把握的，如服务与被服务的距离、家具与人的关系、人与人的距离、视线距离以及通道的宽度等，所有这些都必须适应绝大多数使用者。

3 建筑室内空间设计中表现的尺度

在所有的建筑要素中，恐怕尺度问题是最难把握的。虽然它没有深奥的理论，但是对于一个有经验的设计师来说也不敢轻视尺度的问题，原因在于尺度确实是一种空间感受的事物，不是图纸上所能表达清楚的。自古以来，尺度的表现在建筑设计中占有重要的位置，从古希腊的帕提农神庙，到古罗马的万神庙，以及后来哥特时期的教堂，无不在尺度上有着震撼人心的表现。因此，尺度具有明显的寓意性，能够传递大量的信息和赋予艺术表现的特质。

在当今的建筑空间中，尺度的概念可以与消费一词取得某种联系，比如宽敞舒适的住宅、高大气派的厅堂以及豪华考究的办公室等，这些空间无不通过尺度的表现来体现显耀的意味。这种张扬的空间尺度实际上彰显着一种财富、身份和权贵的意志，其背后放射出了人们对空间尺度的一种消费意识。这种消费心理表现出了人的一种占有欲，是以占据夸大的空间尺度来体现个人价值或地位，是显而易见的一种精神消费观的表现。

如今，我们正处于审美意识与价值观的转变中，装修是最能反映人们在转折期中的一种混乱。那些铺张炫

耀的场面刺激着人们的视觉感官，特别是一些商业空间中大量消费性的尺度表现成为了一种装饰性的语汇。把装饰与效益等同起来，暗示着尺度是一种消费的机制，也能够形成某种浮夸和显耀。由此，一个消费性的社会，必然促使建筑的某些消费性，而建筑空间尺度成为一种消费现象，也说明了尺度的表现对人们的精神感受影响很大。从视觉感官上和心理上，表现性的尺度能够产生一种吸引力，具有视觉愉悦和象征性的意味，因而当前有许多设计迎合了市场的这种需求并屈从于商业运作的模式。

然而，现在的问题是我们如何来把握"尺度消费"这个度，因为任何过度的表现都可能带来造作和贪婪，或者成为某种炒作的噱头。所以，从家居空间设计的层面来看，对于尺度问题必须持谨慎的态度，保持适度的空间尺度和总体节约的原则，以自律的设计观来面对纷繁的社会消费心理，否则过分夸大的尺度表现便成为一种无用的设置和浪费。

建筑的尺度可以作为美感的要素，也可以是一种政治的象征。在现实中，纪念性或政治性的建筑总是给以人们一种端庄、雄伟的气氛，而大尺度表现正是其建筑的特性之一。然而在室内空间中，那些政治性的尺度关系则是与空间布局有关，并非限于尺度的高大。其主要的手段是通过半固定元素的尺度控制及环境布置来体现场所的正规和庄重的氛围，同时以一些小的元素和细节处理来形成尺度的对比效果，表现出一种视觉上的扩张感。例如，人民大会堂河北厅，家具在环境中成为一个控制要点，其亲切而简洁的尺度关系与空间中的其他尺度形成了鲜明的对比，特别是空间中那些装饰细部的尺度与比例的控制，烘托出了厅堂整体尺度的宏大而井然有序。如果试想这些细部尺度把握不好，那么空间中的博大、典雅的氛围必然受到影响，视觉的美感就会错失。所以，空间的量并不一定限于单一结构体的高大，在于设计要素的协调处理，其中细部尺度的控制是设计的重要环节。

结语

建筑艺术的表现最能吸引人的是简单的形体和良好的尺度感，而不是那些装饰物。虽然我们不能否定装饰的作用，但是能够让我们视觉愉悦的还应该算是那些"和谐如数学般精准"的尺度表达。无论是夸张的尺度，还是平实的尺度都能传达设计的主题和立意，给人以一种精神的引导，这一点我们可以在丹尼尔·李伯斯金德的犹太人博物馆作品中得到印证。犹太人博物馆建筑充满着太多的寓意，其设计思路是以痛苦的"线性空间"展开的，并以尺度作为一种艺术的表达方式，把设计主题渲染得淋漓尽致，进而成为了具有深刻感悟的精神场所。由此我们可以领悟到尺度的艺术表现要比那些装饰样式更有积极的效力，因为尺度将给人某种心灵的感悟，而非视觉的装饰效果。

所以说，"尺度工程"通过多种组合的表现形式和人

为的主观情感设计最终呈现的是一种"顿悟"的综合效果，不单单是表面的装饰性的功能发挥，更多的是让人在和谐完美舒服的建筑室内空间中无形的享受和放松，也就是我们古人所说的"天人合一"的思想。

[本文为吉林省教育科学"十三五"规划一般规划课题"基于场所精神在吉林省高校校园公共空间的正能量活力场实践应用研究"项目（GH19516）、2020 年吉林省社会科学基金一般自选项目"东北抗联文化创意产品在多元化时代的设计美学研究"（2020B185）项目成果。]

参考文献

［1］杜雪，甘露，张卫亮. 室内设计原理［M］. 上海：上海人民美术出版社，2014.

［2］张早，张顺. 消隐的建筑，呈现的舞台：记 2011 年蛇形画廊临时展亭［J］. 建筑师，2012（6）：72 - 75.

［3］张翠娇，梁雪. 建筑的体验：浅析阿尔瓦罗·西扎的三个建筑作品［J］. 新建筑，2012（2）：84 - 88.

［4］李昕，王侃. 结构理性主义在当代乡村建筑设计中的运用探究［J］. 城市建筑，2019（24）：80 - 81.

既有建筑改造中的室内设计工作方式与设计策略

■ 米　昂

■ 中国建筑设计研究院有限公司

摘要　改革开放 40 多年来，随着城市化进程的不断推进，我国城市化建设进入了以提升质量为主的转型发展新阶段。"城市更新"被首次写入我国《国民经济和社会发展第十四个五年规划和 2035 年远景目标纲要》中。城市发展建设已经从增量扩张迈向存量优化的变革期，为促进城市功能提升、产业结构升级、人居环境改善、空间品质优化等"城市有机更新"延展出的既有建筑改造，成为我国当今城市发展避不开的关键词。我国既有建筑改造再利用的研究与实践在探索中不断进步，国家政策和相关行业规范的出台，给予了既有建筑改造越来越多的关注。通过不断探索城市更新和既有建筑改造的新方法、新方向和新成果，使既有建筑能够延长寿命、发挥作用，从而实现城市与建筑的可持续发展。

关键词　既有建筑　更新改造　室内设计　设计策略

1　既有建筑改造的价值

城市不断发展的过程中，如何化解建筑中新与旧的矛盾，政府相关部门高度重视既有建筑的保护与利用。避免"拆旧改新"，坚持有机更新的理念，使城市历史文脉与风貌更好的传承，同时又促进生态绿色的发展趋势。

1.1　延续历史文脉

每座城市都有标志性建筑的同时也有时代记忆的建筑，随着时代变迁，这些建筑形成了独特的文化价值甚至政治意义，成为城市的特征与百姓的记忆。既有建筑改造正是文脉传承与更新相融合，有效化解新与旧的矛盾，在拆与存之间取之平衡。通过合理的改造再利用，更好地将城市记忆与高速发展互存互融。

1.2　贯彻绿色可持续发展理念

如今，在绿色发展理念下，循环经济时代已经到来。节能绿色、LEED 标准成为与时俱进的话题。近年来，北京市政府已出台了一系列针对既有建筑节能改造、绿色建筑推广、可再生能源利用等政策措施。如果对现有建筑资源的拆旧盖新，势必违背了可持续发展的理念。从保护环境和节约资源的角度来说，应对此类建筑进行绿色化改造，实现其寿命的延续。

1.3　丰富社会文化价值

城市化进程让许多建筑消失殆尽，但某些特定时期建筑记录了当时科学技术和发展水平以及社会文化的价值取向。通过科学的改造得以继续留存，例如将废弃厂房改为工作室、展览馆等，可以有效改善当地的社会环境和经济情况，具有一定的社会文化价值。既有建筑的改造可以激发旧建筑潜在的文化因子，激活逐渐没落的城市角落，使其内在的社会文化价值在新的环境中得到升华，既可实现其经济价值的转换，又能实现其社会价值、文化价值的延续。

2　既有建筑改造的现状

目前既有建筑改造类型大致可分三类：一是历史性文物建筑改造，如英国大英博物馆、德国国会大厦等；二是工业时代遗留下的遗迹建筑改造，如北京首钢园，南京园博园等；三是改革开放时期在城市核心地区建设的一般建筑的改造，如北京动物园地区商改办、建外 SOHO3Q 等。本文主要针对第三种类型的既有建筑改造进行研究。以空间功能使用为核心，以提升空间品质为原则，以绿色节能为动力的设计改造策略。

3　既有建筑改造共性的问题

随着参与既有建筑改造项目越来越多，对此类项目感受也越发深刻。目前针对既有建筑改造项目存在以下共性问题，这些问题对于建筑的改造无形中增加了难度与工作量，但未来随着政策和规范的优化会逐步好转。

3.1　针对既有建筑改造的规范和政策相对不完善

在此类项目的设计工作中经常会出现改变建筑性质的改造，如酒店改办公、商场改办公，甚至跨用地性质的如工业用地的厂房改公共服务用地的展厅或剧场等，针对此类的改造中经常会发生与现有规范的矛盾，存在难以平衡或解决的现象。

3.2　既有建筑改造面积变化的审批

依据改造后的使用需求，经常会出现增加改造建筑使用面积的情况出现，对此类问题，在报规政策上是否会有绿色通道。可否针对此类改造项目有相应的报批流程管控。

3.3 建筑结构年限的判定

在改造工作中，甲方对原建筑结构延续年限的判定，例如30年还是40年，仅10年的差距，在结构改造的方案上会天壤之别，改造工作量也会成倍增加。而在经济上，结构改造的费用占比甚至会从40%增长到70%。所以甲方在项目立项前，针对原建筑自身条件及投资预算评估好结构年限，不然后期从投资费用和加固操作上，会对室内设计及机电专业设计上都有较大的制约。

4 既有建筑改造在室内空间设计上关注事项

4.1 资料收集与现场踏勘

很多20世纪80—90年代的建筑因时间久远，存在原始图纸资料不全，或是建筑使用过程中多次改造和装修出现与原竣工图不对应的情况。对于这样的设计前提，需设计人员对现场多次实地踏勘，缺失的重要资料需进行专业测绘及检测，类似结构资料还行第三方检测机构的报告。前期工作开展全面越细致，对后续设计工作将更有支撑力。

4.2 相关规范的适用性

关于这点几乎是所有改造项目都避不开的问题，一个按当时规范设计的建筑物，要进行需满足现行规范的改造。越是年代久远的改造项目则难度就越大。在多个实操改造项目中，基本需关注：①涉及消防安全的问题，这也是公共建筑改造的重点和起点，需按现行的消防规范执行（包括防火分区划分、疏散宽度距离的计算、楼梯间的形式及楼梯间门对疏散宽度的遮挡、防排烟风量、消防电梯等规范）基础上对平面合理规划；②对于除消防、防排烟规范外的其他规范中未能满足的条款，需提出措施方案，并与施工图审查部门进行询问协商。

4.3 各设计专业的统筹与配合

既有建筑改造都是在限制条件下进行改造设计工作，需要全面考虑改造中各种专业因素。因此，从项目开始进行改造设计时，就要将建筑、结构、机电相关设计需求纳入到设计前提因素中，统筹与平衡各专业需求，因地制宜提高可用面积的利用率，避免土建、精装、机电之间出现不交圈的情况，减少施工进场后的二次拆改与变更，且工程成本的增加。

4.4 绿建要求的相关技术应用

基于循环经济下的既有绿色建筑改造趋势，对于设计时间较早的建筑，在改造设计过程中需补充缺少的节能内容及无障碍设计：从材料的可持续利用、通风环境的改造、采光环境的改造等方面进行节能设计改造；恰当利用新产品和智能化技术，通过空调新风系统、照明系统、窗帘系统、设备与洁具选型等，综合提升改造后空间的舒适度并降低能耗；同时补充无障碍及垂直交通等内容，优化人员动线，落实绿色战略与人性化设计。

5 既有建筑改造中室内空间的设计策略

5.1 优先布局全专业基础平面

改造项目是全工种参与的工程，一般也是综合设计院优势所在。建筑、结构、室内、给排水、电气、暖通、消防、景观等专业需要很高的配合度。对于项目上各专业设计顺序及相互提资需有所协调。故开展工作前整合基础作业平面图是必要的前提条件，应由室内专业根据各机电专业提资的管井与机房的面积参数，依托设计任务书的功能用房的区域规划，优先设置好管井、机房位置，尽量利用建筑的核心筒区域或消极空间角落，保证使用面积最大化。平面与建筑和机电专业复核后可作为全专业工作的图纸基础。所以室内专业项目负责人对各专业基础知识要有一定学习与了解。

5.2 应对当今设计趋势规划空间平面

在绿色健康的设计趋势下，室内空间平面规划上也要充分考虑采光与通风，以办公区为例，人员常驻空间需优先沿窗设置，短暂停留的空间如走廊或附属用房也可通过玻璃隔墙进行二次采光，提高空间舒适度的同时，也可减少人工照明压力。其次依据当今办公新模式对现有建筑平面进行打散重组，充分发挥人性化设计与绿色建设的作用。解决老建筑区位佳，但舒适度差的问题。

5.3 可持续发展在设计中的运用

既有建筑改造本身就是在可持续发展战略下的二次迭代更新。在基于国家大力倡导装配式的大环境下，室内设计改造中应提供使用方日后功能转换与改造升级的条件，在设计中除了必要的固定隔墙外，根据造价可充分运用装配式的隔墙系统，一是产品化安装，缩减工期减少现场二次污染；二是对于日后功能改动可进行灵活拆除与二次安装。不仅材料可循环利用，而且空间的灵活布局也可让厂家配合拆安到位，减少空间改造的成本投入。虽然并不是所有改造项目都会涉及运用，但室内设计师要保持对趋势的认知性，对环境日益变化的前瞻性。

5.4 机电管线综合梳理，优化空间高度

在既有建筑改造中，很多建筑建龄较长，结构压力很大。所以在结构穿洞不可行的前提下，管线综合的梳理尤为重要，室内设计可通过调动竖井位置及天花造型最大程度提升空间高度，给室内纵向更多的释放空间，提高空间舒适度和利用率，从而达到改造的切实目的。

结语

目前，既有建筑改造是一个不断认识和发掘的阶段，也是一个重新创造与构建的阶段。在项目中因地制宜，从整体建筑条件、文化背景及经济因素出发，采取最适宜的改造措施，创造舒适、高效、绿色、甚至艺术的空

间环境。使改造后的建筑在当今城市社会环境下再放活力。但对于既有建筑改造的设计工作还有很长的道路要走，延续建筑生命的研究介于政策、规范、技术上仍需不断再完善再探索。

参考文献

[1] 唐燕，杨东，祝贺. 城市更新制度建设：广州、深圳、上海的比较 [M]. 北京：清华大学出版社，2019.

[2]《既有建筑改造年鉴》编委会. 既有建筑改造年鉴 [M]. 北京：中国建筑工业出版社，2019.

[3] 崔愷. 以绿色创新的理念改造既有建筑 [J]. 建筑节能，2019（8）.

[4] 张凡伟，陈硕南. 以"空间设计"为主导改造既有建筑 [J]. 建筑与文化，2020（5）：222 - 226.

[5] 孙畅. 既有建筑改造更新设计策略 [J]. 中华建设，2020（6）：120 - 121.